4 -

D1668622

Phantastische Wirklichkeit

Science Fiction der Welt
Herausgegeben von Franz Rottensteiner

Kōbō Abe

Die vierte Zwischeneiszeit

Aus dem Japanischen
von Siegfried Schaarschmidt

Insel Verlag

Redaktion: Werner Berthel

Titel der japanischen Originalausgabe:
»Daiyon-kampyōki«
Alle Rechte der deutschen Ausgabe:
Insel Verlag Frankfurt am Main 1975

Vorspiel

Wo alles Leben abgestorben, in fünftausend Meter Meerestiefe die von einem dicken, wie verwuchertes Tierfell zottigen und löcherübersäten Schlamm bedeckte Ebene begann plötzlich aufzureißen. Hatte sich, detonierend, im nächsten Augenblick in eine dunkle Wolke verwandelt und so die Sterne des durch kristallisch schwarze Mauern in Schwärmen treibenden Planktons ausgelöscht.
Schrundige Felstafeln kamen zum Vorschein. Dann unter Auswurf gewaltiger Luftblasen trieb eine tiefbraun glänzende, gallertartige Masse herauf, und über Kilometer hin verzweigte sie sich wie die Wurzeln einer uralten Kiefer. Mit der weiteren Zunahme der Eruptivmasse verschwand auch diese dunkel gleißende Magma. Schließlich, den maritimen Schnee durchstoßend, strudelte noch eine riesige Dampfsäule auf und stieg, während sie auseinanderfiel, in die Höhe. Aber lange bevor sie die Oberfläche des Meeres erreichte, hatte sie sich irgendwann unter die aufgeblähten Moleküle des Wassers gemischt.
Genau zu dieser Zeit war kaum zwei Seemeilen voraus ein Fahrgastfrachter mit Kurs Yokohama unterwegs, doch empfanden Passagiere wie Besatzungsmitglieder nicht mehr als nur eine momentane, leichte Verwirrung bei dem unerwarteten Beben und Ächzen im Schiffsrumpf. Und selbst der Zweite Offizier, der auf der Brücke stand, hielt es nicht für ausreichend, die Tatsache, daß ihm ein erregt aufschnellender Delphinenschwarm und eine zwar geringe, aber plötzlich einsetzende Verfärbung des Meeres aufgefallen war, als besondere Vorkommnisse ins Logbuch einzutragen. Am Himmel die Julisonne schimmerte wie flüssiges Quecksilber.

Indessen, da bereits lief, um bald darauf zu einer riesigen Flutwoge anzuwachsen, die unsichtbare Erschütterung des Wassers mit einer geradezu unglaublichen Wellenlänge und Geschwindigkeit von siebenhundertzwanzig Stundenkilometern über das Meer hinweg auf das Land zu...

Programmkarte eins

Bei einem Computer handelt es sich um eine den-
kende Maschine. Zwar kann die Maschine denken,
doch ist sie unfähig, eine Aufgabe zu formulieren.
Um sie zum Denken zu bringen, muß man sie mit
einem in ihrer Sprache abgefaßten Aufgabenfahr-
plan füttern, eben mit einer Programmkarte.

1.

»Na, wie ging's auf der Ausschußsitzung?« fragte
mich, als ich eintrat, Tanomogi, mein Assistent; er
war dabeigewesen, mit dem Blick auf den Monitor
den Gedächtnisspeicher zu regulieren, und hatte sich
umgedreht. Ich muß ein recht erbärmliches Gesicht
gemacht haben, denn ohne auch nur meine Antwort
abzuwarten, seufzte er und warf die Instrumente
hin.
»Führen Sie sich nicht so auf!«
Widerwillig bückte sich Tanomogi und fischte einen
Schraubenzieher auf, und während er die Arme hängen ließ, schob er das Kinn vor. »Ja aber, wann wird
es denn endlich, daß wir anfangen können mit der
Arbeit?«
»Wenn ich das wüßte!«
Da ich selber wütend war, machte es mich nur noch
nervöser, die schlechte Laune anderer mitanzusehen.
Ich zog mir die Jacke aus und schleuderte sie auf die
Steuerungskonsole. In diesem Augenblick war mir,
als finge die Maschine von selbst an zu laufen. Das
konnte natürlich nicht sein; eine reine Sinnestäu-
schung, weiter nichts. Aber für einen Moment meinte
ich, mir wäre da ganz zufällig eine großartige Idee
gekommen. Hastig versuchte ich mich zu erinnern,
doch war sie mir schon wieder entfallen. Verdammt,
war mir heiß ...
»Hat sich denn irgendein Alternativplan ergeben?«
»Wenn wir den hätten!«
Und eine Weile darauf: »Ich geh mal eben kurz hinunter«, sagte Tanomogi leise.
»Schon gut, – Zeit haben wir ja jedenfalls.«
Ich setzte mich auf einen Stuhl und schloß die Augen.
Das Klappern von Tanomogis Sandalen verschwand
in der Ferne. Warum sind solche jungen japanischen

Institutswissenschaftler eigentlich so verrückt darauf, um jeden Preis Holzsandalen zu tragen? Wirklich eine komische Angewohnheit! Und während sie
sich entfernten, wurden seine Schritte allmählich
immer rascher... Er wenigstens schien erheblich
energischer, wie?
Als ich die Augen aufmachte, sprangen mich die vier
auf dem Bord aufgereihten Archivbände als außerordentlich bedeutsam an. Sie enthielten Artikelaus-
schnitte über Voraussage-Maschinen aus den letzten
drei Jahren seit der Fertigstellung der bekannten
»Moskwa 1«. Den Weg also, den ich gekommen war.
Und an dem Punkt, an dem die letzte Seite endete,
begann sich auch mein Weg zu verlieren.

2.
Daß die erste Seite darin mit einem Aufsatz jenes
Wissenschaftsjournalisten begann, der uns später im
Stich gelassen hat, war, gelinde gesagt, eine Ironie.
»Fachleute, die Augen auf!« hatte er, gleichsam als
wäre er selber der Erfinder der Voraussage-Maschine,
geschrieben. »Wenn Wells' Zeitmaschine noch primi-
tiv war, dann in dem Punkte, daß sie – sprach man
auch von einer Reise in der Zeit – letztlich den Ablauf
der Zeit eben doch nur dadurch zu erfassen vermochte, daß sie ihn ins Räumliche übersetzte. Bakterien
betrachtet man, indem man ihnen mit einer indirek-
ten Vorrichtung, nämlich dem Mikroskop, zu Leibe
rückt. Dennoch wäre es ein Irrtum, wollte man behaupten, man sähe etwas nicht, weil man es in diesem Falle nicht mit dem bloßen Auge sieht. In glei-
cher Weise habe ich dank der Voraussage-Maschine
›Moskwa 1‹ mit meinen Augen unzweifelhaft die Zukunft der Menschheit erblickt. So ist die wahre Zeitmaschine endlich realisiert! Jetzt stehen wir an
einem neuen Wendepunkt innerhalb der Geschichte
der Zivilisation!«
Freilich, das wird man wohl sagen können. Und doch
hat er da reichlich übertrieben. Würde man mich fragen: was er sah, war nicht die Zukunft, sondern lediglich eine Sequenz aus einem Streifen mit Nachrich-
tencharakter.
Dieser Film begann so: Zunächst einmal eine genau
auf Mittag weisende Uhr und eine große, geöffnete
Hand; daneben ein Fernsehapparat, auf dem läuft

dieselbe Szene. Nun wird der Befehl erteilt, sowie die Uhr auf eins weist, die Hand zu schließen. Der Techniker dreht die Wählscheibe an der Konsole, die Uhr rückt um eine Stunde vor, die Hand – nur die auf der Braunschen Röhre – wird fest zusammengepreßt.

Hierauf folgten entsprechende Experimente wie etwa diese: Auf ein Schrecksignal hin fliegt von zwei schlafend gezeigten Vögeln der im Fernseher plötzlich davon, oder auf ein Signal hin, das loszulassen befiehlt, fällt das Trinkglas im Fernseher zu Boden und zersplittert ...

Tatsächlich durchaus nicht seltsam, wenn das verblüfft. Selbst mir war das beim erstenmal ziemlich in die Glieder gefahren. Doch handelte es sich nicht darum. Drei Jahre später, und – siehe Archivband Nummer vier – was erklärte denn da dieser selbe Mann?

»Im wirklichen Sinne Voraussagen zu machen über unsere Welt, erscheint mir unmöglich.« Völlig verwandelt, in einem giftigen Ton, der ihn bis zu solchen Formulierungen trieb, schrieb er: »Nehmen wir zum Beispiel an, es würde einem Menschen vorausgesagt, daß er eine Stunde später in eine Grube fiele. Wo ist der Dummkopf, einfältig genug hineinzustürzen, obwohl er das weiß? Und angenommen, es fände sich einer, müßte das schon ein arg leichtbeeinflußbarer Menschenfreund sein. Überhaupt geht es hierbei nicht um Voraussage, sondern einfach um Suggestion. Wie wär's, wenn wir endlich die fromme Lüge von der Voraussage-Maschine fallen ließen und sie ehrlicherweise umtauften in eine die menschliche Schwäche ausnutzende Suggestionsmaschine ...?«

Prächtiger Gedanke! Meinetwegen nennt sie doch, wie es euch beliebt! Aber da kam die Lawine ins Rollen; denn es blieb natürlich nicht bei dem einen. Im Nu waren sie alle mit ihrer Meinung auf der Gegenseite. Und seither behandelte man mich wie eine gefährliche Person.

3.

Im ersten Band auf der zweiten Seite erscheint ein Foto von mir, auf dem ich allerdings noch lächle. Der Artikel darunter schildert eine Unterhaltung mit mir über »Moskwa 1«.

»›Natürlich, eine Täuschung etwa hielte ich für ganz

8

ausgeschlossen. Theoretisch möglich ist das jedenfalls durchaus. Andererseits kann ich mir auch nicht denken, daß, verglichen mit dem herkömmlichen elektronischen Computer, ein wesentlicher Unterschied bestünde‹, sagte Professor Katsumi vom Zentralen Forschungsinstitut für Computertechnik mit außerordentlicher Gelassenheit, wie es dem Fachmann zukommt...«

Allein, das war eine Lüge. Mich quälte einfach eine maßlose Eifersucht. Da ich allzu gleichgültige Antworten gab, platzte schließlich, ungeduldig geworden, einer der Reporter heraus: »Heißt das, Herr Professor, Sie könnten einen solchen Computer auf der Stelle zusammenbauen?«

»Ah, wenn ich die Zeit dazu hätte und das Geld...« Und bis zu einem gewissen Grade war das ernstgemeint. »Im allgemeinen besitzt ein elektronischer Rechenautomat von seiner Natur her bestimmte Fähigkeiten zur Vorhersage. Das Problem ist nicht so sehr der Apparat an sich als vielmehr die Technik, wie er zu handhaben ist. Mit dem Programmieren, daß heißt damit, daß die Aufgaben in einer der Maschine verständlichen Sprache abzufassen sind, fangen die Schwierigkeiten an. Bei den bis jetzt gebräuchlichen Apparaten muß das wohl oder übel der Mensch machen. Demgegenüber scheint ›Moskwa 1‹ ein Apparat, der das Programmieren bis zu einem recht beachtlichen Maße selbst übernimmt.«

»Nun ja, so berichten Sie uns doch bitte einmal von den phantastischen Dingen, die Sie von dieser Maschine erwarten! Welche Möglichkeiten für die Zukunft sehen Sie da?«

»Wissen Sie, – was man gemeinhin Vorhersage nennt, das steht in umgekehrt proportionalem Verhältnis zur Größe des Zeitraums, da verliert es mit zunehmender Geschwindigkeit an Effektivität. Wie schon aus dem Filmstreifen klar wurde, ist der Bereich der Voraussage erstaunlich begrenzt, nicht wahr? Daß ein Glas zerbricht, wenn es herunterfällt, dürfte selbst einem kleinen Schulkind bekannt sein, und ohne daß ihm das eine Voraussage-Maschine beigebracht hat. Es läßt sich gewiß eine mannigfaltige Verwendung denken, gerade auf dem Gebiet des Lehrmaterials, doch finde ich, man sollte sich vor allzu utopischen Erwartungen hüten.«

Keineswegs hatte ich damit meine innersten Gefühle ganz ausgesprochen, und um die Wahrheit zu sagen, wußte ich mich vor geradezu schon brennender Eifersucht kaum zu halten. Wenn ich jetzt untätig bliebe, hätte ich es bald nur noch mit ihr zu tun. Nie wäre ich zufrieden, wenn ich nicht versuchte, diese Maschine, koste es, was es wolle, mit eigenen Händen zu bauen. Ich suchte den Institutsdirektor auf, auch zwei, drei Bekannte, um sie zu überzeugen. Aber keiner von ihnen zeigte mehr als bloße Neugierde. Weshalb sie sich von den neben jene Unterhaltung eingerückten Worten eines in seinen Ansichten angeblich mit mir übereinstimmenden Schriftstellers völlig verwirren ließen (nichts vermag ja so mit dem Anschein der Glaubwürdigkeit aufzutreten wie gerade die Ignoranz):

»Für den Kommunisten zum Beispiel, der alles in die Model der Notwendigkeit einzupassen sich bemüht, mag es selbstverständlich sein, eine noch dazu maschinell vorausgesagte Zukunft nur zu begrüßen. Für uns jedoch, die wir uns eine Zukunft schaffen vermöge unseres freien Willens, wird dies, fürchte ich, von keinerlei Nutzen sein. Und versuchte man auch, sie auf Biegen oder Brechen abzuspiegeln, – war es letztlich nicht immer so, daß sie hindurchschlüpfte durch den Spiegel wie durch simples Glas? ... Am meisten fürchte ich, eine Vorhersage-Gläubigkeit könnte die sittlichen Empfindungen lähmen.«

Bald darauf indessen kam die Chance. Schlagen wir den zweiten Archivband auf! »Moskwa 1« begann jetzt Fähigkeiten zu offenbaren, wie ich sie insgeheim befürchtet hatte. In unablässiger, rascher Folge brachte sie eine Voraussage nach der anderen, und nichts davon war phantastisch, sondern alles wahnsinnig sachlich und nüchtern. Zunächst großartig präzise Wettervorhersagen, dann Prognosen auf dem Gebiet der Wirtschaft und Industrie ...
Die Verwirrung damals ist mit wenigen Worten nicht zu beschreiben. Plötzlich wurde uns die Höhe der Reisernte jenes Jahres vorhergesagt. Nun ja, dem maßen wir nicht allzu viel Wert bei, denn da würde man erst einmal das nächste Halbjahr abwarten müssen; doch als wir nun Schlag auf Schlag Prognosen erhielten über

die Quartalssalden sämtlicher japanischer Banken,
die im laufenden Monat eintretenden Wechselin-
solvenzen,
die Umsätze eines Kaufhausunternehmens,
den Einzelhandelspreisindex für den nächsten Monat, gültig für die Stadt Nagoya,
den zu erwartenden Umfang des Lagerguts im Hafen von Tōkyō
und diese zudem mit einer Genauigkeit eintrafen, die
deutlich unter den vorgegebenen Fehlergrenzen blieben, waren wir doch schockiert. Mehr noch zeigte
eine sogenannte Grußadresse beim Abschluß dieser
Voraussage-Serie geradezu schon eine Überheblich-
keit:
»›Moskwa 1‹ wäre in der Lage, auch den Börsenindex
sowie die industriellen Produktionsraten in Ihrem
Land vorauszusagen. Da dies jedoch unweigerlich
wirtschaftliche Unruhen auslösen müßte, möchten
wir davon Abstand nehmen. Was wir uns wünschen,
ist nichts außer einem möglichst fairen Wett-
bewerb ...«
Die Bestürzung war so heftig, daß selbst die Presse
sich mit einer über das unbedingt Notwendige hin-
ausgehenden Kritik zurückhielt. Die anderen Länder
der freien Welt schienen dieselbe Ankündigung erhalten zu haben, doch auch sie schwiegen. Und das
peinliche Schweigen dauerte an. Womit nicht gesagt
ist, man hätte nur geschwiegen und nichts unternommen. Sogar die Regierung sah sich auf Drängen der
Wirtschaftskreise allmählich genötigt, sich aufzu-
raffen.
Als erstes wurde innerhalb des Zentralen Forschungsinstituts für Computertechnik in Form einer Sonder-
abteilung eine Entwicklungsstelle für Voraussage-
Maschinen eingerichtet. Und ich wurde zum Ab-
teilungsdirektor ernannt – ein völlig natürlicher
Vorgang, da in Japan ich allein mich auf das Programmieren spezialisiert hatte –, so daß ich nun
wunschgemäß in die Lage versetzt war, mich ganz
der Erforschung der Voraussage-Maschinen widmen
zu können.

Nach Archivband Nummer drei ...
Wie zugesagt, hielt »Moskwa 1« ihr Schweigen strikt
ein. Tanomogi war, wenngleich er gewisse rauhe Zü-

ge hatte, ein außerordentlich fähiger Assistent. Und da die Arbeit glatt vonstatten ging, war sie im Herbst des zweiten Jahres so gut wie abgeschlossen, hatten wir einen Punkt erreicht, daß wir in der Zukunft auf dem Fernsehschirm das Zerbrechen eines Trinkglases zeigen konnten. (Die Voraussage natürlicher Phänomene ist relativ einfach.) Mit jeder Vorführung einiger simpler Experimente verbreitete sich mein und der Maschine Ruf, wuchs auch die Erwartung. Dann bei den Voraussagen über die Pferdesportergebnisse jedoch – es wird sich vermutlich mancher noch daran erinnern – befiel die Beteiligten schließlich die Unruhe, und im letzten Augenblick baten sie uns, unsere Prognosen einzustellen. Damals meinte ich in aller Naivität, hier habe sich die Bedeutung der Maschine erwiesen, und darauf bildete ich mir etwas ein; aber nachträglich betrachtet, war das wohl eher ein böses Omen dafür, daß wir bald darauf kaltgestellt werden sollten. (Ich weiß nicht, auf wievielen Pfeilern die Welt ruht, doch sind zumindest drei davon die Uneinsichtigkeit, die Unwissenheit und die Torheit.) Allein, zu jener Zeit und jedenfalls auf dem Weg aufwärts war ich von Hoffnung erfüllt. Vor allem unter den Kindern schrecklich beliebt, genoß ich sogar die Ehre wiederholter Auftritte in den dreifarbig gedruckten Comic-Schwarten, umgab mich in meinem »Compnik«-Hauptquartier, also meiner Forschungsabteilung im Institut für Computertechnik, mit Robotern (in Wirklichkeit bestand der Automat aus »E«-förmig angeordneten Reihen großer Stahlkästen, die eine Fläche von mehr als sechzig Quadratmetern bedeckten, doch in den Comics hätte es wohl schlecht ausgesehen, wenn es keine Roboter gewesen wären), und in Vorwegnahme jeder Zukunft zogen wir aus, die Bösewichter vernichtend zu schlagen.

Endlich schien uns, die Maschine sei hinlänglich ausgerüstet, und wir befaßten uns hiernach ganz konzentriert mit ihrem Training, ihrer Ausbildung. Auch für den Menschen gilt das ja das gleiche: nur Gehirn zu besitzen, macht ihn noch nicht brauchbar, solange Erziehung und Erfahrung fehlen. Und besonders Erfahrung nährt das Gehirn. Da jedoch eine Maschine nicht imstande ist, selbst loszumarschieren, müssen wir Menschen uns in ihre Hände, ihre Füße verwandeln und herumlaufen, müssen wir für sie die

Daten sammeln. Eine monotone Geduldsarbeit ist das, die Geld und Energie verschlingt. (Daß unsere Daten auf Grund des Charakters unseres Forschungsinstituts und unter dem psychologischen Einfluß der Prognosen von »Moskwa 1« eine gewisse leichte Tendenz zum Bereich Wirtschaft aufwiesen, war wohl unvermeidlich.)

Die Maschinen besitzen ein nahezu unbegrenztes Aufnahmevermögen. Man füttert sie, und sie verdauen, wie sie es brauchen, und speichern alles irgendwo ein. Erreicht dann ein »System« die Sättigungsgrenze, kommt von der gesättigten Stelle her ein entsprechendes Signal zurück. Das heißt: für diesen Teil ist hiermit die Programmierungsfähigkeit gegeben.

Eines Tages bekamen wir das erste Signal. Damit hatte also die Maschine sämtliche als Kurve darstellbaren funktionalen Zuordnungen innerhalb der Naturphänomene begriffen. Sofort stellten wir sie auf die Probe. Wir ließen auf der Braunschen Röhre im Standfoto die Entwicklung von vier Tage zuvor im Wasser angesetzten Bohnenkernen erscheinen, und ausgezeichnet bekamen wir im Bild vorgeführt, wie die Sprossen bis auf etwa sieben Zentimeter anwuchsen. Die künftige Entwicklung, davon waren wir überzeugt, mußte rasch vorangehen. Und zum Gedächtnis an diesen Tag machte ich offiziell bekannt, daß die Maschine auf den Namen »Compnik 1« getauft werde.

Hiermit allerdings schließe ich den dritten Archivband, ich muß zum vierten übergehen. Die Ereignisse hatten eine plötzliche Wendung genommen.

4.

Wir hatten geplant, die Geburt unserer Voraussage-Maschine mit großem Aufwand zu feiern. Hatten überallhin Fragebogen verschickt und uns erkundigt, was man wohl für eine erste Voraussage am geeignetsten hielte. Hatten hierfür ein Komitee gebildet, und selbst die Zeitungen warteten ungeduldig auf das Ergebnis. Da plötzlich kam die Meldung herein von der Fertigstellung der »Moskwa 2«.

Diese Neuigkeit brachte uns eine böse Bescherung. Ich erfuhr sie frühmorgens durch einen Anruf von einer Zeitung.

»Haben Sie die Voraussage von ›Moskwa 2‹ gehört? Innerhalb von zweiunddreißig Jahren verwirkliche sich die erste kommunistische Gesellschaft, und um 84 werde die letzte kapitalistische Gesellschaft zusammenbrechen... Na, Herr Professor, wie finden Sie das...?«

Unwillkürlich lachte ich laut auf. Als ich es jedoch genauer überdachte, war das keineswegs komisch. Ganz im Gegenteil, selten hatte ich eine Geschichte gehört, die einem so auf den Magen schlagen konnte. Auch im Institut war von nichts anderem die Rede. Von der Vorahnung, daß uns da etwas Unangenehmes bevorstünde, fühlte ich mich hilflos deprimiert.

Die jüngeren Institutsmitglieder stritten sich.

»Für so eine Maschine, finde jedenfalls ich, ist das, was sie sagt, doch erstaunlich antiquiert.«

»Wieso? Immerhin könnte es ja zutreffen, oder?«

»Ich weiß nicht, – vielleicht haben sie die Maschine gewaltsam manipuliert?«

»Das fürchte ich auch. Eigentlich grotesk, – daß die Zukunft sich nach irgendeiner Doktrin richten sollte.«

»Grotesk, wenn man ideologisch denkt. Einfacher gesagt, handelt es sich darum, daß ein Zustand, in dem die Produktionsmittel in privater Hand sind, übergeht in einen Zustand, in dem das nicht mehr der Fall ist.«

»Nur, wieso kann man denn behaupten, einen solchen Zustand gäbe es ausschließlich unterm Kommunismus?«

»Unsinn! Das gerade ist eben Kommunismus!«

»Deshalb ja sage ich: antiquiert...«

»Du willst nicht verstehen...«

»Moment, – Ideologie, das bedeutet doch Mittel der Erkenntnis, nicht wahr? Aber zwischen dem Mittel und der Wirklichkeit besteht ein Unterschied.«

»Na, und? Was soll an dem Gedanken eigentlich so neu sein?«

Danach versammelten sie sich um mich: Ob vielleicht auch unsere Maschine über ein solches Problem irgendetwas voraussagen könne...

»Schön, verwirren wir sie dadurch, daß wir eine Prognose darüber aufstellen, welcher Schneidezahn Chruschtschows zuerst ausfallen wird!«

Leider tat mir keiner den Gefallen, über diesen Vorschlag zu lachen.

Am folgenden Tag wurden die amerikanischen Reaktionen bekannt. »Voraussage und Prophetie sind Dinge, die sich grundsätzlich unterscheiden, und nur das, was die Anerkenntnis des Sittlichen zur Voraussetzung hat, verdient erst, Voraussage genannt zu werden. Dies einer Maschine zu überlassen, bedeutet allerdings nichts anderes als eine Verleugnung der Humanität. Hier in den USA hat man schon seit langem Voraussage-Maschinen entwickelt, aber man folgte der Stimme des Gewissens und enthielt sich jeder Anwendung dieser Maschinen für politische Zwecke. Das Verhalten der Sowjets jetzt stellt einen Verrat dar an ihrer eigenen Forderung nach friedlicher Koexistenz und kann sehr leicht zu einer Bedrohung des guten internationalen Einvernehmens und der menschlichen Freiheit führen. Wir betrachten die Prognosen von ›Moskwa 2‹ als einen Angriff gegen den Geist und empfehlen, sie unvorzüglich zurückzunehmen und zu widerrufen. Sollte man unserem Ersuchen nicht nachkommen, sind wir notfalls entschlossen, einen Beschwerdeantrag vor den Vereinten Nationen einzubringen.« (Erklärung des Staatssekretärs Strom.)
Undenkbar, daß diese harte Haltung des mit uns befreundeten Amerika ohne Einfluß bleiben sollte auf unsere Arbeit. Und was wir befürchteten, trat schließlich auch ein. Um drei Uhr etwa erhielt ich durch unseren Institutsdirektor die Nachricht von der Umbesetzung des Programmausschusses und der Einberufung einer Blitzkonferenz mit den neuen Mitgliedern. Typisch Statistisches Amt, – dieses einseitige Vorgehen! Außer dem Institutsdirektor und mir so gut wie niemand sonst mehr von denen, die mit der Technik befaßt waren, auch das Personal ausgewechselt und seine Zahl verringert!
Man traf sich wie immer im ersten Stock des Hauptgebäudes, aber die Atmosphäre war völlig anders als bisher auf solchen Konferenzen, wo man so manchen harmlosen Scherz gemacht hatte (wie es denn etwa wäre, wenn wir den jungverheirateten Paaren den Zeitpunkt ihrer Scheidung voraussagten, und ähnliches). Zunächst erhob sich Tomoyasu, ein Beamter vom Statistischen Amt, der den Vorsitz führte, und erklärte einleitend:
»... so behält der gegenwärtige Ausschuß zwar die

bisherige Bezeichnung bei, doch wollen Sie ihn bitte substantiell als einen völlig anderen betrachten. Kurzum, die beteiligten Ministerien sind sich dahingehend einig geworden, daß, nachdem die Forschungsphase im großen ganzen als abgeschlossen zu betrachten ist, die Entscheidungsbefugnis bezüglich der Programmorganisation nunmehr diesem Ausschuß übertragen wird. Ohne eine Entscheidung des Ausschusses kann also die Voraussage-Maschine nicht in Betrieb genommen werden. Sofern es die Forschung betrifft, ist die Autonomie strikt zu respektieren; ebenso selbstverständlich jedoch muß mit dem Eintritt in die Phase der Anwendung zunächst einmal geklärt sein, wo die Verantwortlichkeit liegt. Da wir darüber hinaus künftig nach dem Grundsatz der Nichtöffentlichkeit verfahren, wollen Sie bitte diesen Punkt konsequent berücksichtigen.«

Hierauf erhob sich ein schlaksiger Neuling. Er nannte seinen ziemlich langen Titel, aber ich wurde nicht recht schlau daraus. Offensichtlich war er jedenfalls Privatsekretär eines Ministers. Und während er nervös mit seinen schlanken Fingern spielte, sagte er:

»Bei einer Überprüfung der Art, mit der jetzt ›Moskwa 2‹ eingesetzt wird, ist – so wohl auch die Ansicht der amerikanischen Behörden – der Verdacht nicht von der Hand zu weisen, daß es sich vermutlich um politische Absicht handelt... Etwa in der Weise: Zunächst weckt man mit ›Moskwa 1‹ unsere Neugier, treibt uns in eine Situation, daß es aus Konkurrenzgründen unumgänglich erscheint, unsererseits ebenfalls eine Voraussage-Maschine zu konstruieren. Und tatsächlich, genau dahin ist es gekommen... (was muß er dabei denn mich so ansehen!) ... Indessen, sowie man bemerkt, daß wir allmählich in die Phase der Anwendung eintreten, nutzt man das sofort politisch aus. Denn einmal bis dahin verleitet, muß es uns ja unbehaglich sein, nicht selber auch politische Prognosen aufzustellen... Mit anderen Worten: es ist, als hätten wir uns, leichtfertig genug, eigenhändig einen Spion namens Voraussage-Computer ins Haus geladen. Diesen Punkt bitte ich genau zu bedenken. Ihn vor allem deswegen unverrückt im Auge zu haben, damit wir uns ihnen nicht unbewußt ausliefern...«

Da bat ich ums Wort. Der Direktor unseres Instituts warf mir besorgt einen Blick aus den Augenwinkeln zu.

»Was wird aber nun aus den Programmplänen, die die bisherigen Ausschußmitglieder erarbeitet haben? Die führen wir natürlich weiter, oder wie?«

»Welche Pläne...?« Der Schlaksige sah auf Tomoyasus Papiere.

»Es mögen drei gewesen sein...« Hastig durchwühlte Tomoyasus seine Akten und zeigte sie dem andern.

»Genau drei waren es, und der Plan 1 war fest abgesprochen. Es ging um das Problem von Preisen und Löhnen, verglichen mit der Mechanisierungsgeschwindigkeit K. Nur, welche Firma wir uns dafür als Modell wählen sollten –...«

»Einen Augenblick, Herr Professor«, unterbrach mich Tomoyasu, »wenn die Entscheidungsbefugnis auf den Ausschuß übergegangen ist, so gilt dies ab der heutigen Konferenz. Was bis jetzt war, das wollen wir doch bitte außer Betracht lassen...«

»Wir haben ja aber dafür längst alle Vorbereitungen getroffen!«

»Das war freilich ungeschickt«, sagte der Schlaksige und lachte, wobei er die Lippen zusammenzog. »Überhaupt ist dieser Plan nicht das richtige. Zu eng mit politischen Problemen verknüpft. Sie verstehen, nicht wahr?«

Und da lachten auf einmal auch die anderen Ausschußmitglieder mit. Ich begriff nicht, was daran komisch sein sollte. Mir wurde regelrecht übel.

»Das verstehe ich nicht. Das wäre ja dasselbe, als gäben wir zu, daß uns ›Moskwa 2‹ besiegt hat. Na, oder etwa nicht?«

»Vorsicht, – wenn wir so dächten, gingen wir denen drüben genau in die Falle, in der sie uns haben wollen. Nehmen Sie sich bitte in acht, – wirklich...«

Und an dieser Stelle wieder lachten sie alle im Chor. Was war das doch für eine kindische Versammlung! Ich hatte nicht einmal mehr das Gefühl, gegen etwas zu opponieren. Ich selber mochte ja die Politik auch nicht. Aber wenn es mit Plan 1 nichts war und wir stellten nicht rasch einen Alternativplan auf, geriete ich in eine dumme Lage.

»Nun, dann verfahren wir also nach Plan 2, oder?

Situation auf dem Arbeitsmarkt für den Fall, daß die Drosselung des Geldumlaufs auf dem gegenwärtigen Stand weitere fünf Jahre anhält ...«

»Auch das erscheint nicht sehr empfehlenswert.« Der Schlaksige sah sich Zustimmung heischend unter den Ausschußmitgliedern um.

»Aber wenn man soweit geht, gibt es ja nichts, was nicht irgendwie mit Politik zu tun hätte.«

»Ah, ich weiß nicht ...«

»Nun, was zum Beispiel?«

»Das muß ich allerdings Ihnen überlassen, Herr Professor ... der Fachmann sind ja wohl Sie.«

»Plan 3 ... Die Regelfunktionen im nächsten Parlamentswahlkampf ...«

»Ganz ausgeschlossen! Das ist jedenfalls das allerunklügste unter dem bisherigen.«

»Übrigens«, mischte sich, sehr unsicher, zum erstenmal ein Ausschußmitglied ein, »mich überzeugt das tatsächlich nicht. Je nachdem, ob er eine Voraussage kennt oder nicht kennt, verhält sich der Mensch ja unbewußt ganz anders. Ist es also nicht so, daß ein völlig anderes Resultat zustande kommt, wenn eine Voraussage nicht nur erstellt, sondern auch publiziert wird?«

»Das habe ich aber nun den früheren Ausschußmitgliedern wie oft bis ins Detail dargelegt – ...«

Meine Ausdrucksweise schien ziemlich unfreundlich gewesen, denn hastig übernahm Tomoyasu die Rolle des Interpreten: »Sehen Sie, damit ist es so, daß, ausgehend von der Annahme, es sei in diesem Falle auf Grund der Kenntnis der ersten Voraussage gehandelt worden, eine neue Voraussage erstellt wird. Also haben wir eine zweite Voraussage ... Falls diese abermals publiziert wird, kommt es zu einer dritten Voraussage ... und so weiter in diesem Stil ad infinitum. Es ergibt sich hier die sogenannte maximalwertige Prognose, doch genügt es, wenn Sie sich vorstellen, daß man in der Praxis den Mittelwert zwischen dieser und der ersten Voraussage nimmt.«

»Na, wirklich, da gehört schon eine Menge Überlegung dazu, nicht wahr?« meinte jenes einfältige Ausschußmitglied und nickte zu mir herüber, sichtlich voll Bewunderung.

»Hören Sie, Katsumi ...« flüsterte, ungeduldig geworden, der Institutsdirektor mir zu, »gibt es denn nicht eine Problemstellung, die passender wäre, etwa über irgendwelche Naturphänomene?«

»Sollten Sie die Wettervorhersage meinen, – die kriegen Sie vom Wetteramt. Und zwar ganz einfach, denn Sie brauchen ja nur den Computer dort mit unserer Maschine zu koppeln.«

»Dann eben etwas anderes, etwas Kompliziertes...«

Ich schwieg. Wie auch immer, soweit konnte ich mit einem Kompromiß unmöglich gehen. Wie eigentlich sollte ich das überhaupt vor Tanomogi und den anderen rechtfertigen? Wie konnte ich ihnen erklären, daß die über ein halbes Jahr hin gesammelten Daten jetzt auf einmal unbrauchbar wären? Die Frage war ja nicht, ob nun Naturphänomene oder gesellschaftliche Phänomene, sondern wie die seither unserer Voraussage-Maschine anerzogenen Fähigkeiten lenken...

Damit, daß ich bis zur nächsten Konferenz Zeit bekam, unter Berücksichtigung der heute vorgebrachten Ansichten über einen neuen Plan nachzudenken, war zunächst die Sitzung für diesen Tag beendet. Hiernach fand in jeder Woche einmal eine Konferenz statt, aber jedesmal war die Beteiligung der Ausschußmitglieder schlechter als zuvor, und vom viertenmal an waren wir nur noch zu dritt, Tomoyasu, ich und eben jener schlaksige Mensch. Sollte es jemanden geben, der von solchen langweiligen, immer nach dem im voraus zu erwartenden Schema ablaufenden Zusammenkünften, die eher Suggestivverhören glichen, nicht endlich genug bekommt, muß das schon ein selten heiteres Gemüt sein.

Tanomogi zeigte von Anfang an eine deutlich ablehnende Haltung gegenüber dem Verlauf dieser Art von Konferenzen. Das alles, fand er, war im Grunde eben doch nur eine Flucht dieser Quietisten nach dem Prinzip, möglichst überhaupt nichts auszufechten. Aber obwohl er so jammerte, – damit war die Klage des Technikers erledigt, und er arbeitete, ohne sich zu schonen. Wir kämpften unter dem Einsatz all unserer Intelligenz, um ein Programm aufzustellen, das dem Ausschuß zusagen könnte. Am Tag vor der Konferenz arbeiteten wir oft die ganze Nacht hindurch. Dennoch, je weiter wir es trieben, desto deutlicher wurde uns, daß es tatsächlich nichts gab, das ohne

Beziehung gewesen wäre zur Politik. Angenommen, man würde eine Prognose aufstellen über die landwirtschaftlichen Nutzflächen, – verknüpft damit ist das Problem der bäuerlichen Schichtendifferenzierung. Würde man die Verteilung der ausgepflasterten Straßen nach einer Anzahl von Jahren ermitteln wollen, geriete man dem Staatshaushalt ins Gehege. Unmöglich, alle die Beispiele aufzuführen; jedenfalls aber wurde, was wir auf zwölf Konferenzen seit damals vorgebracht, schließlich ohne ein einziges Resultat zurückgewiesen.

Selbst ich war endlich ziemlich erschöpft. Mit der Politik war es wie mit dem Netz der Spinne: je mehr wir davonzulaufen versuchten, desto stärker waren wir darin verfangen. Ich will mich nicht gerade mit Tanomogi in eine Reihe stellen, aber darin gleich mit ihm, sollte ich wohl von nun an eine trotzigere Haltung einnehmen.

Mit diesem Vorsatz ging ich absichtlich ohne jeden Plan zur nächsten Konferenz. Vergaß natürlich nicht, Tanomogi vorher wenigstens noch eins zu versetzen.

»Immerhin bitte ich zu beachten: interessiert an Politik, wie Sie es sind, bin ich keineswegs.«

Resultat dieser Sitzung: daß ich, wie man sah, völlig niedergeschlagen zurückkam mit hängenden Schultern.

5.

Das Telefon klingelte. Tomoyasu war am Apparat.

»Sind Sie es, Herr Professor? Entschuldigen Sie bitte, daß ich Sie schon wieder störe ... Aber ich habe seit vorhin allerlei mit meinem Amtschef durchgesprochen ... (er lügt! es ist ja noch nicht einmal eine halbe Stunde vergangen!) ... Irgendwie scheint es Schwierigkeiten zu geben, falls Sie nicht bis morgen nachmittag einen neuen Plan vorlegen können ...«

»Schwierigkeiten?«

»Wir sind gehalten, auf der morgigen Sondersitzung des Kabinetts Bericht zu erstatten.«

»Das tun Sie mal, – wie ich vorhin sagte ...«

»Nun, vielleicht wissen Sie es, Herr Professor ... in gewissen Kreisen ist man zu der Ansicht gelangt, die Sache sollte besser ganz abgeblasen werden ...«

Hatten sich die Dinge also bereits dahin entwickelt? ...

Würde ich weiter mit brav gesenktem Kopf Woche
für Woche Pläne vorlegen, die doch nicht zu brauchen
wären? ... Ah, selbst wenn ich das täte, es hülfe nun
auch nichts mehr. Ob ich etwa statt dessen das Gedächtnis der Voraussage-Maschine löschte, sie zu-
rückversetzte in ihren ursprünglichen Zustand der
Blödigkeit und das übrige irgendeinem anderen über-
ließe? ...

Abermals fiel mein Blick auf die Archivbände auf
dem Bord, ich stand auf, ich sah über die Maschine
hin. Die restlichen weißen Archivblätter verlangten
ausgefüllt zu werden, die Maschine war unverbraucht
in ihren Energien. »Moskwa 2« ließ seither die Bübe-
reien, durch Voraussagen über andere Länder Unruhe zu erregen, doch hieß es, im eigenen Lande bringe
sie ein Resultat ums andere. Ich begriff das nicht...

Wären denn Voraussagen wirklich etwas so Gefähr-
liches für die Freiheit? ... Oder sollte dieser Gedanke
allein schon beweisen, wie weit ich der psychologischen Kriegsführung bereits auf den Leim gegangen
war? ...

Heiß war mir... wahnsinnig heiß... Ich konnte einfach nicht mehr stillsitzen und machte einen Ausflug
hinunter ins Prüflabor. Als ich eintrat, verstummten
plötzlich die bis dahin eifrig diskutierenden Stimmen. Auf Tanomogis Gesicht erschienen rote Flecken
der Verlegenheit. Zweifellos hatte er wie üblich wieder Anklagereden gegen mich gehalten.

»Nein, schon gut... machen Sie nur weiter...« Ich
setzte mich auf einen freien Stuhl, und obwohl ich
es durchaus nicht in solchem Ton hatte sagen wollen,
klang das auf einmal ziemlich barsch: »Wir brechen
ab... eben habe ich den Anruf bekommen...«

»Ja, aber wie denn das? ... Was war eigentlich los
auf dieser Konferenz heute?«

»Nichts besonderes... lohnt die Frage nicht... Nur
ein Hin- und Hergerede, wie immer...«

»Das verstehe ich nicht... Haben die dann am Ende
zugegeben, daß sie sich bei politischen Vorhersagen
selber nicht sicher sind?«

»Ah, Unsinn! Selbstsicherheit haben sie jede Menge.«

»Also trauen sie vielleicht unserer Maschine nichts
zu?«

»Das habe ich ihnen auch gesagt... Hierauf meinten sie: ›Zutrauen oder nicht, das ist ja wohl bei einer Sache, die man noch nicht benutzt hat, nicht die Frage, oder?‹...«

»Also sollten sie sie doch gerade in Gang setzen!«

»Wenn man es einfach sieht, möchte es so scheinen ... Indessen, eine Denkhaltung, die Politik für voraussagbar erachtet, ist eben von Anfang an schon politisch.«

Selbst ein Tanomogi kniff da wie erschrocken die Lippen zu. Warum schwieg er? Meine Ansicht war das ja nicht. Deshalb hatte ich gewollt, daß er mir frei heraus entgegnete... Von seinem Schweigen nur noch mehr gereizt, fuhr ich fort:

»Im Grunde ist es wahrscheinlich überhaupt sinnlos, Zukunft vorauszusagen, nicht wahr?... Zum Beispiel wissen wir, daß es sich beim Menschen um ein Wesen handelt, das irgendwann stirbt, – und was hilft uns das?«

»Nun, vom natürlichen Tod einmal abgesehen, möchte ich aber jedem anderen nach Möglichkeit entgehen.«

Eine Bemerkung, die von Katsuko Wada kam. Diese junge Dame konnte bisweilen von einer einfältigen Mittelmäßigkeit und dann wieder unendlich bezaubernd sein. Ihr Problem war wohl der schwarze Punkt auf der Oberlippe. Je nachdem, wie die Sonne darauffiel, sah der manchmal aus wie ein Nasenpopel...

»Angenommen, Sie wissen, daß dem nicht zu entgehen ist, – können Sie trotzdem glücklich sein?... Glauben Sie, ich wäre, immer in dem Wissen, daß ich irgendwann damit abbrechen müßte, imstande gewesen, mit soviel Mühe die Voraussage-Maschine zu bauen?«

»Jedenfalls, Herr Professor, wirklich ernst gemeint ist das nicht, oder?«

Typisch für Tanomogi, diese Ausdrucksweise. Darin blieb er sich gleich.

»Wir sollten einfach, ohne uns darum zu kümmern, weitermachen mit den Prognosen und ihnen dann die Ergebnisse vorhalten«, sagte Aiba, dessen Rolle es immer war, das Ganze aufeinander einzustimmen.

»Und wenn wir zu den gleichen Resultaten kämen, wie sie die Sowjets veröffentlicht haben?«

»Das kann ich mir nicht vorstellen«, meinte Fräulein Wada.

»Na, selbst dann, – das braucht uns doch nicht zu kümmern«, sagte Aiba.

»Ja, aber hören Sie mal ... es wird ja unter Ihnen nicht etwa ein Kommunist sein ...«

»Was meinen Sie damit, Herr Professor?«

Plötzlich wurde die Geschichte schwierig.

»... fragten sie mich ... ›Nicht, daß ich mir darüber Gedanken gemacht hätte‹ ...«

»So was in der Art dachte ich mir gleich.«

»Um sich mit Ihnen anzulegen, sind die nicht die Kerle.«

Alle lachten sie wie erleichtert auf. Ich aber war mir selbst zuwider.

»Demnach war das mit dem Abbrechen also ein Scherz, nicht wahr?«

Mit einem unbestimmten Lächeln erhob ich mich. Tanomogi riß ein Streichholz an, und das erinnerte mich daran, daß ich die Zigarette längst zwischen den Lippen hatte. Nur für ihn hörbar sagte ich:

»Kommen Sie dann bitte hinauf in den ersten Stock ...«

Bestürzt sah mich Tanomogi an. Es schien mir, als hätte er augenblicklich meine Gedanken abgelesen ...

6.

»Aber ja! ... Während wir mit den anderen sprachen, wurde mir das ganz unvermittelt klar ...«

Wie lästig dieses Ventilatorgeräusch!

»Das dachte ich mir. Ich weiß nicht warum, – im selben Augenblick schoß mir das auch durch den Kopf.«

»Also würden Sie mir helfen? Nur, das gibt schlaflose Nächte. Und ich möchte auch nicht, daß die anderen schon zuviel davon erfahren ...«

»Natürlich nicht.«

Tanomogi und ich, wir machten uns an die Arbeit, holten rasch die bekannten Archivbände vom Bord, trennten sie auseinander und ordneten das Ganze so, daß es für die Maschine leicht verständlich wäre. Es ging darum, der Voraussage-Maschine den Inhalt der Archivblätter einzuprägen.

»Diese Idee, wissen Sie, ist einige Male flüchtig, im Nebenbei mit durchgelaufen ... Und mir war, als

hätte die Maschine sich brennend gern etwas deutlicher darüber ausgesprochen...«
»Sie meinen, das Ich-Bewußtsein der Maschine – ...?«
»Es scheint so. Jedenfalls, wenn wir der Maschine
ihren eigenen Standpunkt begreiflich machen, wird
ihr zweifellos auch selber eine Methode einfallen, wie
aus dieser Klemme herauszukommen ist...«
»Nur, ob sie bloß mit diesen Daten allein es soweit
schafft?«
»Natürlich sind da zusätzliche Erklärungen nötig.
Wir werden sie später auf ein Tonband einspre-
chen...«
Fräulein Wada kam und brachte uns für das Abend-
essen Bier und belegte Brote.
»Haben Sie sonst noch irgendwelche Wünsche?«
»Nein, danke, es ist gut so.«
Wir arbeiteten, und rasch vergingen die Stunden. Im
Nu war es neun Uhr, zehn Uhr. Von Zeit zu Zeit
kühlten wir uns mit dem Eis aus dem Kühlschrank
die Augen.
»Füttern wir ihr auch diese Voraussagen von ›Mos-
kwa 2‹?«
»Selbstverständlich, – die muß sie im Gedächtnis ha-
ben... Das wird die wichtige Verbindung sein vom
dritten Band zum vierten Band.«
»Und welche Adresse geben wir ihnen?«
»Am besten sollten wir alle Nachrichten von drüben
zusammenfassen und dafür einen Zwischenschlüssel
einführen...«
Das Resultat war außerordentlich aufschlußreich.
Der erste gemeinsame Terminus besagte, daß die
Voraussage-Maschine in der Sowjetunion enorm sei,
– was von Anfang an klar gewesen war; erstaunlich
jedoch die Tatsache, daß die Voraussage von »Moskwa 2«, wonach Zukunft kommunistische Gesellschaft
bedeute, eine besonders auffällige Reaktion auf diesen Terminus erkennen ließ.
»Seltsam, nicht wahr?... Was stellt sie sich wohl unter der kommunistischen Gesellschaft vor, diese Maschine?«
»Jedenfalls, einen gewissen Begriff davon scheint sie
zu haben.«
»Versuchen Sie doch einmal festzustellen, ob es sonst
noch Adressen gibt, die darauf reagieren.«
Da ergab sich, daß die Maschine die kommunistische

Gesellschaft als einen Grundbegriff bereits so verstand:

» POLITIK – VORAUSSAGE – ∞ «

Das heißt: die nach Kenntnis aller nur möglichen Voraussagen sich ergebende, dem Unendlichen angenäherte Voraussage, also der maximale Voraussagewert ist gleich Kommunismus.
Freilich, es ging nicht ab ohne einen gewissen sophistischen Eindruck, so als ob sich die Schlange in den eigenen Schwanz bisse; aber da Definition nicht dasselbe ist wie Werturteil, wäre es unsinnig gewesen, die Maschine zu kritisieren. Immerhin, als wir, von hier aus konsequent voranschreitend, endlich sämtliche Daten eingefüttert hatten, war es bereits eini ges nach drei Uhr. Wir stärkten uns und aßen die hingestellten belegten Brote.
»So, und nun – … unter welchem Aspekt wollen wir sie das Programm aufstellen lassen?«
»Unter welchem Aspekt? . . . Soweit sind wir ja wohl noch nicht. Eher möchte ich erst einmal erfahren, welche Daten sie außerdem braucht, um die aktuelle Situation zu begreifen . . .«
Das war eine zeitraubende, mühsame Arbeit. Wir kamen nur voran, indem wir – nach Art der trial-and-error-Methode – intuitiv und mit viel Geduld alle Möglichkeiten durchspielten. Bald fiel undeutlich die erste Bläue durch die Fenster. Zeit, in der die Müdigkeit am tiefsten war. Weil ich vom Dasitzen nur umso schläfriger wurde, tauschten wir die Arbeitsplätze. Doch als ich mich kurz darauf umdrehte, war Tanomogi auf seinem Stuhl bereits eingeschlafen.
Gleich danach kam eine schwache Antwort. Zunächst vermochte ich den Sinn nicht zu enträtseln. Ich versuchte die reagierenden Adressen zu analysieren; da ergab sich bei der einen ein »Selbst«, bei der anderen, jetzt antwortenden ein »Mensch«. Bei dem »Selbst« mußte es sich natürlich um das Ich der Voraussage-Maschine handeln. Aber – Voraussage-Maschine und »Mensch« . . .? Was eigentlich wollte sie damit sagen? Moment mal, – konnte die Unbestimmtheit dieser Reaktion nicht daher rühren, daß die bloßen Daten einander negierten? Hierauf und während ich den Antwortpunkt so stehen ließ, löschte ich den anderen. Da wurde die Reaktion stärker. Doch nicht nur dann,

wenn ich diesen gelöscht hatte. – ich mochte jeden anderen löschen, und stets verstärkte sich die Reaktion auf die gleiche Weise ... Ich begriff trotzdem noch immer nicht. Was wollte sie wohl damit sagen?

Plötzlich kam mir der Gedanke: vielleicht war diese Unbestimmtheit in der Reaktion so etwas wie die Antwort auf eine Frage von mir? Auf eine Frage, die ich unbewußt gestellt hatte? ... Aha, ein Programm-Thema also, das ich, ohne es selber zu merken, ihr eingegeben hatte ... Und wenn dem so gewesen wäre, – was denn hatte ich erfahren wollen? Na, das war ja nun klar. Ob es nämlich eine Möglichkeit gäbe, den Widerstand unseres Ausschusses zu brechen ... Und wenn es die gäbe, nach welchem Plan ich dann am besten verführe.

Demnach stellte dies vermutlich die Antwort darauf dar. Und nähme ich es für eine solche Antwort, war die Sache höchst einfach. Eine Prognose über den Menschen ... über den Menschen, wie er sich aus Daten ergibt, die sich gegenüber anderen gesellschaftlichen Daten negierend verhalten ... über den ganz privaten Menschen also ... Eine Prognose über seine ganz private Zukunft!

Natürlich, genau so mochte es sein. Es schien, als hätte ich die Maschine ein wenig unterschätzt. Offensichtlich besaß diese Voraussage-Maschine Fähigkeiten, die meine Vorstellungen überstiegen. Tatsächlich ist es ja nicht ungewöhnlich, daß Kinder ihre Eltern überraschen, daß Schüler ihre Lehrer überflügeln.

Rasch weckte ich Tanomogi. Anfangs hatte er noch seine Zweifel, doch schließlich war auch er überzeugt.

»Gewiß, das entspricht durchaus der Logik. Denn in jedem Sinne scheinen politische Prognose und privates Schicksal des Einzelnen ein Gegensatzpaar zu bilden. Jedenfalls könnten wir damit ja mal unser Glück versuchen ...«

»Und wer wäre als Modell geeignet?«

»Fragen wir doch ...«

Indessen, die Maschine hatte offenbar nicht die Absicht, auch noch das Modell zu benennen. Im großen ganzen gesehen, würde es demnach genügen, irgendeinen zu nehmen.

»Es sieht so aus, als müßten wir ihn suchen.«
»Um von der ersten Voraussage her beginnen zu
können, darf der Betreffende zunächst unter keinen
Umständen merken, daß er gesucht wird, nicht
wahr?«
»Doch wirklich eine hübsche Aufgabe.«
»Na, und ob!«
Auch ich fühlte mich in bester Laune. Man stellt sich
ja nicht vor, um wieviel interessanter es ist, sich statt
mit Voraussagen auf Grund von Zahlen und Dia-
grammen mit dem lebendigen Menschen zu befassen.
Und genau das sollte nun notwendig werden, – obwohl wir uns freilich zu jener Zeit von unserem Partner, dem Menschen neben uns, den wir, ohne daß er
selber es merkte, schließlich auswählen und beobachten würden, noch nicht den geringsten Begriff gemacht hatten.

Fünf Stunden ungefähr schlief ich auf der Couch
einen leichten Schlaf.
Kurz vor zwölf Uhr rief ich Tomoyasu an.
Um drei kam die Antwort.
»Man hat es mit Beifall aufgenommen! Mit dem end-
gültigen Beschluß müssen wir allerdings bis zur
nächsten Konferenz warten; aber Gottseidank steht
selbst mein Amtschef dem diesmaligen Plan außerordentlich wohlwollend gegenüber ...«
Wir hatten Vertrauen zu unserer Maschine, und da
zudem die Geschichte irgendwie überzeugend wirkte,
hatten wir uns keine sonderlichen Sorgen gemacht;
aber dennoch, als ich Tomoyasus so völlig entspannte
Stimme hörte, fühlte ich doch Erleichterung.

7.
Um vier Uhr gingen wir los, jenen Mann zu suchen
... Das heißt, es war natürlich nicht so, daß wir uns
von Anfang an für einen Mann entschieden hätten.
Erst nachdem wir ein vorn mit MANN und hinten
mit FRAU beschriebenes Blatt Papier zweimal fallen
ließen, und beide Male fiel es mit der Vorderseite
nach oben, meinten wir, es müßte ein Mann sein.
»Männer gibt es aber ziemlich viele. Welchen nehmen wir da?«
»Genau der Gemützustand des Wolfes, der unter
eine Schafherde geraten ist.«

»Man ist völlig verwirrt von dem Angebot. Wohl doch besser, wenn es eine Frau wäre, wie?«

»Ah, was! Über irgendeine Frau werden wir dabei schon stolpern.«

Zunächst zogen wir so in ausgelassener Stimmung umher. Wir nahmen die Untergrundbahn, wir nahmen die Stadtbahn, wir kamen nach Shinjuku. Aber allmählich wurden wir es leid.

»Das hat keinen Sinn . . . wenn wir nicht nach irgendeinem Kriterium verfahren . . .«

»Und nach welchem Kriterium? Wollen wir einen nehmen, der aussieht, als würde er lange leben?«

» . . . einen zum Beispiel, über den es, von außen gesehen, einigermaßen schwierig erscheint, eine Prognose aufzustellen.«

»Das würde bedeuten: einen mit einem Dutzendgesicht . . .«

Doch Leute von einer so durchschnittlichen Erscheinung gab es viele. Da war das Risiko groß. Gegen sieben Uhr hatten wir uns müde gelaufen, wir betraten ein kleines Café und setzten uns an das Fenster, das auf die Straße ging.

. . . Und damit waren wir unserem Mann begegnet.

Am Nachbartisch, vor einem Becher Eiscreme saß der Mann, unbeweglich, mit starrem Blick durch die Tür, auf der in goldenen Lettern der Name des Lokals geschrieben stand. Das Eis war zerlaufen, gleich würde es über den Gefäßrand tropfen. Offensichtlich hatte er es bestellt, obwohl er gar keinen Appetit darauf gehabt, und hatte es dann unbeteiligt zergehen lassen.

Als ich mich umwandte, hatte auch Tanomogi seine Aufmerksamkeit auf den Mann gerichtet. Ich weiß nicht, wieviel Zeit Eiscreme braucht, um zu zerlaufen; aber auf uns in diesem Augenblick machte das einen außerordentlich erregenden Anblick. Ein Mann, durchschnittlich in seinem Äußeren, der trotzdem seine Geschichte zu haben schien . . . Das so zu behaupten, war vielleicht eine allzu eigenwillige Interpretation; aber gerade solche kaum bemerkbaren Eigentümlichkeiten ließen uns hoffen, daß wir hier einen Fall mit den idealsten Bedingungen vor uns hätten.

Tanomogi stieß mich am Ellbogen an und zwinkerte mir zu. Ich nickte zurück. Die Bedienung kam und fragte nach unseren Wünschen. Tanomogi bat um irgendeinen Saft, als ich aber einen Kaffee bestellte, wechselte er ebenfalls auf Kaffee über. Bis der Kaffee kam, redeten wir kein Wort miteinander. Freilich auch, weil wir müde waren; doch mehr als das drückte die Schwere der Entscheidung, die wir jetzt treffen mußten, uns die Lippen zu. Schließlich, wer unser Partner würde, das kümmerte uns nicht. Es konnte irgendein Beliebiger sein, wenn er nur recht durchschnittlich wäre und dabei doch gewisse Eigentümlichkeiten besäße. Indessen, ob einer solche Eigentümlichkeiten besaß oder nicht, – darüber ließ sich nicht das geringste sagen, solange man ihn nicht praktisch getestet hatte. Außerdem war ich jetzt genug gelaufen. Wenn wir weiter so sorgfältig, so zaudernd Ausschau hielten, kämen wir nie zu einem Ende ... Hätte einer von uns beiden dafür plädiert und gesagt: ›Nehmen wir als Versuchskaninchen doch diesen Mann mit der zerlaufenen Eiscreme‹, – die Sache wäre bereits so gut wie entschieden gewesen.

Der Mann – ungeachtet es heiß war, trug er eine eng auf den Leib geschnittene Flanelljacke – saß noch immer unbeweglich wie zuvor, den Oberkörper kerzengerade aufgerichtet. Es fiel schon auf, wenn er gelegentlich einmal die Beinstellung veränderte. Aber in seinen Händen, die er auf den Tisch gelegt hatte, rollte er unentwegt mit einer nervösen Geste eine nicht angezündete Zigarette.

Plötzlich brach eine wilde Musik los. Ein junges Mädchen von achtzehn, neunzehn Jahren, zum schwarzen Mini-Rock rote Sandalen, hatte eine Zehn-Yen-Münze in die Jukebox unmittelbar hinter unseren Plätzen gesteckt. Erschrocken wandte der Mann sich um, und zum erstenmal konnten wir sein Gesicht betrachten. Es saß, ein recht angespanntes, nervöses Gesicht mit eingesunkenen Augen, wie von Schrauben festgehalten über einer schwarzen Schleife. Daß er, obwohl er bereits über die Fünfzig sein mochte, seltsam kindlich wirkte, lag vermutlich daran, daß sein Haar gefärbt war.

Die Musik fand ich ziemlich vulgär. Aber Tanomogi schien sie nicht nur nicht zu stören, im Gegenteil begann er mit den Fingerspitzen den Rhythmus mitzutrommeln, und nachdem er wie erleichtert einen Schluck Kaffee geschlürft hatte, lehnte er sich auf einmal nach vorn und sagte zu mir:

»Wissen Sie, Herr Professor, – dieser Mann da, je länger ich ihn mir ansehe, desto idealer kommt er mir vor. Entscheiden wir uns doch für ihn ... für den da ...«

Ich jedoch neigte nur meinen Kopf etwas undeutlich zur Seite. Nicht daß ich den Nörgler herauskehren wollte. Nur, plötzlich hatte mich ein schrecklich unangenehmes Gefühl befallen. Die Zukunft eines Menschen vorauszusagen, – ja, solange ich das im Kopf gedacht, war es mir als ein wirklich großartiger Versuch erschienen; aber wie ich jetzt tatsächlich diesen Menschen so vor mir sah, der vielleicht mein Experimentiermaterial werden würde, begann ich erheblich daran zu zweifeln, ob eigentlich soviel Sinn in der Sache war. Die Nacht zuvor war ich erschöpft gewesen. Angenommen einmal, ich hätte die Aussage der Maschine falsch verstanden? Konnte es denn nicht sein, es wären dies gar nicht die Worte der Maschine gewesen, sondern ich hätte, nachdem sie mir auf den Konferenzen sämtliche Voraussage-Themen blockiert, mein Gefühl, dafür keinen Zielpunkt mehr zu haben, so interpretiert, wie es mir behagte? ...

»Ja, wie meinen Sie? ... jetzt, da wir einmal soweit sind ...« Tanomogi erschrak, kniff dann mißtrauisch die Augen zusammen. »Immerhin, das war ja doch der Auftrag der Maschine ... Und schließlich haben Sie sogar auch Tomoyasu die Zustimmung zu dem Plan abgerungen ...«

»Das war noch nicht mehr als ein inoffizielles Ja. Und wer weiß, wie sich die Konferenz dazu äußern wird ...«

»Diese Idioten!« Er zog die Lippe hoch. »Jedenfalls hat der Amtsdirektor den Plan wohlwollend aufgenommen; demnach dürfte es also keine Probleme mehr geben.«

»Wenn das so sicher wäre. Bis zur nächsten Konferenz könnte er ja glatt seine Meinung geändert haben. Und selbst wenn wir sagen, mit Politik habe das nichts zu tun, – an nutzlose Projekte werden die kein Geld verschwenden. Auf der Konferenz durchkommen oder nicht, das heißt – verstehen Sie – ein Budget erhalten oder keines. Das ist nicht einfach eine Frage von gefallen oder nicht gefallen.«

»Aber wirklich hat die Maschine – ...«

»Wir waren schläfrig, wahrscheinlich haben wir sie falsch verstanden ...«

»Das glaube ich nicht.«

In dem Augenblick, er war wütend geworden, stieß Tanomogi das Wasserglas um. Er zog ein Taschentuch heraus, und während er sich das Hosenknie abwischte, sagte er: »Entschuldigung. Aber ich glaube unserer Maschine. Die Konferenz, und wir selber auch, alle versuchen wir unter dem Einfluß von ›Moskwa 2‹, Voraussageprogramme ausschließlich nur aus gesellschaftlichen Daten abzuleiten. Auf diese Weise, also nur von außen angegangen, ist es vielleicht tatsächlich an dem, daß, wie die Maschine sagte, der Kommunismus die allerletzte maximalwertige Prognose darstellt. Anders ausgedrückt, meine ich: weil die Maschine rein aufs praktisch Pragmatische beschränkt eingesetzt wurde, konnte sich nur das ergeben. In diesem Sinne war das Urteil der Maschine, dem Kommunismus den Wert einer Maximalprognose zuzugestehen, allerdings interessant ... Aber für den Menschen das Allerwichtigste ist nicht so sehr die Gesellschaft als vielmehr der Mensch. Wenn sie für den Menschen nicht taugt, – da mag sie in ihrer Grundstruktur noch so vernünftig sein, sie wird nichts ausrichten.«

»Na, und – ...?«

»Kurzum, ich bin überzeugt, daß die Idee der Maschine, wir sollten die private Zukunft eines einzelnen voraussagen, genau richtig ist. Von da aus vorstoßend, ist vielleicht zu Schlußfolgerungen zu gelangen, die – und das wäre die Überraschung – völlig anders sind als die Schlußfolgerungen von ›Moskwa 2‹.«

»Das hat die Maschine so nicht behauptet.«

»Natürlich nicht. Ich selber glaube das ja auch nicht unbedingt. Ich meine nur, wenn wir es auf diese Weise formulieren, wird die Konferenz mit Erfolg zu überzeugen sein ... Außerdem ergäbe sich sogar augenblicklich der eine oder andere konkrete Nutzen. Angenommen, nach geglücktem Experiment hätte die Maschine die Formel begriffen, nach der sich die Zukunft eines Menschen voraussagen läßt, wäre sie zum Beispiel imstande, auf Grund ihres Überblicks über Vergangenheit und Zukunft von Straffälligen hundertprozentige Urteile zu fällen, – man könnte dann Verbrechen schon von vornherein verhindern. Und von Beratungsfällen einmal ganz abgesehen, mag es sich nun um Ehe, Beruf oder Krankheit handeln, – nötigenfalls ließe sich selbst der Zeitpunkt des Todes voraussagen . . .«

»Wozu würde das helfen?«

»Nun, die Versicherungsgesellschaften etwa, die würden sich, meine ich, riesig freuen.« Tanomogi lachte wie triumphierend, und dabei waren seine Worte voller Spitzen. »Betrachten wir es einmal auf diese Weise, dürften sich nur immer mehr Anwendungsmöglichkeiten ergeben. Ich jedenfalls bin überzeugt, daß dies ein außerordentlich aussichtsreicher Plan ist . . .«

»Vielleicht, mag sein, ist es, wie Sie sagen . . . Auch ich mißtraue dem Urteil der Maschine ja keineswegs.«

»Aber warum sagen Sie dann, wir hätten uns verhört?«

»Das war nur so dahergeredet . . . nur eben dahergeredet . . . Andererseits, auch Ihnen, der Sie so argumentieren, wäre es gewiß nicht angenehm, sich vorzustellen, Sie selbst würden zum Versuchskaninchen gemacht, nicht wahr?«

»Das ginge ja gar nicht. Da ich bereits alles über die Maschine weiß, wären die Bedingungen nicht mehr echt.«

» . . . im Falle, Sie wüßten es nicht . . . hypothetisch gesprochen.«

»Nun, ich glaube, das würde mir nichts ausmachen. Ich bin ausgeglichen.«

»Wirklich . . . ?«

»Und wie ausgeglichen! . . . Sie sind einfach zu erschöpft, Herr Professor, – Ihre Nerven . . .«

Ja, ich war wohl ziemlich erschöpft. Wie konnte denn ausgerechnet ich hinter der Maschine zurückbleiben, mich von Tanomogi überholen lassen . . . ?

8.

Ungefähr zwanzig Minuten, nachdem wir unseren Kaffee ausgetrunken hatten, erhob sich schließlich der Mann. Offenbar war die Person, auf die er gewartet hatte, am Ende doch nicht gekommen. Unmittelbar nach ihm traten auch wir aus dem Café.

Über dem Viertel begann es allmählich zu dunkeln.

Das wirre Gewühl der unruhigen, absatzklappernden Menge wirkte, als wäre sie emsig bemüht, Tropfen von Kunstlichtern zu Mauern aufzuschichten und so die heranrückende Nacht zurückzudrängen.

Nachdem er, als wäre nichts gewesen, das Lokal verlassen hatte, ging der Mann mit abgezirkelten Schritten durch eine enge Gasse, geradewegs auf die Straße mit der Trambahn zu. Mit den Schritten dessen, der daran gewöhnt ist, zu Fuß zu gehen. Vor jeder zweiten, dritten der winzigen, zu beiden Seiten aufgereihten Reisweinkneipen lockten mit heiseren Stimmen von Kopf bis Fuß seltsam maskierte Männer und Frauen die Gäste an. Gerade weil sie von einer Art waren, daß sie in eine solche Gegend nicht paßten, fielen die büromäßigen Schritte des Mannes um so mehr auf.

Als er die Straße mit der Trambahn erreicht hatte, drehte er sich plötzlich voll nach hinten um. Verwirrt blieb ich stehen, doch da packte mich Tanomogi leicht am Arm und flüsterte:

»Das dürfen wir nicht! Desto mehr machen wir uns verdächtig.«

Eine von den Anreißerinnen kam schreiend auf uns zu. Uns blieb nichts anderes übrig, als weiterzugehen auf den Mann zu, der, wie er sich umgedreht hatte, dastand. Jedoch, in sich versunken, machte er noch einmal den Versuch, uns zu bemerken. Er blickte kurz auf die Uhr, dann begann er in die Richtung zurückzugehen, aus der er eben gekommen war. Die Stimmen der Anreißer spotteten, als hätten sie nur darauf gewartet, und ich meinte, meine beiden Backen müßten erstarrt sein wie Bretter.

Der Mann war wieder zurückgegangen bis zu dem Café von vorhin und spähte hinein. Doch jene Person schien auch jetzt nicht gekommen. Rasch durchschritt er abermals dieselbe Gasse und trat auf die Straße mit der Trambahn hinaus. Diesmal riefen nicht so viele hinter uns her. Einige spuckten aus, nachdem ich vorbeigegangen war. Vermutlich hatten sie gleich erkannt, daß ich jemanden beschattete. Sich einem Fremden an die Fersen zu heften, war wohl nach ihrer Ansicht keine eben bewundernswerte Sache.

»Ob dieser Mann damit schließlich in den Käfig gelockt werden sollte ... ohne daß er selber es merkte?«

»Was das angeht, so scheint doch jeder Mensch in einem Käfig eingeschlossen.«

»Wieso?«

»Oder etwa nicht?«

Der Mann ging jetzt geradeaus in südlicher Richtung die Straße mit der Trambahn entlang. Es kam eine mit einem Bretterzaun umgebene Baustelle, und hier plötzlich wurde die Straße dunkel. Er ging ungefähr zwei Blöcke weit, überquerte die Straße, lief hierauf erneut zurück, dabei aber am Eingang der Gasse von vorhin vorbei, und bog nach rechts in eine helle, von maiglöckchenförmigen Laternen gesäumte Straße ein. An deren Ende reihten sich die Filmtheater. Als er die erreicht hatte, drehte er sich wieder um und wieder einmal begann er zurückzugehen.

»Was denn, – das macht ja wirklich den Eindruck, als hätte er eigentlich gar kein Ziel.«

»Die Person, die hätte kommen müssen, ist nicht gekommen, und das erregt ihn offenbar.«

»Aber hat er dafür nicht eine geradezu idiotisch bestimmte Art zu gehen? ... Was für einen Beruf mag er haben?«

»Tja ...«

Richtig. Eben hatte auch ich darüber nachgedacht. Dieser Mann war daran gewöhnt, daß andere Leute ihn ansahen. Er mußte einen Arbeitsplatz haben, an dem er schon seit langen Jahren unverändert tätig war und an dem man stets Wert legte auf die äußere Erscheinung, immer besorgt war, wie man auf andere wirkte, überlegte ich. »Aber was für einen –? ... Und ob unsereins berechtigt ist, so weit zu gehen?«

»Berechtigt ...?«

Weil ich glaubte, Tanomogi hätte dabei gelacht, drehte ich mich zu ihm um; doch war es wohl nicht an dem gewesen.

»Genau, – ob wir berechtigt sind ... Selbst dem Arzt ist ja ein unbeschränktes Experimentieren am menschlichen Körper nicht gestattet. Wenn wir nicht vorsichtig sind, wissen Sie, grenzt das an Vivisektion.«

»Sie übertreiben, Herr Professor. Solange wir es nur geheimhalten, trägt er doch keinerlei Schäden davon.«

»Hm, nun ja ... Angenommen, ich wüßte mich in die

Lage dieses Mannes versetzt, – ich glaube, ich wäre trotzdem wütend.«

Tanomogi verfiel in Schweigen. Dabei schien es jedoch nicht so, als hätte ihn das sonderlich beeindruckt. Er, der er seit fünf Jahren mit mir zusammenarbeitete, hatte meine Gefühle vollkommen durchschaut... Was immer ich auch, ohne mich auf diese Weise rechtfertigen zu wollen, hervorbringen mochte, nie würde ich diese Verfolgung aufgeben. Sollte der Auftrag der Maschine gar auf Mord lauten, vielleicht würde ich mit Tränen in den Augen selbst einen Mord begehen. Der jetzt vor uns herging, dieser durchschnittliche Mann in mittleren Jahren, der auf etwas scheinbar recht Unerklärliches wartete, – er würde, seine Vergangenheit und Zukunft eingeschlossen, am Ende doch ausgebalgt, freigelegt werden in allen Einzelheiten. Und während ich mir das vorstellte, empfand ich einen Schmerz, als bekäme ich selber die Haut abgezogen. Indessen, vieldutzendmal schrecklicher wäre es gewesen, die Voraussage-Maschine im Stich zu lassen.

9.

Einen ganzen Abend lang wurden wir von dem Mann auf Trab gehalten. Mit Schritten, als ginge er, Akten unterm Arm, über die Korridore eines Büros, lief er innerhalb eines eng begrenzten Bezirks unaufhörlich hin und her. Abgesehen davon, daß er unterwegs einmal irgendwohin telefonierte und zweimal einen Spielautomatensalon betrat, das erstemal für fünfzehn, das zweitemal für zwanzig Minuten, hielt er sich nirgends sonst auf, sondern lief blindlings immer nur im Kreis herum. Vermutlich war, stellten wir uns vor, die Person, die die Verabredung nicht eingehalten hatte, eine Frau. Wenn man in diese Jahre kommt – und ich selbst ging ja allmählich auf das gleiche Alter zu –, hat man es so gut wie aufgegeben, sich vom Zufall noch etwas zu erwarten. Es geschieht nicht Neues in dieser Welt. Man braucht keinen Abzug mehr für seine nutzlos angestauten Triebe, indem man etwa ziellos durch die Straßen irrt. Nur eine Frau allein, sie sprengt diese Gleichung. Und man verfällt in eine komische, längst überholt geglaubte wirre Betäubung, die der eines Tieres gleicht.

Unsere Vermutung traf schließlich zu. Es geschieht

eben doch nichts Neues in dieser Welt. Gegen elf Uhr, von einem öffentlichen Fernsprecher vor einem Laden aus, telefonierte er noch einmal kurz (Tanomogi, einigermaßen dreist, hatte die Telefonnummer mitbekommen und sie in sein Notizbuch eingetragen), nahm hierauf die Straßenbahn, und an der fünften Haltestelle darauf stieg er aus. Ziel des Mannes war nur einen halben Block weiter eine ansteigende Gasse hinauf ein kleines Apartmenthaus, das an der Rückseite einer Ladenzeile stand.

Am Tor zu dem Apartmenthaus, während er sich unsicher umsah nach rechts und links, zögerte der Mann eine Weile, als wäre da irgend etwas. Unterdessen kauften wir beim Tabakhändler an der Ecke Zigaretten (seinetwegen hatte ich bereits über zehn Päckchen gekauft). Schließlich ging er hinein, und gleich darauf folgte ihm Tanomogi. Sollte er Glück haben, käme er bis an die Wohnungstür und könnte das Namensschild identifizieren; sollte er jedoch, so hatten wir es verabredet, vom Hausverwalter bemerkt werden, würde er dem einen Schein in die Hand drücken und von ihm das Wichtigste erfragen. Ich, neben dem Tor, behielt das gesamte Haus im Auge ... Im Erdgeschoß befanden sich drei Zimmer, und in allen waren die Vorhänge heruntergelassen, und es brannte Licht. Das Obergeschoß hatte, den Raum über dem Treppenhaus eingeschlossen, vier Zimmer, und in jedem zweiten waren die Lampen gelöscht.

Kurz darauf flammte in dem hintersten, einem der dunklen Fenster für einen Augenblick das Licht auf, groß schwankte der Schatten eines Menschen darüber hin, und sofort wurde es wieder dunkel. Tanomogi, auf Socken, in jeder Hand einen Schuh, kam herausgestürzt.

»Ich habe sie gesehen, die Visitenkarte an der Tür ... Tatsächlich der Name einer Frau ... Chikako Kondō ... Chikako in Silbenschriftzeichen ...« Er bückte sich in den Schatten des Tores, und während er noch keuchte, schlüpfte er in seine Schuhe. »Hat es mich geschüttelt, wirklich, – es war ja auch das erstemal, daß ich sowas gemacht habe, wissen Sie? ...«

»War nicht das Licht kurz angegangen?«

»Allerdings. Und außerdem war da ein Geräusch, wie wenn etwas hart auf den Boden fällt ...«

»Also in dem hintersten Zimmer dort ...«

»Sie haben es bemerkt?«

»Zu komisch ... Die ganze Zeit so, und dann gleich wieder dunkel ...«

»Na ja, – eine leidenschaftliche Begegnung eben ...«

»Gut, wenn es das gewesen wäre ... aber er kann eigentlich nicht bemerkt haben, daß wir ihn beschatteten ...«

»Ausgeschlossen ... ganz ausgeschlossen ... Da hätte er doch bestimmt versucht, uns abzuschütteln, bevor er hierherkam.«

Trotzdem, irgendwie begann ich mich unbehaglich zu fühlen. Unsere ursprüngliche Absicht war natürlich gewesen, Name und Wohnung des Mannes zu ermitteln; aber der Mann würde wohl hier über Nacht bleiben, und ich hielt es für unmöglich, ihn die ganze Zeit zu überwachen. Wir hatten beide seit dem Tag vorher nicht viel geschlafen, und da es zudem noch gar nicht entschieden war, daß wir diesen Mann als unser Objekt benutzen würden, wäre es nicht weiter schlimm, wenn wir unter Umständen dieses Nebenprodukt von einer Frau zu unserem Hauptobjekt machten und den Mann als die Ergänzung dazu betrachteten. Auch Tanomogi hatte gegen diese Ausflüchte nichts einzuwenden.

»Aber wie Sie sagten, Herr Professor, – da sind wir schon über die Frau gestolpert, nicht wahr?«

»Weil auf jeden Fall die Zahl der Frauen genauso groß ist wie die der Männer.«

Und wir beschlossen, uns fürs erste zurückzuziehen. Als wir die große Straße erreichten, trennte ich mich von Tanomogi, und mit einem Kopf, der vor Müdigkeit stöhnte, kehrte ich heim. Während ich dem Gerede meiner Frau, wie sie, da die Kinder sich in der Schule geprügelt, nicht weiterwisse, zerstreut zuhörte, gab ich mir immer wieder einen Ruck; doch endlich begann mein Körper abwärtszustürzen in ein enges Schlaf-Loch, nur eben weit genug, um hindurchzugleiten.

10.

Am nächsten Morgen verschlief ich prompt ein wenig. Als ich ins Institut kam, war es bereits elf Uhr vorbei.

Zunächst hatte ich – den Grund vermag ich selber

37

nicht recht zu erklären – die Absicht gehabt, den Plan
der der Konferenz vorgelegt werden sollte, noch mit
Tanomogi allein anzufertigen und die anderen Institutsmitglieder erst dann davon zu unterrichten,
nachdem wir die offizielle Zustimmung der Konferenz erhalten hätten. So hatten wir auch das Aben-
teuer vom Abend zuvor nur zu zweit unternommen,
ohne irgend jemandem davon zu erzählen. Die andere Seite war die, daß ich die Sache unterschätzt hatte,
meinend, da es sich bei unserem Partner eben nur
um irgendeinen Menschen handele, sei eine unter so
vielen Aspekten vorgenommene Untersuchung wie
bis dahin üblich nicht nötig. Jedoch, nach tatsächlich
gemachter Erfahrung begriff ich, daß man die Schale,
die das private Leben eines Menschen umschließt, so
leicht nicht nehmen darf. Zwar wäre es, wenn man
nur Zeit daran wendete, nicht eigentlich schwierig,
einen ungefähren Plan aufzustellen; aber das Unangenehme war, daß bis zur nächsten Konferenz nur
noch fünf Tage blieben. Und käme der diesmalige
Plan nicht erfolgreich durch, würde sich die ganze
schöne Situation abermals verschlechtern, und daß
wir den Befehl zum wenigstens zeitweiligen Abbruch
bekämen, daran wäre dann schon nicht mehr zu
zweifeln.

So hatte ich, bis ich das Institut erreichte, meine Haltung geändert und beschlossen, den Institutsmitgliedern alles über den Plan bekanntzumachen und damit die Teamarbeit vorzubereiten. Wenn ich ihnen
die Umstände darlegte, würden sie gewiß das Geheimnis wahren. Schon hatte ich meine Strategie entwickelt, hatte die Aufgaben der einzelnen detailliert
festgelegt, indem ich das Team in zwei Gruppen teil-
te, in eine, um die Herkunft und die Umstände der
Frau zu klären, und eine andere, um alle Spuren des
Mannes auszuforschen. Die in diesen beiden Tagen
nur zusammengetragenen Daten ordnend, würden
wir, von ihnen ausgehend, den künftigen Kurs, die
Möglichkeiten, die Perspektiven aufstellen. Auf jeden
Fall, vordringlich war, die Konferenz zur Annahme
zu bewegen.

Bevor ich in mein Zimmer ging, schaute ich im Erdgeschoß ins Prüflabor und fragte nach Tanomogi. Es
hieß, er wartete bereits seit einiger Zeit oben im Com-
puterraum auf mich. Ich sagte ihnen, sie sollten sich

alle im ersten Stock versammeln, ich hätte ihnen etwas zu sagen, und damit stieg ich hinauf und sah zunächst einmal nach Tanomogi.

Beide Ellbogen auf die Tischplatte neben der Kontrollkonsole gestemmt, ohne mich zu begrüßen, sah Tanomogi mit starrem Blick zu mir auf. Wirklich höchst sonderbar, wie er sich benahm.

»Was tun, Herr Professor?« begann er plötzlich, noch immer in der gleichen Haltung.

»Was tun? . . . Wovon reden Sie . . .?«

»Na, das ist ja wohl doch eine schöne Bescherung, wie? . . .«

Er breitete eine Zeitung auf seinen Knien aus und bohrte herausfordernd seinen Finger in das Papier.

»Welche Geschichte denn? . . . Ich verstehe nicht . . .«

Als verblüffte ihn das, schob Tanomogi sein Kinn vor und reckte den Hals.

»Haben Sie noch keine Zeitung geleson, Herr Professor?«

Gerade in diesem Augenblick kamen mit laut klappernden Holzsandalen die anderen vom Prüflabor die Treppe heraufgestiegen. Argwöhnisch, mit einem Blick aus den Augenwinkeln, sah Tanomogi mich an und erhob sich. »Und was hat das zu bedeuten . . .?«

»Ich habe sie heraufgebeten. Ich hatte vor, die Arbeit auf sie aufzuteilen.«

»Machen Sie keine Scherze. Sehen Sie sich bitte das an!« Er schob mir die Zeitung zu, öffnete dann mit einer ruppigen Bewegung die Tür, und mit lauter Stimme schrie er denen, die oben draußen ankamen, entgegen: »Später! . . . Verschiebt das mal auf spater! . . . Sobald er frei ist, sag ich euch Bescheid . . .«

Ich hörte, wie Katsuko Wada mit schriller Stimme irgendeinen Witz riß, der nach Gekränktheit klang; aber was sie sagte, bekam ich nicht richtig mit. Tatsächlich interessierte es mich auch nicht. Unverwandt starrte ich auf die mit Rotstift umrandete Meldung in der einen Ecke, und dabei war mir, als würde sich plötzlich die Luft ringsum wie klebrige Gallerte an mich hängen.

HAUPTBUCHHALTER
VON SEINER GELIEBTEN ERDROSSELT

Am 11. kurz nach Mitternacht wurde im »Midori«-Apartmenthaus in Tōkyō-Shinjuku, ***straße 6,

der sich dort besuchsweise aufhaltende Susumu
Tsuchida (56), Hauptbuchhalter bei der Firma
Yoshiba im gleichen Stadtbezirk, von seiner Gelieb-
ten Chikako Kondō (26), einer Bewohnerin des
Apartments, niedergeschlagen und erdrosselt. Die
Betreffende stellte sich unverzüglich auf der näch-
sten Polizeiwache und zeigte an, nach später Rück-
kehr von Tsuchida mißhandelt worden zu sein und
sich daher in einer Notwehrsituation befunden zu
haben. Nach Auskunft seiner Arbeitskollegen galt
Tsuchida, seit 30 Jahren Angestellter derselben
Firma, als ein solider Charakter; einhellig bekun-
deten sie, daß sie das völlig überrascht habe.
Geduldig wartete Tanomogi, während ich das langsam fünfmal, sechsmal durchlas.
»Darum also ging es, Herr Professor . . .«
»Ja, und die anderen Zeitungen . . .?« Ein Schweißtropfen fiel mir von der Stirn, er verlief in die Meldung.
»Fünf habe ich gekauft, doch diese da bringt es am
ausführlichsten.«
» . . . ah, bedauerlich, nicht wahr? Einen Monat früher, und es wäre vorauszusagen gewesen . . . Wo er
nun tot ist, läßt sich nichts mehr machen . . .«
»Wenn es sich damit für uns erledigt hätte, wäre es
ja gut . . .«
»Wie meinen Sie das? Es hilft doch nichts, wenn wir
etwa versuchen, die Zukunft des Toten vorauszusagen, nicht wahr? Detektiv zu spielen, dazu habe ich
keine Zeit.«
»Was mich beunruhigt – . . .«
»Was kann Sie denn da beunruhigen? Ein so überaus speziell gelagerter Fall war ohnehin als Objekt
für uns nicht wirklich geeignet.«
»Lassen Sie doch diese Ausflüchte. Selbst Ihnen, Herr
Professor, muß das ja klar sein. Es dürfte einige Leute geben, die gesehen haben, daß wir diesem Mann
namens Tsuchida nachliefen. Vor allem der Tabakhändler an der Ecke dort, bei dem wir zuletzt Zigaretten kauften – . . .«
»Da wird sich nicht viel ergeben. Nachdem sie das
Verbrechen bereits eingestanden hat . . .«
»So, hat sie das . . .?« Nervös fuhr sich Tanomogi mit
der Zunge über die Lippen und begann hastig, wie
stolpernd, drauflos zu reden. »Ich jedenfalls glaub

das nicht. Schon allein aus dieser Meldung ergibt
sich eine Menge von Dingen, die gar nicht überzeugen. Zum Beispiel, ›niedergeschlagen‹ und dann noch
›erdrosselt‹, – kommt Ihnen das nicht etwas allzu
gründlich, allzu umsichtig vor? Und alles nur, sagt
die junge Frau, weil er ihr vorgeworfen, daß sie spät
nach Hause kam...?«
»Als sie ihn prügelte, wird er Ernst gemacht haben,
und da ist sie wild geworden und hat ihn umgebracht.«
»Unmöglich!... Wie könnte eine junge Frau einen
Mann erdrosseln, wenn der Ernst macht? Na, aber
wollen wir das mal zu ihren Gunsten annehmen...
Sie erinnern sich gewiß noch, Herr Professor: gleich
nachdem der Mann die Wohnung betreten hatte,
flammte für einen Augenblick das Licht auf, hörte es
sich an, als ob etwas zu Boden fiele, und sofort darauf wurde es wieder dunkel. Nun sagten Sie, Herr
Professor, Sie hätten in diesem einen Augenblick gesehen, wie ein menschlicher Schatten im Fenster erschien. Tatsache ist, auch ich bemerkte in diesem
Augenblick einen Schatten, der sich über das Glas in
der Wohnungstür bewegte. Wenn man das genau
durchdenkt, ist da freilich ein Widerspruch. Oder
wäre es denn möglich gewesen, daß bei einer einzigen Lichtquelle der Schatten gleichzeitig auch auf
das gegenüberliegende Fenster geworfen wurde?
Unvorstellbar, nicht wahr?... Und wenn wir es für
unvorstellbar halten, müssen zwei Leute drin gewesen sein.«
»Eben, der Mann und die junge Frau, nehme ich an.«
»Andererseits ist da diese Meldung, und in ihr heißt
es, die Frau sei später als der Mann zurückgekommen.«
»Keineswegs. Das ist außerordentlich unklar. Nach
dieser Formulierung kann es auch umgekehrt gewesen sein...«
»Aber ich habe doch deutlich gesehen, wie der Mann
selbst aufgeschlossen hat. Außerdem, bei der Telefonnummer, die er zuletzt angerufen hat, handelt es
sich tatsächlich – wenn man sich beim Amt erkundigt – um die Nummer jenes Apartmenthauses. Er
hat also angefragt, ob sie zurück ist. Aus seinem Verhalten danach zu schließen, dürfte kaum zweifelhaft
sein, daß die Antwort ›Nein‹ lautete.«

»Und wenn sie unmittelbar nach seinem Anruf zurückgekommen wäre?«

»Warum war es dann dunkel im Zimmer?... Und was wäre da zu Boden gefallen?... Was sollte es bedeuten, daß das Licht kurz aufflammte und sofort wieder verlosch?...«

»Ich begreife nicht recht, worauf Sie hinaus wollen; immerhin hat sich die Person ja selbst gestellt...«

»Ah, auch die Polizei wird so dumm nicht sein. Die in der Wohnung darunter erinnern sich wahrscheinlich an den Zeitpunkt, als sie etwas zu Boden fallen hörten. Und die Nachbarn bezeugen wahrscheinlich, daß das Licht die ganze Zeit über gelöscht war. Oder vielleicht stellt man aus den Würgemalen am Hals fest, daß die Frau die Tat nicht begangen hat. Und hat man einmal einen Verdacht, so wird man dem nachgehen bis auf den letzten Grund... Spuren von einem, der in Socken über den Korridor schlich... neben der Tür, an den Wänden Fingerabdrücke... dann jene verdächtigen Beschatter...«

»Wie, – haben Sie denn dort Fingerabdrücke hinterlassen...?«

»Vielleicht... Ich habe ja nicht im Traum daran gedacht, daß so was passieren könnte.«

»Trotzdem... Selbst wenn das der Fall wäre, – sie brauchten Sie nur zu verhören, und alles wäre klar ... Lächerlich! Es liegt ja überhaupt kein Motiv vor. Mögen sie Sie immer verdächtigen, – sie haben nicht den geringsten Beweis.«

»Das ist schon wahr. Aber sie werden mich eben verdächtigen. Bis wir sie ganz davon überzeugt haben, worum es bei unserer Arbeit geht...«

»Nein, das können wir uns nicht leisten.«

»Können wir natürlich nicht. Gleich bekämen die Zeitungen Wind davon. Den Mordfall würden sie beiseite lassen und fingen an, über unser Projekt zu schreiben... ›Alptraum des Automatenzeitalters... unter Mißachtung der Würde des Menschen‹...«

An dieser Stelle klappte er den Mund zu, als wäre ihm plötzlich etwas aufgegangen. Mag sein, dachte ich, er fürchtet, daß er Dinge sagen könnte, die mich noch tiefer träfen. Dabei, mir war es so schon genug. In einer solchen Situation hatte ich keine Zeit, das Spiel der Nabelschau zu betreiben.

»Zweifellos. Diese Arbeit kann sehr leicht für gefährlich erachtet werden... Und denken Sie: wäre auch nur das leiseste Anzeichen für eine solche Tendenz sichtbar, – die Konferenz, es sind ohnehin lauter Feiglinge, hätte endlich genau die richtige Ausrede und würde uns augenblicklich den Rücken zudrehen ... Aber auch Sie, – Sie sind mir ein rechter Tiefbohrer... scheinen mir Anlagen zu haben für einen Detektiv, selbst für einen Rechtsanwalt...«

»Ich habe das alles durchaus nicht von Anfang an so konsequent durchdacht. Nur, als ich vor der Tür dort stand, – das war ein Eindruck, wissen Sie, – irgendwie unheimlich und aufregend. Und dann wieder, als ich diese Meldung las: intuitiv hatte ich das Gefühl, es wäre ein anderer der Täter gewesen... Und damit wären wir die ersten, die in Verdacht gerieten. Wenn wir also die Absicht haben, unsere Arbeit fortzusetzen, können wir jetzt nicht mehr zurück.«

»Das heißt –?«

»... daß wir keine andere Möglichkeit haben, als unsererseits die Initiative zu ergreifen und zurückzuschlagen.«

»Zurückzuschlagen?... Was Sie nicht sagen...«

»Uns zu verständigen, bevor wir überrumpelt werden.«

»Wenn wir es über Tomoyasu versuchen, dürfte das nicht unmöglich sein... Aber es wäre ungeschickt, nun einfach alles im Stich zu lassen. Ich meine, daß wir fest bleiben sollten... daß wir sagen, wir erstellen einen Plan, – und darüber hinaus nur das, was unbedingt nötig ist...«

»Zum Glück gibt es ja reichlich Erklärungen dafür. Da haben wir zum Beispiel die Tatsache, daß es sich um eine zur Zeit noch frische Leiche handelt...«

»Was soll die Leiche...?«

»Nun, sie ist doch körperliche Manifestation von Schlußfolgerungen auf die Zukunft... Bei richtiger Konservierungsmethode können, wie man sagt, auch nach Eintritt des Todes zumindest die Nerven noch für etwa drei Tage am Leben erhalten werden.«

Hier plötzlich dämmerte es endlich in meinem Kopf, sämtliche Fenster ringsum gingen auf, die Zellen begannen emsig zu arbeiten. Abermals hatte mich Tanomogi ausgestochen. Doch das brachte mich nicht auf. Schließlich war er der Mann, der mir einmal nachfolgen würde.

»Eine großartige Idee! Nicht einfach nur eine Ausflucht, sondern eine Arbeit, die sich auch tatsächlich
ganz in unser Vorhaben einzufügen scheint. Von
einem Leichnam aus vorzugehen ... Da haben Sie allerdings einen guten Einfall gehabt!«
»Punkt eins: mathematische Induktion, – würde ich
sagen ... Punkt zwei: die junge Frau ... Sind wir
zwar zufällig darauf gestoßen, aber besser hätte das
gar nicht zusammenpassen können ...«
»Und dann, wenn es glückt, Punkt drei: der wirkliche
Täter, – wie?«
»Ah, – das wäre bereits die praktische Phase ... Bestimmt jedenfalls ein prima Köder, um die Konferenz herumzukriegen ...«

11.
Nun denn, nachdem damit der Kurs feststand, konnten wir unmöglich lange zaudern. Angenommen
selbst, es wäre, bis die Polizei ihre Fänge nach uns
ausstreckte, noch Zeit gewesen, mußten wir es schaffen, die Leiche an uns zu bringen, bevor sie den Hinterbliebenen übergeben wurde. Natürlich war es nun
unumgänglich, das Team von unten mit einzuschalten. Tanomogi war sich ganz sicher, daß die jungen
Leute unter Kontrolle zu halten wären. Unter Berücksichtigung dessen, was ihnen jeweils besonders
lag, teilten wir sie in drei Gruppen ein: die erste würde sich mit dem Leichnam befassen, die zweite mit
der Frau, die dritte mit der Identifikation des wirklichen Täters; und Tanomogi selbst, so beschlossen
wir, würde, mit Hauptaugenmerk auf den Leichnam,
die gesamte Untersuchung beaufsichtigen. Während
ich mich zur Verhandlung mit Tomoyasu ins Stati-
stische Amt begäbe, würde er die Gelegenheit benutzen, die Gruppeneinteilung vorzunehmen, sie über
den Kurs zu instruieren und zum sofortigen Arbeitsbeginn, wann immer das wäre, bereitzuhalten. Nachdem ich mich versichert hatte, daß Tomoyasu in seinem Büro war, ging ich sogleich los.
Tomoyasu zeigte sich außerordentlich leutselig. Solange ich ihm die verschiedenen Möglichkeiten aus-
einandersetzte, die sich aus der praktischen Anwendung der Voraussagen auf das Individuum ergaben,
hörte er keinen Augenblick zu lächeln auf. Schließlich, so wie er in der Mitte zwischen uns und seinem

Amtschef stand, war ihm schon alles recht, soweit er sich da keine lästigen Gedanken zu machen brauchte. Und ich selber gab mich sehr betont so, als schwämme ich geradezu im Glück, und ließ mir nicht anmerken, in welcher schwierigen Lage ich mich befand. Indessen, als zuletzt die Rede auf den bewußten Mordfall kam, prompt erlosch mit einem Mal sein Lächeln, und er kehrte zurück zu seinem üblichen, wie durch die Dehydrierungsanlage gegangenen Gesichtsausdruck. Ich hielt das Steuer der Unterhaltung fest in der Hand. Zeigte nicht den leisesten Hauch einer Besorgnis vor der Polizei, eröffnete mit allen Kräften und auf die Frage konzentriert, wieweit die Voraussage-Maschine nutzbar gemacht werden könne für die Verbrechensverhütung, die Attacke, und nach mehr als einstündigem, erbittertem Kampf schließlich war es mir gelungen, ihn zu einem Entschluß zu bewegen.

Das heißt, zu dem Entschluß, nun etwa selber mit den unmittelbar betroffenen Behörden zu verhandeln, hatte ich ihn natürlich nicht bewegen können. Dafür besaß er keine Kompetenz. Sein Entschluß bestand lediglich darin, die Sache an seinen Amtschef weiterzureichen. Ich mußte also, abermals eine Stunde lang, dem Amtschef dieselbe flammende Rede halten. Anders als Tomoyasu verzog dieser Chef von Anfang bis Ende keine Miene. Dann hieß er mich mit ebenso ausdruckslosem Gesicht warten und verschwand irgendwohin.

Ich war in großer Sorge, es könnte jeden Augenblick ein Anruf von Tanomogi kommen, der mir erklären würde, die Polizei sei bereits bei uns eingedrungen. Tomoyasu hingegen hatte ganz und gar zu seiner Leutseligkeit zurückgefunden. Er schien erleichtert, daß er den Stab an seinen Chef weitergegeben hatte. Geradezu begeistert äußerte er sich über die Möglichkeiten der Voraussage-Maschine; aber ich, wie lächerlich mir das vorkam, war zu keiner Antwort aufgelegt.

Wieder nach einer Stunde – schon war ich nahe daran, es aufzugeben, meinend, man hätte mich vergessen – kehrte endlich der Amtschef zurück und sagte in einem sehr geschäftsmäßigen Tonfall:

»Das dürfte in Ordnung gehen. Es ist alles abgesprochen. Ich werde es Ihnen nicht extra noch schriftlich geben; doch falls es erforderlich sein sollte, wenden Sie sich bitte an mich. In den wesentlichsten Punkten wurde es übrigens beifällig aufgenommen ...«

Seine Stimme war dabei so unbeteiligt gewesen, daß mir im Augenblick gar nicht bewußt wurde, um eine wie erfreuliche Antwort es sich handelte. Erst nachdem ich draußen war, kam ich wieder zu Sinnen und hängte mich sofort an ein öffentliches Telefon. Tanomogis Stimme war noch aus der Hörmuschel die Spannung anzumerken. Er hatte bereits Verbindung aufgenommen mit dem Computer-Raum der Zentralen Versicherungskrankenanstalt (also der Abteilung, in der die für die Untersuchungen und Diagnosen benutzten Rechenautomaten stehen) und darauf gedrungen, daß man dort vorbereitet war, um unmittelbar nach Eintreffen des Leichnams zu beginnen. Ich befahl, Aiba sollte sich sofort zur Polizei begeben und den Transport der Leiche veranlassen, und damit legte ich auf ... Plötzlich versiegte mein Schweiß, ein entsetzlicher Schmerz durchfuhr mich, als ob mein Körper auseinanderbräche und die Stücke wild in alle Richtungen davonflögen ... Ah, das war die Erregung. Jetzt, da ich nach langer, verzweifelter Geduld mich an diese Geduld gewöhnt hatte wie an etwas ganz Normales, begann nun die eigentliche Arbeit ... Oder war es das, was man Glücksgefühl nennt ...?

12.

Die Vorbereitungen waren sämtlich abgeschlossen. Die Klimaanlage surrte, und als ich den Raum betrat, begann mich von den Füßen her ein angenehm kühler Luftzug zu umspülen. Die Verbindung mit dem Computer-Raum der Zentralen Versicherungskrankenanstalt war bereits durch Spezialkabel hergestellt; die in drei Gruppen eingeteilten Institutsmitglieder, jede Gruppe mit einem tragbaren Sprechfunkgerät ausgerüstet, standen und warteten nur darauf, sofort abmarschieren zu können. (Dieser Tanomogi war eben genau der Mann für so etwas.)

Nicht lange, und ich war sie alle los; ich begab mich in unseren Computer-Raum, in dem nichts zu hören war außer dem monotonen Gemurmel der Maschine, und faßte mich in Geduld, vor mir die drei Sprechfunkanlagen und einen Fernseher. Nun war ich ein

Teil der Maschine. Da sämtliche einlaufenden Meldungen direkt von der Maschine gekoppelt und automatisch kategorisiert und gespeichert würden, konnte sich meine Aufgabe darauf beschränken, entsprechend den Signalen der Maschine und anweisungsgemäß eine einfache Assistenz zu leisten. Dennoch erfüllte mich dies mit Stolz. Schließlich war ich selbst es gewesen und kein anderer, der der Maschine diese Fähigkeiten verliehen hatte. Und befriedigt rief ich der Voraussage-Maschine zu: ›Du bist ein Teil von mir, ein vergrößerter‹ . . .

Drei Uhr fünfzig. Genau fünfundzwanzig Minuten, nachdem Tanomogi mit den anderen losgegangen war. In diesem Augenblick kam der erste Kontakt von Tsuda von der Gruppe »Täter«. Es ist wohl nicht nötig, mich hier über den Inhalt der Information noch einmal auszulassen. Tanomogis Vermutungen hatten sich so überaus exakt bestätigt, daß es geradezu unheimlich war. Zunächst hatten sie festgestellt: es gab tatsächlich Zeugen dafür, daß die Rückkehr der jungen Frau unmittelbar vor Mitternacht erfolgt war; ferner, da sie am Hinterkopf Verletzungen aufwies, die sie sich nicht selbst beigebracht haben konnte, schien es zuzutreffen, daß eine Art Auseinandersetzung stattgefunden hatte; andererseits waren da Punkte in der Selbstbezichtigung der jungen Frau, die angesichts des körperlichen Befunds der männlichen Leiche und anderer Umstände nicht zu überzeugen vermochten. Hinweise auf einen Komplizen hatten sich ebenfalls verdichtet, und wenn man berücksichtigte, daß die junge Frau nicht bereit war, ihr Geständnis zu ändern, war es durchaus wahrscheinlich, daß sie unter einer Bedrohung stand. Indessen, so hieß es weiter in dem Bericht, glaubte man bei den Behörden, die Klärung des Falles sei jedenfalls eine Frage der Zeit. Hiernach war ein Verbrechen, in das ein Mensch ohne Vorstrafenregister nur einfach hineingeschlittert, außerordentlich schwierig aufzudecken, während umgekehrt eine Tat um so leichter zu entschlüsseln war, je mehr es sich um eine geplante gehandelt hatte. (Zunächst war ich verwirrt gewesen. Ob wir melden sollten, was wir am Abend zuvor gesehen, oder nicht, hatte ich so rasch nicht entscheiden können. Wenn es sich jedoch verhielt, wie die Polizei erklärte, war die Chance gering,

daß auf uns als rein zufällig auftauchende Figuren
ein Verdacht fallen würde. Und da ich zudem davon
überzeugt war, daß ich persönlich den eigentlichen
Verbrecher würde ermitteln können, beschloß ich,
erst einmal zu schweigen und zuzusehen.)

Sofort im Anschluß daran kam von Kimura von der
mit der Nachforschung über die junge Frau befaßten
Gruppe ein ausführlicher Bericht über Chikako Kondō herein. Angefangen von ihrem Alter, ihrem
Hauptwohnsitz, ihrer Beschäftigung bis hin zu ihrem
Lebenslauf, ihrem Charakter, ihrer Erscheinung,
ihrer Körpergröße, ihrem Gewicht enthielt er ihre
sämtlichen Eigenschaften, wenigstens soweit sie von
außen zeichenhaft zu fassen waren. Aber ich will davon absehen, sie hier eigens aufzuführen. Sobald
erst die Analyse des Leichnams anfinge, würde deutlich werden, wie wenig eigentlich solche oberflächli-
chen Daten ausreichen, um den Menschen zu erfassen, und man mußte sie dann nach einer völlig anderen Methode so ziemlich von Grund auf noch einmal
überarbeiten. Auch war anzunehmen, daß wir Auf-
zeichnungen dieser Art notfalls immer vorgelegt bekämen, wenn wir zur Polizei gingen, und wäre uns
die Polizei nicht recht, könnten wir uns selbst auf die
Beine machen und sie mühelos zusammenbringen.

Es war kurz nach acht Uhr, als die Analyse des
Leichnams schließlich begann. Eigentlich zwar schien
man sich noch weitere Vorbereitungen zu wünschen;
da man aber fürchtete, eine Wiederbelebung könnte
unmöglich werden, fand man, man sollte, einige Ab-
striche durchaus eingerechnet, die Sache trotzdem in
Angriff nehmen. Bis dahin waren von den Gruppen,
die sich mit dem Täter und mit der jungen Frau befaßten, jeweils drei, vier Ergänzungsberichte einge-
gangen; doch sollten wir ja bald darauf über alles
auf Grund der Analyse des Leichnams Klarheit er-
langen, und also lasse ich auch diese hier aus. Eine
Stunde vor Beginn der Analyse unterhielt ich mich
eine Weile über den Fernseher mit Dr. Yamamoto,
dem diensttuenden Arzt. Er erklärte mir, mit den
Elektronenrechnern in der Klinik könnten sie zwar
die wesentlichen physiologischen Reaktionen reproduzieren, auch analysieren; so weit jedoch reichte es
nicht, um die Reflexe der unter der Großhirnrinde
gelegenen Teile zu entschlüsseln. Natürlich nicht.

Das war eine Welt, für die selbst unsere zur Eigen-
programmierung fähige Maschine noch keine Erfahrungen besaß. Immerhin, er würde uns das auf
die unterschiedlichsten Reize antwortende Reflexge-
flecht der Hirnrindenzellen übermitteln, und unsere
Voraussage-Maschine sollte es speichern und zu in-
terpretieren versuchen. Unter Umständen würde es
nötig sein, ihr dazu gleichzeitig als Beispiel die Ge-
hirnströme eines lebenden Menschen einzufüttern.
Dazu müßte man allerdings einen Detailaufriß haben wie auch sonst für den Leichnam, eine Karte, die
nicht wie bisher nur sehr grob die Gehirnwellen ver-
zeichnet, sondern die Hirnrinde mindestens in achtzig und mehr Zonen einteilt. (Man könne zwar von
einem lebenden Körper nicht so klare Wellenforma-
tionen erhalten wie von einem toten, doch seien an-
nähernd ähnliche nicht unmöglich; und falls uns ein
einfaches Beispiel genüge, werde er, versprach Dr.
Yamamoto, gern eines zur Verfügung stellen, da er
solche für Archivzwecke verwahre.)
Zehn Minuten zuvor war der Leichnam hineintrans-
portiert worden. Er war zusammen mit einem Spezi-
algas in einen riesigen Glassarg eingesiegelt, und
ein Mitglied des Analysestabs arbeitete an ihm mit
einem ferngesteuerten Manipulator. Dr. Yamamoto
stand neben dem Sarg und gab die Erklärungen dazu. (Ich hörte das natürlich über den Fernseher mit.)
Von der linken Seite des gläsernen Kastens her wurden Röntgenstrahlen abgeschossen, und rechts auf
der Wand erschien die anatomische Karte des davon
durchleuchteten Leichnams. Mit einer Fähigkeit,
noch das zu sehen, was dem bloßen Auge unsicht-
bar ist, lenkte diese Karte die haarfeinen metallenen
Nadeln an den Spitzen der ferngesteuerten magischen Finger präzise an jene bestimmten Stellen, an
denen sich die Nervenfasern befanden. Ein dicker,
metallener Helm, der den Kopf bedeckte und auf dem
wie statt der Haare bündelweise die Kupferdrähte
wuchsen, ersetzte die entfernte Schädeldecke und hatte, unmittelbar auf dem Gehirn aufsitzend, offenbar
die Aufgabe eines Meßapparates zu erfüllen.

13.
Plötzlich flammte ein grelles Licht auf, das Innere des
Raumes wurde hell. Die Kamera fuhr auf den Kopf,

und unmittelbar dahinter stand Tanomogi und lächelte in die Linse. Ein wenig entfernt starrten bange, wie es schien, Aibas und Katsuko Wadas Gesichter hinauf auf das Gesicht des Toten. Da unter diesem Winkel die Warze auf ihrer Lippe nicht auffiel, wirkte so die Wada durchaus recht hübsch. Nach einer Schwenkung der Kamera erschien, den Bildschirm füllend, der weiß glänzende, nackte Leichnam des Mannes in Großaufnahme. Eine Reihe brauner Flekken, wohl Strangulationsmale, lief rings um seinen Hals, das Kinn war vorgestreckt, die dünnen Lippen standen offen, die Augen waren fest geschlossen. Aus einer wie mit Mehl bestäubten Haut war wild ein Bart gesprossen ... War das der biedere Buchhalter, der eine Familie besessen, der Mann, der außerdem eine Geliebte gehabt, der sich schließlich so weit mit dieser Geliebten eingelassen hatte, daß er ermordet wurde? Er schien jetzt ein weit lebendigeres, weit bedrohlicheres Wesen sogar als am Abend zuvor, da er, eingezwängt in die Flanelljacke, mit ordentlich geschlossenen Knien auf dem Stuhl im Café gesessen hatte vor der zerlaufenen Eiscreme. War es Eifersucht oder etwa Komik, – er verursachte mir ein Gefühl entsetzlichen Unbehagens.

Endlich begann man mit der Analyse. Zuerst wurden Körpergewicht und Körpergröße gemessen. Vierundfünfzig Kilo, beziehungsweise hunderteinundsechzig Zentimeter. Dann wurden innerhalb eines einzigen Augenblicks die Eigenschaften sämtlicher Körperteile in ihrer Quantität und Relativität angezeigt. Die magischen Hände des Manipulators setzten sich in Bewegung. Gleichzeitig bohrten sich zahlreiche Nadeln in die verschiedenen Körperteile, leuchteten die in die Wand eingelassenen Reihen aus unendlich vielen Lämpchen auf und verloschen wieder, während sie die Kombinationen (im Sinne der Computer-Sprache) durchwechselten, und in Reaktion hierauf fing im Glaskasten der Leichnam an, sich frei zu bewegen, als ob er lebte. Diese Bewegung lief von den Zehenspitzen bis hinauf zum Oberkörper, ließ dann die Lippen erbeben, die Augen sich öffnen und schließen, selbst die Ausdrucksmuskulatur begann zu arbeiten. Fräulein Wada seufzte auf wie in einem Schrei, auch Tanomogi zitterte um den Mund, und über das Gesicht perlte ihm der Schweiß.

»Damit prüfen wir die motorischen Funktionen«, sagte Dr. Yamamoto. »Die motorischen Funktionen sind nicht einfach nur eine physiologische Eigenschaft, sie besitzen auch eine Beziehung zu der dahinterstehenden Lebensgeschichte.«

Die Analyse der inneren Organe schloß sich an, und nachdem diese beendet war, ging man zuletzt über zur Analyse der Gehirnwellen. Die Zahl der Nadeln in den Händen des Manipulators nahm zu, sieben oder acht allein drängten sich auf der Gesichtsfläche. Die Wahrnehmungsorgane wie Ohren, Augen und so weiter wurden Reizungen ausgesetzt. Darüber hinaus senkten sich Hörgeräte an die Ohren und eine Apparatur wie ein großformatiges Binokular auf die Augen, und dann wurden Geräusche und Bilder darauf abgestrahlt. Und sofort begannen sich auf dem Schirm gleichzeitig die über achtzig feinen Wellenlinien zu schlängeln.

»Bei den Reizungen«, fuhr Dr. Yamamoto in seiner Erklärung fort, »die wir zunächst anwenden, handelt es sich um solche, wie sie aus den allerüblichsten, alltäglichen Phänomenen entstehen. Es sind dies fünftausend der durchschnittlichsten Fälle, die wir in unserem Institut zusammengestellt haben. Sie bilden sich aus ausschließlich einfachen Substantiven, Verben und Adjektiven ... Als nächstes dann etwa kompliziertere fünftausend Fälle, Kombinationen aus jenen ersten. Und soweit es, dechiffrierbar für jeden von uns, die notwendige pathologische Analyse betrifft, lassen wir es im allgemeinen damit sein Bewenden haben. Heute jedoch haben wir die Idee, versuchsweise noch weiter zu gehen, und wir werden sämtliche Fernsehnachrichten und Zeitungsmeldungen aus der letzten Woche benutzen ...«

»Idee? Na, Sie brauchen sich doch nicht zu entschuldigen!« entfuhr es mir unfreiwillg und Tanomogi auf dem Fernsehschirm nickte mir nachdrücklich zu. Tatsächlich eine geniale Absicht! Es ist ja nicht so, daß unbedingt das Große alles Kleine in sich faßt. Beim Fischnetz zum Beispiel steht eher das viele Kleine für ein Großes. Und auch dem Netz des Denkens, finde ich, kann nichts fein genug sein ...

Doch dem Auge sichtbar, setzten die sich nach wie vor nicht verändernden Wellen-Kolonnen wie über glutheißer Straße die Luft ihr waberndes Zittern nur fort.

Ich konnte es kaum erwarten, daß endlich umge-
schaltet wurde und der Schnellschreiber am Output-
System zu surren begann. Was würde der Leichnam
sagen wollen?

14.
Dr. Yamamoto drehte den Schalter für die Gehirn-
wellenanalyse ab und nickte mir über den Fernsehschirm zu.
»Hiermit ist zunächst einmal die geplante Analyse
beendet...«
Ich sagte ihm meinen Dank, und in einem Gefühl der
Unruhe schaltete ich sofort den Fernseher ab. In dem
kleiner werdenden, in Linien zerfallenden und verlö-
schenden Bild waren die mißvergnügten Blicke Tanomogis und der anderen vorwurfsvoll auf mich gerichtet. Tatsächlich mochte mein Verhalten ein wenig
übereilt und unhöflich sein. Jedermann harrte mit
gespannter Neugier und erwartungsvoll auf das, was
dieser tote Hauptbuchhalter namens Susumu Tsuchida durch das Medium der Maschine sagen würde.
Aber ich hatte da meine eigenen Vorstellungen. Danach sollte das Ergebnis der Analyse nicht publik
werden, bevor das Problem in einer allgemeinen Form
geordnet wäre. Es hieß, um jeden Preis zu verhindern,
daß man durch sensationelle Gerüchte die zaudern-
de Konferenz aufregte. Hier war schließlich etwas so
Ungewöhnliches wie ein Mordfall damit verknüpft,
und das allein schon würde genügen, das Komitee
zurückzuschrecken. Für mich im Augenblick hatte,
abgesehen von dem Test der Voraussagefähigkeit der
Maschine, zunächst einmal die Aufklärung dieses
seltsamen Mordfalls den Vorrang. (Mit Tanomogi
könnte ich immer noch reden, sobald er zurück
war.)
Gerade als ich den Schalter auf Output drehen wollte,
erklang der Summer des Telefons. Ich nahm den Hörer ab und vernahm eine ferne, gepreßte Stimme.
»Hallo!... Ist da Professor Katsumi?«
Mir schien, als hätte ich sie schon einmal gehört,
doch war ich mir nicht sicher. Danach zu urteilen,
daß im Hintergrund Straßengeräusche hereinspiel-
ten, kam der Anruf offensichtlich von einem öffentlichen Fernsprecher irgendwo.
Und die Stimme fuhr fort...

»Ich warne Sie... besser, Sie mischen sich nicht zu sehr in unsere Angelegenheiten...«

»In Ihre Angelegenheiten?... Ja, wer sind Sie denn?«

»Dazu brauchen Sie das ja nicht zu wissen, nicht wahr?... Jedenfalls hat die Polizei zwei Leute im Verdacht, die ihn beschattet haben, diesen Weiberheld, der jetzt tot ist...«

»Sagen Sie mir doch, wer Sie sind –?!«

»Ihr guter Freund, Herr Professor...«

Damit hatte er eingehängt. Ich steckte mir eine Zigarette an, wartete, daß ich mich beruhigte, und kehrte vor den Output zurück. Ich drehte den Schalter an und las die Signale. Rief die Analyse des toten Mannes aus den einzelnen Feldern ab, stellte die Verbindungen her und brachte sie auf Antwortposition. Zwar war der Mann tot, aber jetzt in dieser Maschine würde er, mit genau dem gleichen Reaktionskoofffizienten wie zu Lebzeiten, wieder lebendig werden. Natürlich konnte man, finde ich, nicht sagen, es sei unverändert derselbe Mann gewesen. Zwischen dem so projizierten Körper und seinem tatsächlichen Körper bestand deutlich ein Unterschied, und nicht daß ich nicht daran interessiert gewesen wäre, über diesen Unterschied zu meditieren, doch hatte ich dazu jetzt keine Zeit.

»Du wirst mir meine Fragen beantworten können, nicht wahr?« redete ich, mühsam meine Begeisterung unterdrückend, die Maschine direkt an.

Eine kurze Weile darauf, schwach, aber deutlich, kam die Antwort.

»Ich denke schon... vorausgesetzt, die Fragen sind konkret genug...«

Von diesem so überaus naturgetreuen Tonfall geradezu verwirrt, hatte ich den Eindruck, als wäre in der Maschine ein wirklicher Mensch verborgen. Indessen, mehr als bloße Reaktionen waren das ja nicht. Ein Bewußtsein oder ein Wille war wohl nicht vorhanden.

»Nun, Sie werden natürlich wissen, daß Sie bereits tot sind, nicht wahr?«

»Tot...?« Die Differentiale in der Maschine begannen wie erschreckt zu keuchen. »Meinen Sie mich...?«

Das war in der Tat mehr als beängstigend. Und ich, zurückweichend: »Ja... allerdings...«

»Aha, – dann bin ich also doch ermordet worden? . . .
War es das . . .?«
»Demnach hatten Sie eine gewisse Ahnung, wie?«
Plötzlich wurde die Stimme schroff und rauh: »Aber,
– wer sind Sie eigentlich, daß Sie so mit mir reden?«
»Ich . . .?«
»Ah, und überhaupt, – wo bin ich hier? Weiß Gott,
wie komisch: obwohl ich tot bin, rede ich, denke ich
. . .« Nervös krampfte sich die Stimme zusammen.
»Haha! Halten Sie mich doch nicht für so dumm! Ich
habe schon begriffen, – Sie wollen mir eine Falle
stellen . . .«
»Keineswegs. Sie sind nur eben kein wirklicher
Mensch mehr, sind nur die in der Voraussage-Ma-
schine gespeicherte personalisierte Gleichung eines
Mannes namens Susumu Tsuchida . . .«
»Bringen Sie mich nicht zum Lachen! Und lassen Sie
diesen komischen Hokuspokus! Verdammt, – als wä-
ren alle meine körperlichen Empfindungen weg! Und
wo ist übrigens Chikako? Wie wär's, wenn Sie das
Licht anknipsten?«
»Sie sind tot.«
»Genug davon! Ich habe längst aufgehört, mich zu
fürchten . . .«
Ich wischte mir den Schweiß ab, der mir in die
Augenwinkel gelaufen war, und riß mich zusammen:
»Sagen Sie mir bitte, – wer hat Sie ermordet?«
Die Maschine knackste höhnisch. »Eher wüßte ich
gern, wie Sie beschaffen sind. Wenn ich schon ermor-
det wurde, dann vermutlich ja von Ihnen. Machen
Sie Licht und lassen Sie Chikako heraus! Wollen wir
nicht klar miteinander verhandeln? Was meinen
Sie?«
Er schien mich offenbar für den Verbrecher zu hal-
ten. Ein Beweis dafür, daß sein Bewußtsein an einem
Punkt unmittelbar vor der Ermordung stehen geblie-
ben war.
»Wer eigentlich, glauben Sie, bin ich?«
»Wie soll ich das wissen!« Der Mann in der Maschine
schrie auf wie ein Knabe bei einsetzendem Stimm-
bruch. »Wenn ich Ihnen auch so vorkomme, – ich bin
nicht der Idiot, den man mit solchen albernen Fiktionen hereinlegen könnte!«
»Fiktionen? . . . Was meinen Sie damit?«
»Nein, jetzt reicht es mir!«

Ein schweres, keuchendes Atmen bedrängte mich, als ob es sich über mein Gesicht legen wollte. Wenn ich auch glaubte: es ist die Maschine, – etwas unheimlich war mir doch. Die Diskrepanz zu der schlichten Präzision der Maschine, wie ich sie erwartet hatte, war zu stark. Wahrscheinlich hatte ich es ungeschickt angefangen. Daß wir so unmittelbar aneinandergerieten, hätte nicht passieren dürfen. Wir sollten uns wohl objektiver gegenüberstehen, mit einer Sicherheitszone zwischen uns.

Ich drehte den Schalter ab. Im selben Augenblick war der Mann in seine elektronischen Partikel zerfallen. Da seine Existenz so überaus naturgetreu gewesen war, fühlte ich mich, als ich ihn abdrehte, in meinem Gewissen gehemmt. Rasch stellte ich die auf Null stehende Zeitskala um zweiundzwanzig Stunden zurück. Auf einen Zeitpunkt also, zu dem der Mann noch in dem Café in Shinjuku auf die junge Frau wartete. Ich schloß den Fernseher an und schaltete noch einmal ein.

Da klingelte das Sprechfunktelefon. Tsuda von der »Täter«-Gruppe meldete sich.

»Wie steht es? Hat sich aus der Analyse der Leiche irgend etwas ergeben?«

»Nein, noch nicht...«

Ich hatte das völlig unbedacht gesagt, bemerkte dann aber zu meinem Erstaunen, daß in Wahrheit aus dem Wortwechsel mit der Maschine eben ein wichtiger Beweis zu entnehmen war. Aus dem Gespräch mit Tanomogi hatte ich das Schlimmste gemutmaßt, – falls nämlich aufkommen sollte, daß nicht diese Frau namens Kondō das Verbrechen begangen hat, sondern der wahre Täter jemand ganz anderes wäre; aber das war eine reine Mutmaßung gewesen, eine reale Begründung hatte es dafür nicht gegeben. In der Unterhaltung jetzt jedoch war es deutlich geworden, daß der Mann außer der jungen Frau noch mit einem Dritten gerechnet hatte, mit einem männlichen Wesen offensichtlich, mit dem ein Interessenkonflikt bestand, vielleicht auch mit einem Rivalen.

»Und wie geht es bei Ihnen? Haben Sie etwas Neues in Erfahrung gebracht?«

»Gar nichts. Es scheint, zwei Leute haben den Mann bis ans Apartmenthaus beschattet. Ein alter Tabakhändler in der Nähe des Apartments hat das eben-

falls bezeugt; trotzdem soll die Frau ihren Daumen-
abdruck unter das Geständnis gesetzt haben. Auch
unter den Ermittlungsbeamten gehen die Ansichten
auseinander, und besonders eifrig scheint da keiner
zu sein.«

»Und was halten Sie davon?«

»Ja, nun ... Vorhin hatte ich Verbindung mit Kimura, der sich über die Frau informiert, und er jedenfalls meint, wenn die Verbindung der beiden zu dem
Fall nicht klarer wird, – die Anhaltspunkte für die
Vermutung, daß die Frau nicht der Täter war, seien
doch sehr schwach ... Davon einmal abgesehen, – ist
denn die Untersuchung eines solchen Falles wirklich
von so großer Bedeutung?«

»Das werden wir wissen, wenn es soweit ist!« Meine
Stimme klang auf einmal wütend. »Und die Schlußfolgerungen, die lassen Sie mal überhaupt; ich wünsche, daß Sie sich völlig auf die Daten konzentrieren.
Es wäre zum Beispiel gut, wenn wir auch so etwas
wie eine Grundrißskizze von der Wohnung der jungen Frau hätten.«

»Schön, – aber ich begreif das nicht ... Was für ein
Voraussage-Plan kann sich denn eigentlich aus diesem – ...«

»Ich habe Ihnen gesagt: das werden wir sehen!« Unbewußt hatte ich ihn angeschrien, doch gleich darauf
reute es mich. »Sehen Sie, das wollen wir nachher
alle gemeinsam in Ruhe besprechen. Die Zeit drängt,
und ich bin etwas ungeduldig ... Und seien Sie mir
bitte ja vorsichtig mit den Reportern von den Zeitungen! Das ist unsere letzte Chance der Konferenz gegenüber ...«

Tatsächlich war es nur immer noch schwieriger geworden. Es schien, als hätte ich alle Hände voll zu
tun nicht mit der Aufstellung eines Plans, der die
Konferenz überzeugen würde, sondern allein damit,
mich zu rechtfertigen. Ich hatte das Gefühl, je mehr
ich strampelte, desto tiefer versank ich.

15.

Als ich den Hörer auflegte und mich umwandte, zeigte der Bildschirm zweiundzwanzig Stunden zurück
den damals noch lebenden Susumu Tsuchida in Rük-
kenfigur. Abermals erfüllte mich ein Gefühl des Stol-
zes über die Leistungsfähigkeit unserer Maschine.

Ich drehte die Koordinatenscheibe, und entsprechend der Drehung vollführte der Mann zusammen mit dem Hintergrund eine Kehrtwendung. Da es sich jedoch bei diesem Hintergrund sozusagen um die innere Landschaft des Mannes handelte, waren nur jene Teile, die er jeweils im Augenblick tatsächlich sah, klar und deutlich; das übrige erschien unregelmäßig verzerrt und unscharf. So blieb die Stelle, wo Tanomogi und ich hätten auftauchen müssen, völlig dunkel, als ob dort überhaupt nichts existierte. Die Eiscreme auf dem Tisch war nun völlig zerlaufen.

Der Mann schob den Löffel in diese zerlaufene Eiscreme und begann davon mit gespitzten Lippen zu schlürfen. Selbst während dessen wendete er seinen Blick nicht von der Tür. Aha, in jenem Augenblick also war das, – erinnerte ich mich, während ich mein Gedächtnis durchforschte. Gleich darauf würde die Jukebox aufschreien und der Mann sich zu uns herumdrehen. Solange wollte ich warten.

Endlich, wie vermutet, erklang die Musik, drehte der Mann sich um. Um festzustellen, auf welche Weise wir uns in seinen Augen spiegelten, drehte ich die Koordinatenscheibe um hundertachtzig Grad. Die Jukebox und jenes Mädchen im Mini-Rock tauchten ungewöhnlich deutlich herauf; wir, unmittelbar vor ihnen, waren nur verschwommen wie Schatten zu sehen. (Soviel war sicher: was diesen Teil betraf, bestand keine Gefahr, daß der Leichnam an uns zum Denunzianten werden würde.)

Hierauf drehte ich die Zeitskala um zwei Stunden weiter.

Der Mann lief durch eine Straße.

Abermals zwei Stunden weiter.

Der Mann stand vor einem öffentlichen Fernsprecher.

Danach zog ich die Ablaufdauer der Zeit auf ein Zehntel zusammen. Wie in einem mit dem Zeitraffer aufgenommenen Film hüpfte der Mann plötzlich in die Straßenbahn, hüpfte er wieder heraus, eilte er die Gasse hinauf, kam er vor dem Apartmenthaus an, in dem die junge Frau wohnte. An dieser Stelle schaltete ich zurück auf normale Geschwindigkeit.

Nun begann schließlich der Teil, den ich nicht kannte. Wenn alles gutging, und es wäre an dem, daß nicht nur der eigentliche Täter entdeckt, sondern zur Vor-

führung vor der Konferenz wertvolle Daten erbracht
würden, konnte das unsere Lage mit einem Schlag
zum Besseren wenden. Mit ängstlicher Spannung behielt ich die Bewegungen des Mannes im Auge.
Er stieg die düstere Treppe hinauf, hielt inne, starrte
unbeweglich in den Korridor im ersten Stock hinein
bis an das Ende. Er neigte den Kopf zur Seite, begann zögernd loszugehen. Leise, jedes Schrittge-
räusch vermeidend, seinem bereits verabredeten Tod
entgegen... Auf dem Bildschirm erschien er zwar
nicht, aber aus dem Schatten der Treppe heraus
dürfte Tanomogi ihm nachgeschaut haben... Der
Mann holte den Schlüssel aus seiner Innentasche,
und nachdem er sich mit dem Handrücken den
Schweiß von der Stirn gewischt hatte, schob er den
Schlüssel hinein und öffnete die Tür. Das Geräusch
des aufschnappenden Schlosses war geradezu unna-
türlich grell, als deutete es die inneren Gefühle des
Mannes an. Heftig riß er den Türknopf zurück, mit
der Hand auf dem Rücken schloß er die Tür. Nach
dem Geräusch zu urteilen, schien mir, als wäre sie
nicht richtig geschlossen worden. Auf der entgegen-
gesetzten Seite des völlig dunklen Raumes war das
aschfarbene Fenster und irgendwo in der Ferne eine
Lampe zu sehen. Der Mann streifte seine Schuhe ab,
streckte nach links auf die Wand zu seine Hand aus,
drückte auf den Schalter. (Und nun käme also der
Tod!)
Es wurde hell, ein Sechs-Matten-Zimmer lag vor ihm,
sehr weiblich, die Ecken mit kleinen Möbeln verstellt.
Kein Mensch da. Eine unerträgliche Stille nur erfüllte den Raum. Ziellos schwankten die Augen des Mannes nach links, nach rechts... Und jetzt: hinter seinem Rücken ein schwaches Geräusch. Ein leises, rich-
tungsloses Knirschen, – das schwoll an, und sein
Blickfeld, während es zu rotieren begann, wurde undeutlich, verzerrte sich. Schräg kam der Fußboden
heraufgestiegen, und er schlug mit seinem Kopf darauf. Ein großer, zu einem Haken gekrümmter Schatten beugte sich auf ihn zu und fiel, als er das Licht
löschte, sanft über ihn... Damit war der Bildschirm
in völlige Schwärze getaucht und blieb so. In diesem
Augenblick also war er gestorben.
Für eine Weile, den Blick starr auf den wabernden,
dunklen Schirm gerichtet, saß ich da, ohne mich im

geringsten zu rühren. Er hatte den Mörder nicht gesehen. Hatte ihn nicht nur nicht gesehen, sondern konnte praktisch sogar zu einem höchst gefährlichen Zeugen werden. Die junge Frau war nicht im Zimmer gewesen. Angenommen, man würde dies wie eine Zeugenaussage behandeln, so wäre ihre Behauptung, wegen ihrer späten Rückkehr mit Vorwürfen überhäuft, habe sie ihn schließlich umgebracht, nun doch eine offenkundige Lüge. Und nicht nur das. Was wäre denn, wenn er jenes Geräusch in seinem Rücken als das Knirschen der Tür interpretierte? Hinter der Tür aber stand zu der Zeit niemand anderes als Tanomogi. Die Ergebnisse aus der Analyse des Leichnams belasteten uns immer mehr. Es war, als legten wir uns freiwillig und mit eigener Hand die Schlinge um den Hals ...

Offensichtlich hatte ich lange in wirre Gedanken versunken dagesessen. Als ich plötzlich spürte, da wäre jemand, und drehte mich um, stand, wie lange wohl schon, Tanomogi da mit dem Rücken zur Tür. (Für einen Augenblick hatte ich die Halluzination, genau die Szene von eben würde sich wiederholen und ich wäre jetzt in die Lage des ermordeten Mannes versetzt, und mich schauderte.) Tanomogi lachte, während er, dabei mir wieder und wieder leicht zunickend, sich mit den Fingern durch die Haare fuhr.

»Na, das wird ja immer komplizierter.«

»Haben Sie es denn gesehen?«

»Ja, das letzte Stück wenigstens.«

»Und die anderen?«

»Aiba und die Wada sollten drüben warten. Zu der Analyse wären noch einige Ergänzungen nötig, – dachten wir ...«

»Ich hatte ja auf Ihren Anruf gewartet.«

Tanomogi packte sein durchschwitztes Hemd mit den Fingern und riß es sich von der Haut, langsam fuhr er sich mit der Zunge über die Lippen. Ich drehte meinen Stuhl herum, so daß ich Tanomogi vor mir hatte, und in einem hämischen Ton, der mich selbst erschreckte, fuhr ich fort:

»Na, dafür erhielt ich einen Drohanruf von irgendeinem komischen Kerl.«

»Was sagen Sie da?«

Tanomogi umklammerte die Lehne des Stuhls, auf den er sich eben setzen wollte, er erstarrte.

»Wir sollten uns nicht zu sehr einmischen. Die Polizei, meinte er, hätte schon herausbekommen, daß zwei den Mann beschatteten. Und wahrscheinlich stimmt das. Auch in dem Bericht von Tsuda war davon die Rede.«

»Und ...?«

»Demnach dürfte der Kerl, der mich angerufen hat, also wissen, daß wir die beiden waren.«

»Allerdings ...« Tanomogi bog seine schlanken Finger einen um den anderen, so daß sie trocken knacksten. »Dann werden wir eben sagen, es sei noch irgendwer sonst dort gewesen.«

»Die Frage nur, ob man uns das glaubt.«

»Ich verstehe ...« Tanomogi biß sich auf die Unterlippe und ließ seinen Blick über meine Brust gleiten. »Wahrscheinlich war der Mann am Telefon der wahre Täter ... Andererseits, angerufen hat er nur Sie, hat Sie gewarnt, daß man Sie beschuldigt, mein Komplize gewesen zu sein. Wenn die Polizei den beiden Beschattern ernstlich nachstellen sollte, geht es mir wie der Maus, die in der Falle sitzt.«

»Ich habe mir schon vorzustellen versucht, wie eigentlich das Lageverhältnis gewesen sein muß, nämlich zwischen der Organisation des Zimmers und dem Schatten auf dem Fenster. Bei diesem Schatten handelte es sich zweifellos um jenen, der in dem Augenblick, als er stürzte, über Tsuchida auftauchte. Was aber jenen anderen Schatten angeht auf der Seite, die Sie beobachteten, – da ihn jedenfalls außer Ihnen keiner gesehen hat – ...«

»Wenn mir unterstellt wird, das wäre mein eigener Schatten gewesen, hat wohl alle Widerrede keinen Sinn.« Er lächelte krampfhaft und schnalzte mit der Zunge. »Wirklich fatal, daß unser Untersuchungsobjekt den Verbrecher nicht gesehen hat. Die ganze Analyse der Leiche ist uns letzten Endes eher zum Verhängnis geworden. Sollte sich bei mir nur der leiseste Anhaltspunkt für ein Motiv ergeben, könnte ich – so weit ist es gekommen – mich noch nicht einmal mehr beschweren, wenn Sie, Herr Professor, mich für verdächtig hielten.«

»Mit dem Motiv ist das auch noch so ein Problem. Ihm das zu entlocken, wird nicht leicht sein.« Und ich versuchte darzulegen, wie schwer er zu behandeln sei, zumal er, obwohl nicht mehr als eine Reaktion der

Maschine, sich hartnäckig weigere zuzugeben, daß er
ein Toter sei. Tanomogi hatte mich schweigend ange-
hört. Dann meinte er, und seine Stimme war dünn
dabei:
»Na, da bleibt nichts als ihn reinzulegen.«
»Nämlich...?«
»Indem wir ihn glauben machen, er wäre noch am
Leben...«

16.

Im ganzen wird man sagen können, daß uns das
glückte. Wir ließen den Mann – ah, natürlich die Maschine – glauben, er liege zur Zeit in einer Klinik, und
daß er nichts sehe und sein Körper nichts empfinde,
seien die Folgen des Schocks, stellten ihm jedoch vor,
auch das werde sich bald bessern; und nachdem wir
seine Rachegefühle angefacht hatten, begann er
überraschend flüssig draufloszureden. Insofern
also, als wir ihn wirklich zum Sprechen gebracht hatten, war dies gewiß ein Erfolg. Eine andere Frage
allerdings war es, wieweit uns das nützte für eine
Verbesserung unserer Situation.
(Obwohl es erst kurz vor sechs Uhr sein sollte, wurde
es plötzlich dunkel, begann es zu regnen. Dicke Tropfen prasselten gegen die Fensterscheiben. Mit einem
unbehaglichen Gefühl, als säße ich auf einem Stuhl
mit zwei Beinen, vernahm ich das Bekenntnis der
Maschine. Nachstehend der leicht gekürzte Wortlaut
des Berichts.)

...wäre mir ja doch lieber, wissen Sie, ich wäre tot
...Diese Schande!...Verstehen Sie?...In meinem
Alter, und bin so ein schäbiger Casanova...Meine
Frau,–na, wie soll ich das sagen?...Nein, verzeihen
wird sie mir natürlich nie...Ich hatte nichts auszu-
setzen an meiner Frau, wirklich,–nicht soviel. (...)
Die Kleine, also Chikako Kondō, – nun ja, sie ist
Sängerin in einem Kabarett; aber jedenfalls an-
ständig und zurückhaltend, wie man es gar nicht
erwartet bei so einem Mädchen... etwas hager
zwar und knochig... Ich selber, das können sie
von jedem hören, bin darin ziemlich streng, komme höchst selten mal in solche Lokale; aber einmal
an einem Abend, da war ich zusammen mit unserem Direktor...und danach... (...)

Trotzdem, richtig begreifen kann ich es nicht. Ein Mädchen, das ein so prächtiges Leben führt, – und ein Mann in den Fünfzigern, der nach nichts aussieht, dem die Haare allmählich dünner werden wie mir ... Freilich, daß mich das verrückt machte, war kein Wunder. Wenn einem eine mit ihren kleinen, zarten Fingern so das glattrasierte Kinn streichelt ... Und schon schwebte ich in allen Himmeln ... Mit Worten läßt sich das einfach nicht beschreiben, kurzum, als ob ich rein närrisch geworden wäre ... Ja, ich war glücklich ... Nun geht das ja, wissen Sie, eigentlich niemanden etwas an ... Immerhin, Sie müssen mir das schon glauben: bloß ums Geld etwa war es ihr nicht zu tun. Das klingt unglaublich, ist aber wahr. Selbstverständlich steckte ich ihr jeden Monat einiges zu. Und sie sagte, damit wäre sie zufrieden. Etwas hager und knochig, – aber in ihren Gefühlen wirklich zurückhaltend. Vielleicht nicht gerade die große Liebe, aber sie mochte mich, und so war sie auch in solchen Dingen ganz offen. Heutzutage wirklich selten, eine Frau wie sie ...
(...)
... Doch mit der Zeit begannen mich allmählich Zweifel zu quälen. Wenn man über dreißig Jahre in der Buchhaltung gearbeitet hat, wird man filzig in den Ansichten, die man von den Dingen hat, nicht wahr? ... Obwohl ich fürchtete, sie könnte mich um Geld angehen, war es mir doch auch wieder nicht recht, daß sie noch nicht einmal den Versuch unternahm. Ja, sie war mir da allzu unwandelbar ... Ich habe ohnehin nicht viel Selbstvertrauen, und nun verlor ich meine Sicherheit ganz ... Die Sache lief so oder so weiter wie bisher, – als sich ein kleiner Zwischenfall ereignete. Nein, einen Zwischenfall kann man es eigentlich nicht einmal nennen; aber eines Tages, als ich in ihre Wohnung kam, hatte sie einen Teppich gekauft, der sie ein schönes Stück Geld gekostet hatte. Haben Sie ihn sich angesehen? ... Ein luxuriöses Ding, – von ihren Finanzverhältnissen her gesehen. Da ich in der Buchhaltung bin, kenne ich mich in solchen Preisen genau aus. Doch als ich sie nach dem Grund fragte, erschrak ich zum zweitenmal. Sie redete nämlich von Schwangerschaft. Ja, wie? – sollte das dann zur Erinnerung daran sein? Und jetzt fing

mir doch das Herz an zu pochen, wie es zu diesem Alter gar nicht passen will, und gleich hätte ich losgeheult. Da meine Frau keine Kinder gehabt hat, war das etwas ganz Neues für mich. Nein, anders noch: etwas viel Romantischeres, eine Stimmung, daß ich am liebsten dieses andere Ich, das die Welt draußen nicht kannte, stolz herumgezeigt hätte. Ich befand mich in einem Zustand, daß ich sogar meinte, wenn ich meiner Frau, die von alledem nichts wußte, klipp und klar die Wahrheit sagte, würde sie sich gewiß mit mir freuen... Ah, regnet das? Ich höre es... Entschuldigen Sie einen Augenblick, – nachdem wir nun hiermit in den Hauptteil meiner Geschichte eintreten –... (er hustet laut und heftig)... Allerdings, was dann kam, war ernüchternd. Das mit der Schwangerschaft stimmte tatsächlich; aber, setzte sie hinzu, kein Grund zur Aufregung, nicht wahr, – ich habe es mir heute wegmachen lassen... Eine Abtreibung also, – na gut... Schließlich, und das begriff ich, als sie mir's sagte: soviel Zutrauen ins Leben habe auch ich nicht... Andererseits, daß sie darüber nie ein Wort mit mir geredet hatte, – bei einem solchen Verhalten muß man ja das Gefühl haben, man sei für dumm verkauft worden... Und mich packte plötzlich die Wut, ich warf ihr alle möglichen Dinge an den Kopf. Ob sie vielleicht, weil sie nicht wußte, von wem es war, Angst gehabt hätte, ich könnte ihr sagen: trag es aus, das Kind... Oh nein, ich verstehe: das hat dir einer gemacht, der nach Geld aussieht, und du hast die Gelegenheit benutzt, um ihn zu erpressen, wie?... Oder woher hättest du sonst das Geld, dir so einen Teppich zu kaufen?! ... Natürlich, und mich hast du dabei als deinen festen Liebhaber ausgegeben, damit der andere dir die Erpressung glaubte, nicht wahr?... Sie schüttelte den Kopf und brach in Tränen aus... Nein, das war nicht gestern abend... Gestern abend habe ich sie ja dann überhaupt nicht zu Gesicht bekommen... Es muß so etwa vor zwei Monaten gewesen sein...

Bis wohin –... ah, richtig, ich sagte, ich hatte sie ins Verhör genommen. Und sie weinte. Daß sie nicht die Frau war, jemanden zu erpressen, das wußte ich durchaus; trotzdem, welche Erklärung

hätte denn sonst darauf gepaßt? . . . Sie wehrte sich verzweifelt. Nur, was sie zu ihrer Verteidigung vorbrachte, war wieder idiotisch . . . Es gäbe, hätte man ihr gesagt, eine Klinik, dort bekäme eine Frau siebentausend Yen heraus, wenn sie sich innerhalb der drei ersten Schwangerschaftswochen operieren lasse. Es wäre ihr zwar komisch vorgekommen, aber als sie versuchsweise hingegangen in diese Klinik, hätte man ihr erklärt, sie wäre gerade in der dritten Woche, und die Abtreibung auf der Stelle vorgenommen. Wer glaubt denn sowas? Das ist doch dummes Zeug, nicht wahr? Also verlangte ich, sie solle mir sagen, wie die Klinik heiße. Und sie hierauf: Nein, das kann ich nicht sagen, ich habe versprochen, es nicht zu sagen, und wenn ich es sagen würde, könnte es mir schlecht bekommen . . . Hör endlich auf damit! schrie ich sie an und langte ihr eine. In Geschichten hatte ich zwar gelesen davon, aber da zum erstenmal habe ich eine Frau wirklich geschlagen. Eine scheußliche Sache, sage ich Ihnen. Ich war völlig erledigt davon und bin weggegangen an dem Tag, ohne noch ein Wort zu reden . . .
Ich gab mich jedoch keineswegs damit zufrieden. Von jenem Tag an hatte ich mich in einen mißtrauischen Eifersuchtsteufel verwandelt, und irgendwie würde ich sie so in die Enge treiben, daß sie sich nicht mehr herausreden könnte . . . Zum Glück hatte sie Auszüge da von ihrem Girokonto. Zudem verwahrte sie – seltsamer Geschmack, sowas – sogar auch die alten Auszüge, die zu nichts mehr zu gebrauchen waren. Das mußte natürlich eine fette Beute für mich sein. Sie verstehen, nicht wahr, – wenn man Buchhalter ist wie ich . . . Also schlich ich mich in ihrer Abwesenheit in die Wohnung und sah mir das Zeug gründlich an. Zahlen, vorausgesetzt, man versteht sie zu lesen, können nämlich außerordentlich interessant sein. Ah, und ich begriff eine Menge daraus . . . Da waren zum Beispiel völlig unerklärliche Sondereinnahmen, meist wöchentlich zweimal, zumindest aber zwei-, dreimal im Monat. Nun wäre jeder Versuch, mir Sand in die Augen zu streuen, vergeblich. Ich hatte die Beweise in der Hand, ich hielt sie ihr unter die Nase . . . Das war vor jetzt drei Tagen. Sie fing wieder an zu weinen,

doch da konnte sie lange weinen, – es half ihr nichts. An den Beweisen war nicht zu rütteln. Schließlich kam sie abermals mit sehr merkwürdigen Ausflüchten. Und abermals brachte sie jene irre Klinik ins Gespräch, sagte, sie erhielte, wenn sie Schwangere innerhalb der Drei-Wochen-Frist besorgte, für jede eine Kommission von zweitausend Yen. Die Klinik wäre jedenfalls begierig darauf, solche dreiwöchigen Föten aufzukaufen, und sie selber habe nebenberuflich die Vermittlung übernommen. Eine abscheuliche Geschichte. Aber mehr, als daß ich zweifelte, begann ich mir Sorgen zu machen. War sie im Kopf nicht etwas wunderlich geworden? ... Wenn ich mir's genau überlegte, – so unvorstellbar war das keineswegs ... Für eine junge Frau hatte sie wirklich zuwenig sexuelles Empfinden ... Als ich unnachgiebig weiter in sie drang, ging sie schließlich soweit, ernstlich von Furcht erfüllt zu behaupten, wenn man in der Klinik erführe, daß sie mir davon erzählt, werde wer weiß was mit ihr geschehen, werde man sie vielleicht sogar ermorden. Die angekauften Föten wären nämlich nicht tot. Sie würden in der Klinik in einer Spezialanlage herangezogen, vollkommenere Menschen zu werden, als der Leib einer Frau sie ausbilden kann. Auch unser Kind lebe munter weiter ...

Na, wie ist Ihnen da? Läuft es Ihnen nicht kalt über den Rücken? ... Sollte das wahr sein, wäre es eine tolle Sache, und wenn es gelogen wäre, eine kapitale Lüge ... Auch ich gab es nicht auf und sagte zu ihr: Na, dann führe mich doch zu dieser Klinik ... Aber wenn ich gedacht hatte, sie würde daraufhin kapitulieren, – nein, vielmehr sagte sie, und völlig ernst: Gut, werde ich also mit denen in der Klinik darüber reden ...

Ja, und gestern kurz nach Mittag hatte ich ihre Antwort. Sie rief mich in der Firma an und sagte: Komm doch bitte heute abend so um sieben nach Shinjuku in das Café R.; dort treffe ich dich mit jemandem von der Klinik und werde dir alles erklären ... Ich war verwirrt, denn ich hatte geglaubt, daraus würde nie etwas. Daß es eine Falle sein könnte, erschien mir völlig undenkbar; ja, ich hielt es für ausgemacht, daß sie verrückt geworden war. Noch während ich in dem Café vom vergeblichen

Warten allmählich ungeduldig wurde, nahm ich
die Sache leicht genug und stellte mir vor, ich würde sie anderntags in irgendeine Nervenklinik bringen ... Nun, das übrige kennen Sie ja bereits. Ah,
schön bin ich hereingelegt worden! Nein nein, daß
es die Person von der Klinik war, das glaube ich
eigentlich nicht. Jedenfalls dürfte es ein Mann gewesen sein. Sie hatte mich wohl satt bekommen,
war nur zu feige, es mir zu sagen. Und in Erman-
gelung eines Vorwands hat sie sich eben die Klinik ausgedacht, die angeblich Föten kauft. Warum
bloß, wenn sie mich so verabscheute, hat sie mir
selber nicht ein Wort davon gesagt? ... Ich möchte
mir schließlich nicht nachreden lassen, ich in meinem Alter sei ein unvernünftiger Mensch, wissen
Sie ... Also hätte es doch weiß Gott nicht die Gewalt gebraucht, mich vorsätzlich hineinzulocken
und von einem Mann niederschlagen zu lassen ...
Ah, ziemlich demütigend für mich, – diese ganze
Geschichte ...

17.
»Die Frau also ... eben doch das Problem ...«
... wenn auch beschwerlich –, wollte ich ergänzen,
doch verbiß ich mir diese Bemerkung.
»Immerhin, sie hat die Tat zugegeben, scheint ihr
Geständnis nicht zu widerrufen, nicht wahr?«
»Gerade deshalb ist das so merkwürdig. Natürlich,
wenn wir dem folgen, was der Ermordete sagte, könnte es schon sein, daß sie gewisse neurotische Züge
aufweist.«
»Daß sie sich vor irgend etwas fürchtet?«
»Möglicherweise nur vor ihrem eigenen Schatten,
vielleicht aber auch versucht sie den wahren Täter
zu decken. Und selbstverständlich wäre auch der
Fall denkbar, daß sie effektiv unter einer Drohung
steht.«
»Normal geurteilt, würde ich die beiden ersten Möglichkeiten für einleuchtender halten; aber wenn ich
dabei an den Drohanruf von vorhin denke, verstärkt
sich allerdings die Wahrscheinlichkeit, daß es sich
um den letzteren Fall handelt ...«
»Ah ja, dieser Anruf ...« Als wollte er sich eine Idee
geradezu abpressen, verzerrte Tanomogi gewaltsam
sein Gesicht. »Dann könnte es unmöglich der Lieb-

haber sein ... Freilich nicht ... Ich war ja von Anfang gegen die Liebhaber-Theorie. Nur um der Frau willen begeht einer an einem so gutmütigen, unbedarften Mann keinen vorsätzlichen Mord. Das ist als Motiv zu schwach.«

»Meinen Sie denn etwa, wir sollten uns an die Theorie von der Fötus-Vermittlerin halten?«

»Ich glaube, man braucht das nicht so wörtlich zu nehmen. Falls wir jedoch auf die Liebhaber-Theorie verzichten, müssen wir notwendigerweise annehmen, es habe entweder im Betragen oder im Wissen des Opfers etwas gegeben, das für den Täter unbequem war. Etwas, das ihm so entschieden gegen den Strich ging, daß er den anderen restlos beseitigen mußte, nicht wahr? ... Und eigentlich sollte davon, nämlich von diesem Betragen oder von diesem Wissen, in dem eben gehörten Geständnis auch die Rede gewesen sein. Setzen wir nun voraus, daß dem so war, wäre auch die Theorie von dem Geschäft mit dreiwöchigen Föten – wie ungewöhnlich sie scheinen mag – einer um so eingehenderen Betrachtung wert. Oder etwa nicht?«

»Sofern wir sie lediglich als Story nehmen ...«

»Natürlich nur als Story ... Wahrscheinlich handelt es sich ja sowohl bei der Begrenzung »dreiwöchig« wie bei ›Föten‹ selbst um Worte aus irgendeinem speziellen Geheimcode ... Auf jeden Fall könnten wir doch versuchen, die Maschine auf die Frau anzusetzen. Das hielte ich für das Dringlichste.«

»Mein Gott, da sind wir in eine schöne Geschichte verwickelt!« Ungewollt tat ich einen tiefen Seufzer.

»Aber zurück können wir nun nicht mehr ... Es bleibt uns gar nichts anderes übrig, als den gegenwärtigen Zustand im Frontalangriff zu durchbrechen.«

»Wenn das mal gutgeht ... Ob die Kerle nicht, wenn sie merken, daß wir uns mit der Frau befassen, heimlich die Polizei informieren? ... Und immerhin, ein Mord ist ihnen durchaus zuzutrauen ...«

»Unternehmen wir nichts, hat uns bald der Arm des Verdachts erreicht. Das ist lediglich eine Frage der Zeit. Unsere einzige Chance haben wir, wenn wir vorauspreschen ... Außerdem besteht keine Notwendigkeit, daß wir uns der Frau persönlich zeigen. Es genügt, daß für uns, etwa vom Komitee, ein Wagen losfährt und sie durch den Hintereingang von der Polizei unbemerkt in die Krankenanstalt transportiert. Übrigens sicher interessant, die Zukunft einer solchen Person vorauszusagen ...«

Ich hatte sicheren Grund verloren, ich besaß keine Übersicht mehr, ich war hart am Rande der Verzweiflung; und doch, wie der ungeschickte Radfahrer sich nur zu beruhigen vermag, solange er irgendwie weiterrast, rief ich sofort Tomoyasu vom Komitee an. Tomoyasu, außerordentlich entgegenkommend, weil hochgestellte Persönlichkeiten ihr Interesse bekundet hatten, meinte, da uns die Analyse des Leichnams erlaubt worden sei, dürfte dies, bei großzügiger Auslegung, auch die verdächtige Frau einschließen; und wirklich nahm er es auf sich und besorgte mir auf der Stelle tatsächlich das Einverständnis seines Chefs. Auf seine Frage, wie es denn stünde, antwortete ich ausweichend, es hätten sich interessante Resultate ergeben; und wir verblieben so, daß – ohne den Namen des Forschungsinstituts für Computertechnik zu erwähnen – die junge Frau von der Polizei aus zu Dr. Yamamoto in die Zentrale Versicherungskrankenanstalt gebracht würde. Ich war dankbar, daß alles so glatt verlief; trotzdem, mir erschien das wie die Geschwindigkeit, mit der man in die Tiefe stürzt, und es beunruhigte mich nur um so mehr.

Solange, bis die junge Frau bei Dr. Yamamoto einträfe, versuchte ich die Maschine auf Befehl zu veranlassen, die Ergebnisse aus der Analyse des toten Mannes weiterzuzergliedern, sie aufzuteilen in generelle und spezielle Koeffizienten, das heißt in solche, die allen Menschen gemeinsam sind, und in solche, die charakteristisch waren nur für diesen Mann. Wenn das gelänge, wäre uns damit, fand ich, viel geholfen. Künftig brauchten wir dann nur die besonderen Faktoren eines Menschen zu analysieren, und brächten wir die in Verbindung mit den allgemeinen Faktoren, ließe sich damit bereits die Gesamtpersönlichkeit reproduzieren. Da die Daten jedenfalls noch nicht ausreichend wären, hatte ich mir nicht eben viel erhofft; dennoch erzielte ich überraschend einfache Antworten. Das Charakteristische an einem Menschen, also die Variablen in der Persönlichkeitsgleichung, war offensichtlich weit unkomplizierter, als ich gedacht hatte. Ich begriff, daß sich fast alles nach dem Gesetz der Wahrscheinlichkeit hatte reduzieren lassen auf einige wenige konstitutionelle Besonderheiten und daß es genügen würde, auch bei den Gehirnwellen lediglich die Reaktionen auf tausend Modell-Reize aus zwanzig Gebieten zu untersuchen. Ideales Material, um es der Konferenz vorzutragen. Ich ließ die Maschine die für eine Analyse der generellen Koeffizienten nötigen Punkte herausschreiben: eine ausführliche, auf ein einziges Blatt Papier beschränkte Aufstellung von einfachen medizinischen Begriffen und Wörtern, wie sie in einem Einführungsbuch in die japanische Sprache hätten stehen können ... Das also wäre demnach, was man die menschliche Individualität nennt ...

»Wissen Sie, Tanomogi, sollte es kritisch werden, nehmen wir dieses Blatt Papier, fügen noch ein praktisches Beispiel hinzu, und damit können wir gewiß die nächste Konferenz hinhalten. Oder?«

»Das sicher. So ein großes Problem ist die Konferenz ja nicht. Nachdem einmal die Idee, Voraussagen über den Menschen zu machen, schon angenommen wurde ...«

»Angenommen ist sie noch nicht, das war nur eine vorläufige Zustimmung.«

»Das dürfte auf dasselbe hinauslaufen ... verglichen mit der Haltung des Komitees bisher ...«

»Da haben Sie zwar recht ...«

Ich rief Dr. Yamamoto an. Die junge Frau war offensichtlich noch immer nicht eingetroffen. Als ich ihm von der Aufstellung der einzelnen Punkte für die generellen Koeffizienten berichtete, schien er seine Erregung kaum verbergen zu können. Ich bat ihn, Katsuko Wada an den Apparat zu rufen, und gab ihr diese Punkte durch, damit sie sie dort in den Elektronenrechner einfütterte. Tanomogi hatte mir einen Kaffee gemacht. Während ich mir mit dem reichlich gezuckerten Kaffee die vom vielen Rauchen brennende Kehle anfeuchtete, verschwatzten wir einige Zeit, so über die Mammut-Voraussage-Maschine »Moskwa 3«, die, wie man hörte, demnächst aufgestellt werden sollte. Vermutlich würde sie für zusammenfassende Voraussagen über die Wirtschaft in den kommunistischen und den neutralen Staaten eingesetzt werden, einem Gebiet also, das die halbe Welt umfaßt. Wenn ich mir das vorstellte, wurde mir elend zumute. Dort türmten sich die Voraussage-

Maschinen als grandiose Monumente unseres Zeit-
alters; bei uns hingegen war es nicht mehr als eine
schäbige Rattenfalle, mit der man einen Mörder
jagte, war es in Wahrheit sogar an dem, daß die Techniker selbst mit einem Bein in den Zähnen der Ratte
zappelten ...
Allmählich wurde ich aber doch unruhig. Wie auch
die Zeit verging, es kam kein Anruf, der uns gemel-
det hätte, die junge Frau sei eingetroffen. Ich ließ
noch einmal über Tomoyasu nachforschen ...
»Trotzdem, Herr Professor, ich setze große Hoffnungen auf diese Rattenfalle. Sagen Sie, was Sie wollen,
– es ist ja die Wahl der Maschine selber, oder? Weil
eben auf irgendeine Weise die Maschine logisch ist.«
»Auch ich werde natürlich nicht aufgeben ...«
Von Tomoyasu kam die Nachricht, die junge Frau
habe das Polizeigebäude bereits verlassen. Wenn sie
da noch nicht die Krankenanstalt erreicht haben sollte ... Mich überfiel eine schreckliche Angst.
Auch Tanomogi schien beunruhigt; er redete weiter,
während er bald hier, bald da einen Blick auf die
Kontrollfenster der Maschine warf.
»Das Problem ist die Strukturierung des Programms
... Wenn es denn keine gesellschaftlichen Daten sein
sollen, – bitte, es geht durchaus ohne sie ... Ich glaube, das war auch unser blinder Punkt ... Verführen
wir nach einer mehr makroskopischen Methode, ausgehend zum Beispiel von Naturphänomenen, wir wä-
ren zweifellos fähig zu erstklassigen Voraussagen,
die denen von ›Moskwa 2‹ keineswegs unterlegen sein
müssen ... Mit anderen Worten, – Ausdauer und
Energie – ...«
Das Telefon schrillte. Tanomogi riß den Hörer herunter und preßte ihn an sein Ohr. Er schob das Kinn
vor, seine Augen wurden starr. Offenbar schlechte
Nachricht.
»Was ist?«
Er schüttelte ein wenig den Kopf. »Sie ist tot ...«
»Tot? ... wieso ...?«
»Ich weiß nicht ... vermutlich Selbstmord.«
»Ist das sicher?«
»Sie sagen: Selbstmord durch Gift ...«
»Verbinden Sie bitte die Maschine sofort mit Yama-
motos Institut. Wenn wir sie im Prinzip nach dersel-
ben Methode analysieren wie vorhin den Mann, dürf-

ten wir sofort erfahren, was das Motiv war, wie das Gift in ihre Hände gelangte und so weiter...«

»Das wird keinen Sinn haben«, sagte er, die Hand noch immer auf den wieder aufgelegten Hörer gepreßt. »Sie starb an einem starken Nervengift, wie es scheint; also sind die Nerven völlig zerstört, und mit irgendwelchen normalen Reaktionen dürfte nicht zu rechnen sein.«

»Das ist ja furchtbar...«

Ich packte die Glut von der Zigarette, die an meinen Fingern schmorte, und drückte sie aus; aber wie heiß sie auch war, ich spürte es nicht. Obwohl ich mir vornahm, ganz ruhig zu bleiben, zitterten auf eine geradezu komische Weise meine Knie.

»Auf jeden Fall werde ich mit Yamamoto reden...«

Indessen, das Ergebnis war lediglich, daß er mir die Aussichtslosigkeit bestätigte. Ein Leichnam, sagte er, bei dem die Nerven so gründlich zerstört seien, komme ihm selten unter. Auch beim Selbstmord durch Gift gelte eine feste Dosis; da man sich, wird diese überschritten, noch vor der Verteilung des Gifts erbricht, bleibe die wirklich aufgenommene Dosis gering. Den Körper dieser jungen Frau jedoch habe das Gift in einer Superdosis, die sich, wenn nicht eingespritzt, überhaupt nie verteilt hätte, völlig durchdrungen, obgleich andererseits ein Einstich nirgends zu erkennen sei. Tatsächlich dürfte sie, von der Haftzelle aus unter ständiger Bewachung, keinerlei Gelegenheit gehabt haben, sich eine Spritze anzusetzen. Das einzig Vorstellbare sei, daß sie im voraus ein Chlorpromazin-Derivat geschluckt, damit das Brechreizzentrum betäubt und danach die Überdosis Gift hinuntergewürgt habe. Aber das würde allzu viel Aufwand bedeutet haben.

Angenommen, man wollte überzeugenderen Gründen nachforschen, ergäben sich, das war sicher, wie von selbst Hinweise auf einen Mord. Ich begriff, daß Dr. Yamamoto dabei war, das Problem dorthin zu lenken; aber da wich ich aus. Ich durfte mir unmöglich anmerken lassen, daß ich Dinge wußte, die über das hinausgingen, was andere Leute wußten. Bis ich meinen Kontrahenten in seiner wirklichen Gestalt greifen konnte, mußte ich meine scheinbar harmlose Haltung bewahren.

Im Augenblick, als ich den Hörer auflegte, klingelte

das Telefon schon wieder. Unvermittelt drang eine harte, gequetschte Stimme an mein Ohr.

»Professor Katsumi? Da hatte ich Sie extra noch gewarnt, und trotzdem ... nein, das war wirklich häßlich von Ihnen, nicht wahr? ... Und weil Sie zu weit gegangen sind, hat nun noch ein Mensch – ...«

Ohne mir das bis zum Schluß anzuhören, ließ ich Tanomogi ans Telefon: »Da, – das ist er, dieser Kerl, der mich bedroht ...«

»Hallo! ... Wer ist da? ... Wie war Ihr Name?« schrie Tanomogi in die Muschel, aber der andere hatte offenbar gleich darauf eingehängt.

»Was hat er gesagt?«

»Die Polizei soll sich jetzt ernsthaft in Bewegung gesetzt haben.«

»Ist Ihnen nicht, als hätten Sie diese Stimme schon einmal gehört?«

»Ja, warten Sie ...?«

»Es ist nicht eigentlich die Stimme, eher der Akzent ...« Irgend etwas blitzte durch mein Gedächtnis, war aber sofort wieder verlöscht.

»Sollte er noch einmal anrufen, – vielleicht fällt es mir dann ein ...«

»Ein völlig Unbekannter, scheint mir, ist es wohl nicht. Dafür weiß er die Neuigkeiten zu rasch. Einer, der über die internen Vorgänge informiert ist.«

»Was aber tun?«

Und während er seine Finger bog und unruhig um sich blickte, als suchte er nach einem Kleiderhaken, setzte Tanomogi hinzu: »Scheint, daß sich das Fangnetz über uns schon ziemlich eng zusammengezogen hat ... Wenn wir nicht irgendwo eine Stelle, an der wir ausbrechen können – ...«

»Und wie wär's, wenn wir uns dazu entschlössen, der Polizei den wahren Sachverhalt einzugestehen?«

»Der Polizei?« Tanomogi verzog die Lippen, zuckte mit den Schultern. »Aber wie könnten wir beweisen, daß dies der wahre Sachverhalt ist?«

»Daß die junge Frau ermordet wurde, ist doch ein ganz sicherer Beweis, wenigstens dafür, daß wir die Verbrecher nicht sind.«

»Damit kommen wir nicht durch. Selbst angenommen, die Frau wäre tatsächlich ermordet worden, – da sowohl Tsuda wie auch Kimura bei der Polizei ungehindert ein und aus gingen, könnten sie irgendwie Gelegenheit gehabt haben, sich der Frau zu nähern. Und wenn einmal, nachdem man uns jetzt, da wir Brief und Siegel hoher Stellen haben, vorläufig aus dem Kreis der Verdächtigen ausgeschlossen, – wenn einmal der Verdacht, die Mörder an dem Hauptbuchhalter zu sein, sich gegen uns richtet, wird man auch sofort diese beiden verdächtigen ... Ganz als ob wir ein Mörder-Institut wären. Das gäbe eine hübsche Schlagzeile. Der Ruf unseres mordgierigen Forschungsfiebers würde sich augenblicklich in alle Welt verbreiten ...«

»Aber das ist doch reine Spekulation ... alles, was Sie da sagen ...«

»Allerdings Spekulation ...«

»Die Polizei heutzutage nimmt die mehr materiellen Beweise für wichtig. Zum Beispiel: Herkunft des Giftes, das die Frau zu sich nahm ... und dergleichen ...«

»Herr Professor ... war das Komitee nicht deshalb zur Unterstützung bereit, weil man glaubte, unsere Maschine könne dazu beitragen, diesen Fall zu lösen? ... Und auch wir hatten ja diese Absicht, nicht wahr? Durften durchaus unsere ganze Hoffnung auf die Fähigkeiten der Maschine setzen. Unser Kontrahent jedoch war weit stärker als angenommen. Meinen Sie denn etwa, mit einem Gegner, den noch nicht einmal die Maschine schafft, würde die Polizei so ohne weiteres fertig?«

»Mit einem Gegner ...?«

»Eben ... es handelt sich zweifellos um einen Gegner.«

Ich blickte zu Boden, ich hielt den Atem an. War nahe daran, gefühlvoll zu werden. Daß ich mir Tanomogis Meinung nicht anhören dürfte, stand nirgends geschrieben. Falls also das alles nicht nur ein Gespinst von Zufällen wäre, falls wirklich ein Gegner existierte – ...

Da rief Tsuda an. Ein Verdächtiger sei verhaftet worden, doch habe man ihn sofort wieder freigelassen, nachdem sich bei einer Gegenüberstellung mit dem Tabakhändler herausgestellt, daß es sich um eine Verwechslung handelte. Einer der Verbrecher, ein vermutlich vornehm gekleideter Mann von kleiner Statur, soll schmale, von einem brutalen Glanz erfüllte Augen gehabt haben. Ich konnte zwar ein bitteres Lächeln nicht unterdrücken, unterließ es aber, Tanomogi davon zu berichten.

»Nun, und wie stellen Sie sich diesen Gegner vor?«

»Nach allem neige ich zu der Ansicht, daß es sich nicht um einen Einzelnen handelt, sondern um eine Organisation.«

»Wieso das?«

»Genau erklären kann ich es nicht. Ich habe nur so den Eindruck.«

Der Regen hatte aufgehört, irgendwann, ohne noch einmal aufzuklaren, war es Nacht geworden.

»Es ist sieben vorbei. Wir hätten die anderen längst nach Hause schicken sollen, wie?«

»Ich sage ihnen Bescheid.«

Als ich zufällig einen Blick aus dem Fenster warf, sah ich, wie irgendein Mann neben dem Vordereingang eine Zigarette rauchte. In der Dunkelheit war das Gesicht nicht zu erkennen. Plötzlich blickte er herauf, bemerkte mich und lief hastig davon.

»Ja, meinen Sie etwa mit Organisation diejenige, die die dreiwöchigen Föten aufkauft?«

»Na, das wäre – ...« und während er am Telefon die Wählscheibe drehte, fuhr Tanomogi wie in plötzlicher Bestürzung fort: »Andererseits ... wo Sie das sagen: überall in der Welt scheinen die Forschungen über die externe Aufzucht von Säugerembryonen sehr lebhaft betrieben zu werden ...«

»Außerhalb des Mutterleibes?«

»Ja ...«

»Richtig ... Und Ihnen fällt das eben ein? Oder haben Sie etwa auf diese Gelegenheit gewartet, um davon anzufangen?«

»Aber nein, ich hatte schon daran gedacht, nur vergaß ich es wieder ...«

»Natürlich. Wenn man Ihre Gedanken zu Ende denkt, müßte es so sein. Aber ich versichere Ihnen: das ist eine Wahnidee! Besser, Sie vergäßen derartige Vorstellungen.«

»Und warum?«

»Weil Sie damit nur die Tatsachen verdecken.«

»Glauben Sie ...?«

»Schon gut, – telefonieren Sie erst einmal.«

Aber Tanomogi, ohne sich dem Apparat zuzuwenden: »Nun, ich habe Ratten gesehen, die im Wasser lebten und Kiemen hatten.«

»Unsinn!«

»Das ist wahr! Man sagte, durch Aufzucht außerhalb des Mutterleibs habe man ihre Individualentwicklung absichtlich getrennt vom phylogenetischen Rahmen ablaufen lassen. Es soll jetzt sogar auch – gesehen habe ich die zwar noch nicht – im Wasser lebende Hunde geben. Schwierig sind die Pflanzenfresser; mit den Säugetierarten, die zu den Fleisch- und Allesfressern gehören, scheint es hingegen verhältnismäßig – ...«

»Wo hat man so etwas gemacht?«

»In der Nähe von Tōkyō. Im Institut eines Mannes, dessen Bruder auch Sie gut kennen ...«

»Und wer wäre das ...?«

»Dr. Yamamoto von der Zentralen Versicherungskrankenanstalt. Wußten Sie denn nicht, daß der ältere Yamamoto an solchen Dingen arbeitet? ... Heute ist es schon zu spät, aber morgen, meine ich, könnte ich Sie hinausbegleiten ... Freilich glaube ich nicht, daß sich seine Forschung auch auf menschliche Embryos erstreckt. Immerhin, irgendwelche Anhaltspunkte werden sich sicher ergeben. Scheint zwar ein Umweg, doch jetzt, da uns jede unmittelbare Spur abhanden gekommen ist ...«

»Mir reicht es. Ich verzichte darauf, den Detektiv zu spielen. Vorm Eingang unten lauert so ein sonderbarer Kerl. Wenn es kein Kriminalbeamter ist, dann vermutlich ein Meuchelmörder.«

»Im Ernst?«

»Schauen Sie doch selber nach!«

»Ich ruf den Pförtner an, er soll sich umhören.«

»Und dann könnten Sie auch gleich die Polizei anrufen.«

»... und sagen, daß der Mörder wartet?«

»Wie Sie wollen ...«

Ich stand auf vom Stuhl, ich wechselte die Schuhe, ich nahm meine Aktentasche.

»Ich geh nach Hause. Sollten Sie auch tun, sobald sie den anderen Bescheid gesagt haben.«

18.

Ich war schrecklich wütend. Aber das war eine Wut, unklar auf wen; und selbst wenn ich den Zustand hätte regulieren wollen, hatte ich doch nicht einmal eine Vorstellung davon, wo ich eigentlich am besten

anfinge. Nicht daß ich keinen Faden gesehen hätte, –
es waren sogar zu viele Fäden. Sie ließen ihre Enden
aus den untereinander widersprüchlichsten Richtungen hervorschauen, so daß ich schließlich überhaupt
nicht mehr wußte, welchem ich folgen sollte.
Unterwegs hatte nichts darauf hingedeutet, daß ich
verfolgt würde. Meine Frau, nachdem sie gehört, wie
ich das Holztor heftig aufriß, öffnete mir sogleich die
Eingangstür. Offensichtlich wartete sie aus irgendeinem Grunde auf meine Rückkehr. Noch ehe ich
meine Schuhe ganz ausgezogen hatte, begann sie unvermittelt mit leiser, trockener Stimme: »Was war
denn mit dem Krankenhaus heute?«
Sie war gut angezogen, entweder eben heimgekommen oder im Begriff auszugehen. Dabei irgendwie
schrecklich aufgebracht, während im Gegenlicht ihr
Haar in Strähnen durcheinander stand. Ich begriff
überhaupt nichts. Krankenhaus?... Das einzige,
woran ich dabei dachte, war als die Bühne unseres
Falles der Computer-Raum in der Zentralen Versi-
cherungsanstalt... Aber wieso wußte meine Frau
davon? Und wenn sie es also wußte, wieso konnte
das zum Gegenstand ihres Interesses werden?
»Was soll gewesen sein...?«
»Aber, du...«
Sie hatte das mit einer wie in sich zusammenfallen-
den Stimme gesagt, in einem so von schmerzlichen
Vorwürfen erfüllten Tonfall, daß ich unbewußt ste-
henblieb. Im hinteren Zimmer, mit einer lästigen,
immer wieder abreißenden Stimme, lachte unser
Sohn Yoshio zur Musik des Fernsehers. Ich wartete
auf die nächsten Worte meiner Frau. Gefaßt selbst
auf das Unwahrscheinliche, daß sie – obwohl ich das
nicht glaubte – Wind bekommen haben könnte etwa
von einem mir nicht bewußten Irrtum hinsichtlich
jenes Computer-Raumes des Dr. Yamamoto... Indessen, auch meine Frau schien auf ein Wort von mir
zu warten.
Nach einem kurzen, unnatürlichen Schweigen öffnete
sie endlich den Mund.
»Ich habe alles so gemacht... Nur, ziemlich verant-
wortungslos ist es ja doch... und sogar den Anruf
völlig zu vergessen... Um ehrlich zu sein, – daß du
mich danach nicht einmal abholen kamst, war fürch-
terlich...«

»Welchen Anruf eigentlich?«

Meine Frau erschrak und blickte zu mir auf.

»Aber das stimmte doch mit dem Anruf, oder?«

»Eben deswegen frage ich dich ja, um welchen Anruf es sich handelt.«

Ihr schlanker Hals schwoll zusehends an. »Jedenfalls, – weil er mir gesagt hat, da wäre ein Anruf gewesen von dir ... so war das doch auch, – oder?«

Meine Frau war völlig in Verwirrung geraten. Sie hatte sich über etwas ganz anderes mit aller Leidenschaft geärgert; da aber nun das Fundament, auf das sich ihre Erregung stützte, von einer von ihr gänzlich unerwarteten Seite her erschüttert wurde, war diese Verwirrung nur natürlich. Ich versuchte, ihre aufgebrachten und abgerissen hervorgestoßenen Worte in einen gewissen Zusammenhang zu bringen, und da ergab sich ungefähr folgendes.

Um drei Uhr etwa, kurz nachdem Yoshio von der Schule heimgekommen war, hatte der meine Frau seit langem behandelnde Gynäkologe angerufen. Er arbeitet in einem kleinen, nur fünf Bus-Minuten entfernten allgemeinen Krankenhaus, mit dessen Direktor ich befreundet bin. (Als sie das sagte, erinnerte ich mich: einige Tage zuvor war meine Frau zur Schwangerschaftsuntersuchung in jenem Krankenhaus gewesen und hatte sich – nach einer einmal durchgemachten Bauchhöhlenschwangerschaft außerordentlich nervös darüber, daß sie abermals schwanger war – beraten lassen, ob sie das Kind austragen oder sich einer Abtreibung unterziehen sollte. Indessen war es wohl so, daß ich nicht richtig darauf geantwortet hatte. Jedenfalls war das gewesen, als ich mich mit der Voraussage-Maschine gerade mitten in der Krise befand.) Inhalt jenes Anrufs war: ich ließe ihr durch den Arzt, also diesen Gynäkologen, bestellen, sie möge noch heute sofort die Ausschabung vornehmen lassen. Meine Frau zögerte. Schien sogar ein Widerstreben zu empfinden. Gleich danach rief sie bei mir an, um sich zu erkundigen, aber ich war nicht da. (Kurz nach drei Uhr? Das war vermutlich zu der Zeit gewesen, als ich bei Tomoyasu vom Programm-Komitee wegen der Übernahme der Leiche verhandelte. Und da wir alle tief in der Arbeit steckten, hatte der, der ihren Anruf abgenommen, zweifellos später vergessen, mir davon zu berichten.) Noch immer unschlüssig, ging sie dann eben doch.

»Ja, – hast du dir also die Abtreibung machen lassen?« Daß mein Tonfall dabei unbewußt vorwurfsvoll geriet, war wohl, weil ich eine Ausflucht suchte für meine innere Unsicherheit.

»Allerdings ... es blieb mir ja nichts anderes übrig ...«, fuhr sie wie abwehrend fort, während sie mir hinauf in mein Arbeitszimmer im ersten Stock folgte. Yoshio rief mir aus einem Winkel des Korridors mit unbeteiligter Stimme so etwas wie einen Gruß hinterher. »Nun, für alle Fälle wollte ich mit dem Doktor reden ... Aber als ich hinkam, war er nicht da. Es hieß, er wäre irgendwohin weggegangen, – obwohl er mich doch selbst gerufen hatte. Ich war wütend, beschloß sofort zurückzukehren ... Ich war schon fast wieder am Ausgang, da kam mir eine Person nachgelaufen, die wirkte wie eine Krankenschwester, mit einer dicken Warze auf der rechten Wange, und sie meinte, der Doktor werde gleich zurücksein, ich sollte diese Medizin nehmen und mich ein Weilchen im Wartezimmer gedulden ... Es war ein bitteres Pulver, eingewickelt in rotes Papier ... Die in rotes Papier eingewickelten, das sind wohl die besonders starken Mittel, wie? ... Jedenfalls glaube ich, es muß sich um so ein Pulver gehandelt haben ... Nicht lange, und mir wurde ganz komisch zumute, – als ob mein ganzer Körper, bis auf Augen und Ohren, eingeschlafen wäre ... Und hierauf – ... ich kann mich zwar erinnern, aber nicht deutlich, als wären es nicht meine eigenen Augen gewesen, die das gesehen ... Doch sicher ist, daß ich, von beiden Seiten gestützt, einen Wagen bestieg und in ein anderes Krankenhaus fuhr ... und dort ein dunkler, ein langer Korridor ... Der Doktor war nicht der unsere, sagte allerdings, er habe dessen volle Zustimmung, und schon war ich operiert ... Noch nicht einmal zum Nachdenken hatte ich Zeit gehabt ... Außerdem, als ich dann ging – ich begriff zwar nicht warum –, bekam ich eine Menge Geld heraus ...«

»Bekamst Geld heraus ...?«

»Ja. Hattest du denn welches hinterlegt?«

»Und wieviel?«

Unwillkürlich war ich aufgesprungen.

»Siebentausend Yen ... Was das für eine Rechnung war, weiß ich ja nicht ...«

»Wahrhaftig, du warst noch innerhalb der dritten Schwangerschaftswoche, nicht wahr?«

Ich wollte mir eine Zigarette herausangeln; dabei stieß ich das halb ausgetrunkene Wasserglas um, das von der Nacht vorher stehengeblieben war.

»Ja ... das dürfte gerade so ungefähr stimmen ...«

Das verschüttete Wasser begann unter einen Bücherstapel zu laufen.

»Wisch das doch bitte auf.«

... siebentausend Yen ... drei Wochen ... Vom Nakken her den ganzen Rücken hinunter, als hätte ich mit einem Fünfzig-Kilo-Gepäck auf den Schultern eine Bergtour gemacht, breitete sich eine harte Verspannung aus. Und indem ich den Blicken meiner Frau auswich, die mich, während sie eine alte Zeitung auf das Wasser drückte, von unten her fragend ansah: »Übrigens, wie hieß eigentlich dieses Krankenhaus?«

»Das weiß ich nicht. Ich stieg in den Wagen ein, den sie mir gerufen hatten, und fuhr unmittelbar nach Hause.«

»Aber wenigstens an die Gegend wirst du dich doch erinnern, oder?«

»Ja, warte ... Es schien ziemlich weit zu sein ... immer nach Süden zu ... wahrscheinlich schon fast am Meer. Freilich, unterwegs bin ich eingenickt ...« Und dann, wie um mich auszuhorchen: »Was denn, – hast du vielleicht eine Ahnung?«

Ich gab es nicht eigentlich zu und leugnete es wiederum auch nicht. Wenn schon nicht in dem Sinne, wie meine Frau es gefragt, – eine bestimmte Ahnung hatte ich doch. Auf alle Fälle, wenn ich jetzt etwas sagte, würde das weitere Fragen meiner Frau provozieren, müßte ich weiter auf diese antworten. Als meine Erregung abklang, hatte ich ja keineswegs die Situation insgesamt begriffen ... Vielmehr geriet ich immer mehr in einen Zustand der Betäubung, verstand ich das alles immer weniger ... Plötzlich machte mich diese unabwischbare Schmach, meine Frau mit gefangen zu wissen in der Falle, in der ich selber zappelte, so wütend, daß mein Blickfeld sich schwarz zu verengen schien.

19.

Ich ging hinunter und telefonierte. Meine Frau wollte,
daß Yoshio den Fernseher abdrehte, aber ich ließ
ihn absichtlich gewähren. Was sollte mit ihm werden,
wenn nicht nur ich, sondern auch meine Frau noch
verwickelt würde in diese Affäre, in der wie von einer
Wolke nichts zu greifen war?

Zunächst rief ich im Krankenhaus meines Freundes
an und erkundigte mich nach der Adresse des Gynäkologen. Man nannte mir eine Telefonnummer. Der
Arzt war zu Hause. Auf meine eindringliche Befra-
gung erklärte er, anscheinend völlig verblüfft, er
wisse natürlich nichts davon, daß ich ihn mit dergleichen beauftragt hätte, auch habe er keineswegs meine Frau zu sich bestellt. Vor allem habe er genau für
diese Zeit bereits am Tag zuvor Hausbesuche einge-
plant gehabt. Sicherheitshalber fragte ich ihn, ob er
zufällig eine Ahnung habe, wer die Frau mit dem
Habitus einer Krankenschwester gewesen sein könnte, die meiner Frau die Medizin gegeben. Wieder lautete seine Antwort, sie hätten dort keine Krankenschwester mit einer solchen Warze auf der Oberlippe. Offenbar lief alles auf die von mir im stillen befürchtete schlimmste der denkbaren Situatio-
nen hinaus.

Hierauf wählte ich die Nummer unseres Institutes,
wobei ich in meiner Brust eine Übelkeit spürte, als
wäre mein Herz in den Magen hinabgefallen und
schlüge dort Kapriolen. Die Ursache dieser Übelkeit
hatte, um es mit einem Wort zu sagen, mit meinem
Gefühl zu tun, die Serie der plötzlich rings um mich
eingetretenen Ereignisse ignorierte völlig das allge-
meingültige Gesetz, nach dem sich die Dinge stets in
Richtung der größten Wahrscheinlichkeit entwikkeln.

Siebentausend Yen ... dreiwöchige Föten ... Aufzucht
außerhalb des Mutterleibes ... Ratten mit Kiemen ...
unter Wasser lebende Säugetiere ...

Abgesehen einmal von dem, was im letzten Augenblick immer wieder das Happy-End in den Fortset-
zungsklamotten verhindert, ist ja der Zufall gerade
insofern zufällig, als er in der Regel allein aus sich
heraus entsteht. Der Tod des Mannes ... die Verdächtigungen ... der Tod der jungen Frau ... der seltsame Anruf ... das Geschäft mit den Föten ... die mei-

ner Frau gestellte Falle ... Diese zunächst wohl doch von einem bloßen Zufall ausgehende Kettenreaktion wurde, unter Verbindung des einen Falles mit dem jeweils nächsten, zwangsläufig zu einer tatsächlichen Kette, und die schlang sich nun um meinen Hals. Es war, wie wenn man, ohne das Motiv, ohne die Absicht begreifen zu können, verfolgt wird von einem Wahnsinnigen. Für meine Ratio war das einfach unerträglich.

Der diensthabende Pförtner kam an den Apparat. Ich fragte ihn, ob im Computer-Raum noch Licht wäre. Er räusperte sich, hustete und erwiderte dann mit heiserer Stimme, das Licht sei aus, es sei anscheinend niemand mehr da. Ich rollte mir Käse in eine Weißbrotscheibe, spülte das mit Bier hinunter, um sofort noch einmal wegzugehen.

Meine Frau kratzte sich verlegen mit den Nägeln der linken den Rücken der rechten Hand, die sie unter ihrem Kinn zusammengeballt hatte. Offenbar war es so, daß sie, in dem Glauben, ich wäre wütend nur wegen eines Fehlers des Krankenhauses, als Reaktion auf ihren anfänglichen Eifer nun ihrerseits so etwas wie ein schlechtes Gewissen empfand.

»Nun laß doch ... du wirst müde sein ...«

»Steckten jene siebentausend Yen in irgendeinem Umschlag oder dergleichen?«

»Nein, ich bekam sie blank in die Hand.«

Als sie das Geld holen wollte, hielt ich sie zurück und schlüpfte in meine Schuhe.

»Wann hast du denn einmal Zeit? Ich möchte mit dir reden, – es ist wegen Yoshio. Er geht zwar weg zur Schule, erscheint aber gelegentlich nicht im Unterricht. Hat der Lehrer mir gegenüber angedeutet ...«

»Ah, wenn schon ... er ist ja noch ein Kind ...«

»Und können wir nun übermorgen, am Sonntag, ans Meer fahren?«

»Falls morgen im Komitee die Sache zum Abschluß kommt ...«

»Yoshio freut sich so sehr darauf.«

In meinem Inneren zerdrückte ich eine Art dünner Eierschalen. Zerdrückte eine um die andere, und dabei verließ ich, ohne noch ein Wort zu sagen, das Haus. Jedenfalls waren das nur dünne Schalen. Und zerbräche ich sie nicht, würde sie zweifellos irgendwer sonst zerdrücken. Keineswegs besorgt darum,

wann sie zerbrächen, war ich im Gegenteil erleichtert, daß ich sie zerbrochen hatte.
Als ich hinaustrat, flüchteten Schritte vom Tor weg
über die Straße und drüben in die kleine Gasse hinein. Ich nahm meinen üblichen Weg in Richtung auf
die Straße mit der Trambahn; da kamen auch die
Schritte aus der Gasse hervor und folgten mir, anscheinend völlig absichtslos. Gewiß war das der Kerl,
der sich zuvor vor unserem Institut herumgetrieben
hatte. Plötzlich drehte ich mich um, ging den Weg
zurück, den ich eben gekommen war, direkt auf meinen Verfolger zu. Der floh bestürzt auf eine Seiten-
gasse zu und verschwand. Verglichen mit den Ver-
folgern, wie ich sie mir aus Romanen zum Beispiel
vorstellte, war der Kerl schrecklich ungeschickt. Ein
blutiger Laie, ohne jede Erfahrung, oder, wenn nicht
das, so doch einer, der sein Vorhandensein besonders
auffällig zu machen versuchte. Nun begann sofort ich
ihn zu verfolgen.
Ich war um einiges schneller. Zwar war ich lange
nicht mehr gerannt, aber wahrscheinlich zählte die
Übung aus der Schulzeit. Zudem hatte ich das Glück,
daß er an der nächsten Straßengabelung einen Augenblick zögerte, als wüßte er nicht, wohin, und ich
konnte den Abstand weiter verkürzen. Nach etwa
hundert Metern über Steinschotter hin holte ich meinen Verfolger ein, schob meine rechte Hand unter
seinen linken Arm und riß ihn zurück. Der Mann versuchte sich loszureißen, verhaspelte sich dabei mit
den Füßen und ging mit einem Knie zu Boden. Auch
ich wäre beinahe gestürzt, konnte mich jedoch, ohne
ihn aus der Hand zu lassen, eben noch fangen. Jeder
von uns versuchte, keuchend und ohne ein Wort, sich
einen Stellungsvorteil zu erkämpfen. Das Rennen
allein war für mich ein Spaziergang gewesen; was
aber die körperliche Gewandtheit betraf, so konnte
ich da freilich nicht mithalten. Der Mann krümmte
sich, erschlaffte plötzlich, und dann rannte er mir,
der ich taumelte, seinen schmierigen Kopf in den
Bauch. Mir blieb der Atem weg, ich fiel, als würde ich
von Bleitafeln fortgerissen.
Als ich wieder zu mir kam, hörte ich die in die Ferne
davonhastenden Schritte des Mannes. Offenbar war
es nur für einen kurzen Augenblick gewesen, daß ich
das Bewußtsein verloren hatte. Indessen, die Energie,

ihm nachzulaufen, besaß ich einfach nicht mehr, und der Übelkeit erregende Geruch von Pomade haftete zudem an meinem ganzen Körper. Ich erhob mich, die Gegend um meine unteren Rippen schmerzte, als wäre etwas gebrochen. Ich hockte mich hin und übergab mich. Das von Säure durchsetzte Bier quoll heraus.

Ich putzte mir den Dreck ab, ich ging bis an die große Straße und winkte mir einen Wagen. Vor Tanomogis Apartment in Takada-no-baba ließ ich den Wagen warten, fragte den Hausmeister, aber Tanomogi war nicht da. Nicht daß er ausgegangen wäre, er sei noch nicht einmal nach Hause gekommen. Also ließ ich mich direkt bis zum Institut fahren.

Als mich der Pförtner sah, geriet er, am Oberkörper völlig nackt und das um den Hals geschlungene Handtuch hin und herzerrend, in größte Bestürzung.

»Was ist? Das Licht brennt ja doch!«

»Ah, ja... einen Augenblick, ich werde mal anrufen ... Da ist bestimmt vorhin, als ich hinten im Bad war ... Bitte, gedulden Sie sich ...«

Ohne mich darauf einzulassen, betrat ich das Gebäude. Bei jedem meiner Schritte aufzitternd wie angerußtes Silberpapier, blieb mir die zähe Dunkelheit auf den Fersen, fiel wieder zurück in die Stille, und schließlich verriet ein durch die Tür sickernder Lichtschimmer, daß da jemand war. Schlüssel besaßen nur ich und Tanomogi, und einer zur Reserve befand sich beim Pförtner. Sollte Tanomogi dageblieben sein? (In diesem Falle hätte mich der Pförtner aus irgendwelchen Gründen belogen.) Oder aber sollte er, weil er etwas vergessen, zurückgekommen sein, um es zu holen? ... Jedenfalls war ich abermals auf einen Zufall gestoßen. Irgendwie hatte ich so gut wie sicher erwartet, ich müßte, wenn ich hierherkäme, Tanomogi ertappen. Genau erklären konnte ich das nicht. Aber ich meinte es zu ahnen. Und zweifellos würde, wenn er mich begrüßte, auch Tanomogi etwa sagen, er sei hergekommen in der Hoffnung, er könnte mich antreffen... Ob das dann die Wahrheit wäre oder eine Fiktion, wüßte ich zwar nicht, immerhin würde er wohl, während er so zu mir spräche, ein scheinbar erfreutes Lächeln aufsetzen. Mir jedoch, mir würde, glaube ich, jeglicher Mut fehlen, mit einem Lächeln zu antworten. Ich wollte nicht unbedingt so denken, aber ich bildete mir ein, so willfährig wie bisher durfte ich Tanomogi wirklich nicht mehr anhören. Anzunehmen, er würde mit dem Gegner gemeinsame Sache machen, wäre gewiß übertrieben – war es doch tatsächlich nur der reine Zufall gewesen, der darüber entschieden hatte, daß wir den später ermordeten Hauptbuchhalter zum Objekt für unseren Voraussagetest nahmen –, gleichviel, daß er diese ununterbrochene Folge von Zufällen wie aus einem schlechten Roman von Anfang an für so ungemein real gehalten hatte, war doch eigentlich nicht recht zu begreifen. Zumindest schien er irgendwie einiges mehr als ich zu wissen, einen Schritt weiter vorauszusehen. (Er war es ja schließlich auch gewesen, der eine so abenteuerliche Geschichte wie die von den zu Wassertieren umgezüchteten Säugern aufgebracht hatte, um damit einen Background für die Theorie von der Föten-Vermittlerin anzudeuten, für eine Theorie also, die zunächst einmal nur die Phantasterei eines gutmütigen Buchhalters zu sein schien.) Er hatte dabei den Eindruck erweckt, als ob er noch irgend etwas darüber hinaus hätte sagen wollen; doch war mir das allzu albern vorgekommen, und nicht ohne eine gewisse Halsstarrigkeit hatte ich nicht weiter gefragt, sondern war nach Hause gegangen ... Indessen, dies war nicht der Augenblick für Halsstarrigkeiten, und was immer es sein mochte, ich war begierig auf alles, wenn es nur den Schlüssel lieferte.

20.
Es war nicht abgeschlossen. Die eine Hand auf den schmerzenden Rippen, drehte ich an dem Knopf, und mit einem Ruck riß ich die Tür weit auf. Kalte Luft schlug mir auf die Wangen. Noch mehr als darüber war ich über die Person erstaunt, die, ihre Hände auf den Stuhl vor der Maschine gestützt, mit einem festen Lächeln zu mir herübersah. Katsuko Wada. Im nächsten Augenblick jedoch veränderte sich ihr Ausdruck in ein Erstaunen. Nicht mich, sondern irgendwen anderes schien sie erwartet zu haben.
»Ja, – Sie ...?«
»Oh, haben Sie mich erschreckt!«
»Die Überraschung ist ganz auf meiner Seite ... Was tun Sie eigentlich hier ... um diese Zeit ...?«

Sie atmete tief mit den Schultern durch, drehte sich auf ihren Hacken um und setzte sich mit einer gewandten Bewegung auf den Stuhl. Obgleich sie dies alles scheinbar unbefangen tat, so als wäre sie sich dessen selber nicht bewußt, hielt ich sie für ein in Wahrheit zu jedem Ausdruck fähiges Mädchen.

»Entschuldigen Sie bitte ... ich hatte mich mit Herrn Tanomogi verabredet.«

»Dafür brauchen Sie sich doch nicht zu entschuldigen ... Wollten Sie sich denn hier treffen?«

»Es hat da ein seltsames Mißverständnis gegeben.« Und während sie den abgewandten Kopf leicht schüttelte: »Tatsächlich, Herr Professor, hatten wir es Ihnen schon längst sagen wollen ...«

Also stimmte es. War es die schreckliche Wahrheit. Unwillkürlich brodelte ein bitteres Lachen in mir auf.

»Na, schön, – nun lassen Sie mal gut sein ... Dann sollte er demnach hierherkommen, wie?«

»Nein, es war ausgemacht, daß Tanomogi hier warten würde. Aber als ich kam und ihn suchte, war bereits niemand mehr da. Ich fuhr erst einmal nach Hause, und danach ging ich zu ihm in die Wohnung, doch dort war er auch nicht ...«

Plötzlich überlief mich wie ein Schaudern die Furcht: »Dabei muß doch der Pförtner eben hier angerufen haben, oder?«

»Das freilich ...« Vermutlich vermochte sie die Bedeutung meines veränderten Tonfalls nicht zu begreifen, denn sie setzte ein verlegenes Lächeln auf. »Er sagte aber nur, er habe den Professor gesehen, und da glaubte ich bestimmt, es wäre Tanomogi ...«

Natürlich, vom Pförtner aus gesehen, war zweifellos auch Tanomogi ein Professor. »... übrigens, die Klimaanlage hier im Raum läuft ja auf Hochtouren. Das ist ja fast, als hätte die Maschine bis zum Augenblick gearbeitet, oder?«

Fräulein Wada sah mich verwirrt an und senkte den Kopf. »Eben deshalb beschloß ich zu warten, dachte, er wird wohl gleich wiederkommen wollen.«

Völlig vernünftig. Daran war nichts Verdächtiges. Ich war wohl allzu überempfindlich geworden. Auch die Bestürztheit des Pförtners, wenn man sich vorstellte, sie hätte ihre Ursache darin gehabt, daß er das Rendezvous der beiden insgeheim begünstigte,

fand durchaus ihre Erklärung. Nun ja, die Liebe...
eine geradezu beruhigend alltägliche Geschichte,
nicht wahr? So etwas herrlich Sicheres ... nichts, das
so verläßlich wäre wie das Gefühl dieser realen Kon-
tinuität unserer Tage...

»Und ich habe es nicht einmal bemerkt, daß es so
weit gekommen ist zwischen Ihnen beiden ...«

»Nun ja, weil ich das hier nicht aufgeben wollte, deswegen...«

»Aber es wäre doch großartig, – wenn Sie beide arbeiteten...«

»Trotzdem, so etwas ergibt allerlei Komplikationen.«

»Ich verstehe...«

Was ich verstand, wußte ich nicht; jedenfalls aber
war ich erleichtert, fühlte mich fast zu einem Lachen
aufgelegt.

»Möglicherweise machen Sie nächstens mich zum
Untersuchungsobjekt und sagen mir die Zukunft
voraus.«

»Ja, das wäre schon interessant.«

Gewiß, wenn ich sie dahin brächte, käme ich ohne all
diese Schwierigkeiten voran...

»Ganz im Ernst...« Sie legte ihre langen Fingernägel auf die Kante der Maschine und ließ sie langsam
darüber hingleiten. »Daß der Mensch und warum er
überhaupt leben soll, – darin sehe ich keinen Sinn.«

»Ach, – wenn Sie erst zusammen sind ... Sie werden
sehen: da ist weiter nichts Besonderes...«

»Zusammen sein ... Sie meinen: heiraten...?«

»Was auch immer... Man lebt ja nicht, weil es für
alles Erklärungen gibt... sondern weil man lebt, beginnt man über solche Dinge nachzudenken, nicht
wahr?«

»Das behauptet jeder. Aber sich vorzustellen, daß
man dann, wenn man seine Zukunft schon genau
kennt, noch leben möchte – ... Ich weiß nicht.«

»Sie meinen: wenn man die Voraussage allein erfahren wollte, um experimentell die Probe darauf zu
machen? Allerdings, das wäre ungeheuerlich.«

»Ja, aber Sie, Herr Professor...?«

»Ich...?«

»Nun, in Unkenntnis der Zukunft läßt es sich gut
standhaft sein, nicht wahr? Falls es so wichtig ist zu
leben, – wieso, frage ich mich, kann man dann ein
Kind abtreiben, das doch geboren werden soll?«

Ich schluckte meinen Atem hinunter, ich kroch in mich hinein. Hinten in meinem Ohr klang es, als ob etwas zerrisse. Aber Fräulein Wada hatte dies in einem völlig arglosen Tonfall hervorgebracht. Natürlich mochte das ein rein zufälliges Zusammentreffen sein.

»Was noch kein Bewußtsein hat, muß man doch nicht unbedingt genauso behandeln wie einen Menschen.«

»Rein juristisch gesprochen, nicht wahr?« Und mit unbeteiligter, klarer Stimme fuhr sie fort: »Immerhin ziemlich bequem, – gleichgültig hinzunehmen, daß ein Kind im neunten Monat und noch im Mutterleib ermordet wird, aber die Tötung einer Frühgeburt zu verbieten. Sich mit einer solchen Auslegung zu begnügen, ist, wie mir scheint, das Resultat mangelnder Vorstellungskraft.«

»Wenn Sie diesen Gedanken weitertreiben, kommen Sie nie an ein Ende ... Nach solcher Logik würden eine Frau, die die Gelegenheit hat, sich schwängern zu lassen, und nimmt sie nicht wahr, und ein Mann, der die Gelegenheit zu schwängern hat und tut es nicht, gleichfalls indirekt einen Mord begehen ...«
Und während ich mit gewaltsam hervorgepreßter Stimme lachte: »Auch wir, indem wir eben jetzt so sinnloses Zeug reden, verübten demnach wahrscheinlich einen Mord.«

»Sehr wahrscheinlich.« Fräulein Wada setzte sich auf dem Stuhl zurecht und sah mich voll an.

»Hätten wahrscheinlich die Pflicht, dieses Kind zu retten.«

»Ja, sehr wahrscheinlich«, sagte sie ohne auch nur den Versuch eines Lächelns.

Ich war verwirrt, und während ich mir eine Zigarette zwischen die Lippen schob, ging ich zum Fenster hinüber. Ich hatte ein seltsames, fiebriges Gefühl, als wäre das Öl in meinen Gelenken aufgezehrt.

»Sie sind wirklich eine gefährliche Frau ...«
Mir war, als hörte ich Fräulein Wada aufstehen. Unbeweglich wartete ich auf irgend etwas. Als ich das Schweigen nicht mehr zu ertragen vermochte und mich umwandte, stand sie aufrecht da mit einem so harten Gesichtsausdruck, wie ich ihn an ihr noch nie gesehen hatte. Ich wollte etwas sagen, einerlei was es wäre, und suchte nach Worten; doch sie kam mir zuvor:

»Bitte, antworten Sie mir klar und deutlich. Ich will Ihnen den Prozeß machen, Herr Professor.«

Ich lachte. Brach in ein sinnloses Gelächter aus. Woraufhin auch sie ein wenig lächelte.

»Ein seltsames Mädchen sind Sie, das ist schon wahr.«

»Wir befinden uns beim Verhör.« Ihr Gesicht wurde wieder ernst. »Also, wie, Herr Professor, Sie halten es demnach nicht für ein Verbrechen, einen Embryo zu töten?«

»Wenn man darüber nachdenkt, kommt man zu keinem Ende.«

»Nun, dann werden Sie auch unter keinen Umständen etwa gar den Mut aufbringen, Ihre Zukunft der Voraussage-Maschine anzuvertrauen.«

»Was bedeuten würde – ...?«

»Ah, das genügt wohl.«

Die Schnellbremsen griffen, von der Schwungkraft flog mir das Herz aus dem Leib. Die Augen weit aufgerissen, als wollten sie herausspringen, blickte Fräulein Wada zur Decke hinauf und nickte überzeugt. Wäre ihr Ausdruck dabei nicht so naiv gewesen, ich hätte zweifellos laut aufgeschrien.

Sie jedoch, wie wenn nichts vorgefallen wäre, sah auf ihre Uhr und seufzte. Davon angesteckt, warf auch ich einen Blick auf die meine: es war fünf Minuten nach neun Uhr.

»Wo er nur bleibt, nicht wahr? ... Na, da werde ich eben doch gehen.«

Mit einem Augenaufschlag und lächelnd wandte sie sich plötzlich mit einer Bewegung um, als fischte sie irgend etwas aus der Luft, und so den Schwung ausnutzend, hatte sie gleich darauf den Raum verlassen. Ich, völlig überrascht und hilflos, sah ihr nur starr vom Fenster aus nach: wie sie noch mit dem Pförtner sprach und dann durch das Tor davonging.

Unter Anspannung all meiner Kräfte grätschte ich die Beine: Ausdruck einer Stimmung, daß mir künftig so nicht mehr mitgespielt werden sollte. Ich konnte mir nicht vorstellen, daß Fräulein Wada ein solch seltsames Benehmen an den Tag gelegt, weil sie etwas gegen mich gehabt hätte. Es wäre vermutlich überhaupt nichts vorgefallen, wenn ich die Situation realistischer genommen hätte. Ja, ich meinte, es sei das wohl eher mein Problem gewesen: indem ich in dem Glauben, dies wäre seltsam, einer sonderbaren Verwirrung erlegen. Ich mußte mich beruhigen, mußte die Dinge sehen, wie sie wirklich waren. Mußte mir mit aller Entschiedenheit darüber klar werden, was wichtig war und was nicht, und versuchen, eine Ordnung in das zu bringen, was nun zunächst einmal zu tun wäre...

Ich breitete Papier auf dem Arbeitstisch aus und zog darauf einen großen Kreis. Ich wollte einen weiteren, kleineren Kreis hinzusetzen, aber mitten darin brach die Bleistiftmine ab, und ich vermochte diesen Kreis nicht richtig zu schließen.

21.

Mehrmals schon hatte ich gehen wollen, änderte aber dann doch immer wieder meinen Entschluß und wartete beharrlich. Sobald er erführe, daß ich hier wäre, würde Tanomogi zweifellos herkommen. Es mußte demnach bald soweit sein. Oder hatten sie verabredet, daß er mich hinhalten sollte? Nein, mit unsinnigen Spekulationen wollte ich meine Nerven nicht mehr strapazieren...

Zwanzig Minuten... fünfundvierzig Minuten... fünfzig Minuten. Zehn Minuten nach zehn Uhr endlich rief er an.

»Sind Sie es, Herr Professor?... Gerade habe ich Fräulein Wada getroffen...« Seine Stimme klang keineswegs verlegen, eher sogar klar und lebhaft. »... ja, ich möchte Sie unbedingt aufsuchen, Herr Professor. Wie wäre es, wenn ich in Ihre Wohnung – ... Ach so, nun, dann komme ich dorthin... bin in fünf Minuten da...«

Ich blickte aus dem Fenster und wartete, während ich mich innerlich vorbereitete. Wiederholte mir wie oft den Anfang dessen, was ich Tanomogi, sobald er mir gegenüberträte, als erstes zu sagen gedachte, und starrte dabei hinaus in die weite nächtliche Szenerie. Es schien, als wäre zwischen den Himmel und die Dächer eine helle, dünne Membran gespannt. Irgendwo darunter mußte die Station der S-Bahn liegen. Dort brandeten unzählige Erfahrungen und Existenzen gegeneinander an. Es war wie mit dem Meer, das auch glatt erscheint, wenn man von den Bergen oben darauf hinabsieht. Immer herrscht in einer Fernsicht Ordnung. Mögen sich noch so seltsame

Dinge zutragen, nie werden sie die Ordnung und den Rahmen sprengen können, die eine Fernsicht bietet.

Ein Taxi hielt, Tanomogi stieg aus. Er sah zum Fenster herauf und winkte mit der Hand. Genau fünf Minuten waren vergangen.

»Wir hatten uns völlig verfehlt ...«

»Kommen Sie, setzen Sie sich.« Ich hieß ihn sich auf den Stuhl setzen, auf dem Fräulein Wada gesessen hatte, blieb selbst aber so stehen, daß ich das Licht im Rücken hatte. »Sie haben ganz schön auf sich warten lassen! Hatten Sie denn Fräulein Wada woanders vermutet?«

»Nein, um ehrlich zu sein: ich war ständig unterwegs. Und dann, – dort wo ich hingefahren war, wurde ich aufgehalten ...«

»Na gut ...« Ich gab mir Mühe, eine zunehmend hochmütigere Stimmung nicht in meinen Tonfall einfließen zu lassen. »Das dürfte sich ja zeigen. Ich möchte nämlich, daß das Gespräch zwischen uns beiden von jetzt an in der Maschine gespeichert wird ...«

»Mit anderen Worten ...?«

Tanomogi neigte den Kopf zur Seite, als verstünde er nicht richtig, aber besonders bestürzt zeigte er sich nicht.

»Daß wir versuchen, die Ereignisse seit heute morgen noch einmal genau zu überprüfen.«

»Ein guter Gedanke ...« Er nickte kurz und setzte sich auf dem Stuhl zurecht. »Eben war auch ich selber im Begriff, mir eine gewisse Ordnung dafür zu überlegen. Freilich war ich in einiger Sorge, wenn ich daran dachte, daß Sie vielleicht dafür nicht allzu viel übrig hätten. Schließlich, Sie waren ja wohl beim Weggehen ziemlich wütend, wie mir schien.«

»Allerdings ... Und wo waren wir da im Gespräch stehengeblieben?«

»Sie sagten, Sie hätten genug davon, den Detektiv zu spielen ...«

»Richtig ... Dann müßten wir also sofort alles Folgende aufnehmen, nicht wahr? Schalten Sie doch bitte auf Input.«

Tanomogi beugte sich mit dem Oberkörper zur Input-Steuerung hinüber, und gleich darauf rief er erschrocken:

»Das war ja die ganze Zeit an! Die Kontrollampe ist

durchgebrannt. Deshalb hat es keiner bemerkt. Schöne Geschichte...«

»Und was war angeschlossen?«

»Das hochempfindliche Mikrophon.«

»Dann wurde also alles bisher aufgenommen?«

»Es scheint so...« Und während er mit dem bereitliegenden Schraubenzieher geschickt das Innere der Maschine bloßlegte und emsig die Knoten und die Verbindungsteile in dem wirr verschlungenen, kupfernen Nervengeflecht absuchte, meinte er: »Natürlich... Fräulein Wada, wissen Sie, behauptete, ich hätte bis kurz vorher noch hier gewesen sein müssen ... Und nicht abzubringen war sie davon. Sagte, um das zu beweisen, die Klimaanlage wäre noch gelaufen... Ich hielt das für komisch, aber demnach war es völlig natürlich, daß sie das geglaubt hatte.«

Ich war verzweifelt. Die Enttäuschung darüber, daß ich mich so leicht hatte hereinlegen lassen, mochte größer sein als der Verdacht, daß möglicherweise auch dies zu einem Plan gehörte. Bei seiner Antwort, er sei ständig unterwegs gewesen, hatte ich gehofft, ich könnte ihn auf einen Widerspruch – eben zu diesem Zustand der Klimaanlage – festnageln, und innerlich einen Freudensprung getan. Wird einem aber eine solche Vorhut geschlagen, ist guter Rat teuer. Nur, fand ich, mich über verfehltes Glück zu beklagen, hätte mir auch nichts geholfen.

»Wollen wir zunächst also einmal von den äußeren Konturen des Falles ausgehen...«

»Ja, bitte...«

»Als erstes wählten wir als ein dem Programm-Komitee zu präsentierendes Untersuchungsobjekt einen Mann aus. Dies war, wie wir hofften, völlig absichtslos, aber auch zufällig geschehen... Jedoch, dieser Mann wurde plötzlich von irgend jemandem ermordet... Hieraus resultierte die Möglichkeit, daß auf uns, die wir uns zufällig in der Nähe befunden hatten, naturgemäß ein Verdacht fiel...«

»Unmittelbar vor allem auf mich...«

»Zunächst gab sich die Geliebte des Mannes als Täterin aus. Aber offensichtlich schien das die Polizei keineswegs zu befriedigen. Indessen, ob tatsächlich die Polizei sich damit nicht begnügte oder ob jemand – etwa ein Komplize des Täters – eine solche Andeutung in der Absicht machte, uns zu beunruhigen, dies ist, nach meinem Dafürhalten, ein Punkt, der einigermaßen unklar bleibt, nicht wahr ...«

»Da stimme ich zu.«

»Sei dem, wie immer ihm wolle, – wir gerieten in die Enge. Ließen wir der Sache ihren Lauf, würde sich irgendwann die Hand nach uns ausstrecken. Um unter allen Umständen den wahren Täter in die Schranken zu fordern, unternahmen wir den Versuch, den Leichnam des Mannes zu analysieren. Sollten wir damit Erfolg haben, müßte sich, wenngleich es sich dabei um unser allererstes Experiment handelte, ein glänzendes Resultat erzielen lassen, meinten wir. Doch die Analyse ergab lediglich, daß der Täter ein anderer war als die junge Frau, über die uns der Leichnam zudem das seltsame Ammenmärchen von der Föten-Vermittlerin vortrug. Als Nachtrag hierzu sozusagen erhielt ich darüber hinaus einen Drohanruf ...«

»Besonders ist hinzuweisen auf die Schnelligkeit, mit der der Anrufer über seine Informationen verfügte.«

»Ja, und obendrein, daß ich mich irgendwie an diese Stimme glaubte erinnern zu können ...«

»Und es ist Ihnen noch immer nicht eingefallen?«

»Es ist hoffnungslos ... und der Name liegt mir auf der Zunge ... Jedenfalls muß es sich um eine Person aus unserer Umgebung handeln, die Verbindung mit uns hat.«

»Mehr noch, meiner Meinung nach, wissen Sie, war es jemand, der sich vermutlich bis zu einem gewissen Grade mit dieser Voraussage-Maschine auskennt. Und deshalb ja gerade mußte man, die Gefahr wohl spürend, als die in Verdacht stehende Frau als nächste analysiert werden sollte, sie ermorden, bevor sie uns in die Hände geriet ... Aber selbst das einmal angenommen, – was ich nicht begreife: wie sich der Tod des von uns völlig willkürlich ausgewählten Mannes sich zu einem Fall entwickeln konnte, der auf solche Weise verknüpft sein sollte mit unseren Interna.«

»Natürlich ließe sich durchaus behaupten, es wäre dies ein reiner Zufall. So gesehen, hätte die uns gestellte Falle letztlich nur eine Selbstverteidigung des Täters zum Ziel gehabt. Nehmen wir jedoch an, es läge hier irgendwo ein von uns bisher nicht bemerktes, nicht vorhergesehenes Glied der Kette verborgen, so wäre vermutlich die Bedeutung, die die Falle hat, weitaus ernster.«

»Wie meinen Sie das?«

» ... wäre vermutlich darauf abgezielt, die Voraussage-Maschine selbst zu Fall zu bringen.«

»Das verstehe ich zwar nicht ganz ...«

»Schon gut, fahren wir fort... Jedenfalls verloren wir so sämtliche Anhaltspunkte.«

»Oberflächlich betrachtet, war es tatsächlich an dem.«

»Aber jene anderen waren auch dann noch keineswegs bereit nachzugeben ... Der Drohanruf wurde wiederholt, ein Mann zur Überwachung aufgestellt. Um diese Zeit scheint Ihnen die eigenartige Geschichte von den auf Wassertiere umgezüchteten Säugern eingefallen zu sein; doch war ich da schon naho daran, die Flinte ins Korn zu werfen.«

»Übrigens, zu dieser Geschichte – ...«

»Lassen Sie mich erst einmal fortfahren ... Indessen, nach Hause zurückgekehrt, fand ich dort eine merkwürdige Situation vor. Während meiner Abwesenheit hatte man meine Frau irgendwohin in eine gynäkologische Klinik gebracht und ohne irgend jemandes Zustimmung an ihr zwangsweise eine Ausschabung vorgenommen.«

»Wirklich?!«

»Meine Frau war weniger als drei Wochen schwanger gewesen. Außerdem, als sie ging, zahlte man ihr siebentausend Yen aus ... Nein, warten Sie bitte ... Natürlich ist es nun nicht etwa so, daß ich auf Grund dessen meine, die Theorie vom Föten-Handel ohne weiteres akzeptieren zu sollen. Es wäre ja durchaus möglich, irgendwer, auf die telefonische Drohung allein nicht vertrauend, hätte sich dies als eine noch wirkungsvollere Methode der Einschüchterung ausgedacht. Der schlaue Schurke, sagt man, streut viele kleine Lügen aus, um eine große Lüge zu verbergen. Mit anderen Worten, auch diese siebentausend Yen sollen dazu helfen, meine Aufmerksamkeit von den so außerordentlich fragwürdigen Dingen, die bei der Analyse jenes Toten zutage getreten, abzulenken ... Lassen Sie mich bitte ausreden ... In der Absicht einfach, mich psychisch mürbe zu machen ... Ah, ob nun Absicht oder nicht. Das Entscheidende in diesem Falle ist die Tatsache, daß derjenige, der diese Scheußlichkeiten plant, die Analyse des Toten inhaltlich kennt. Muß er doch, nicht wahr? ... Hätten wir nicht aus dem Geständnis des Leichnams zuerst die Geschichte von der Föten-Vermittlung gehört, wären die ja nie auf solche Tricks wie mit den siebentausend Yen oder den dreiwöchigen Embryos verfallen. Sie müssen das gewußt haben. Ist es nicht so? ... Den Inhalt der Analyse des Toten allerdings, den haben in der ganzen Welt nur zwei Leute gekannt ... Nur Sie und ich, sonst niemand ... Das wenigstens werden Sie doch nicht leugnen können, oder?«

»Ja, gebe ich zu ...« Tanomogi war ein wenig blaß geworden, hatte die Augen gesenkt und saß so für eine Weile da, ohne sich im mindesten zu bewegen.

»Selbstverständlich, es bleibt Ihnen ja auch gar nichts anderes übrig, als das zuzugeben. Immerhin ist es damit als wahr bestätigt.«

»Was bestätigt ...?«

Langsam drehte ich mich voll zu Tanomogi um, und während ich meinen ausgestreckten Finger auf seine Stirn preßte, hinter jedem einzelnen Wort wie zaudernd innehaltend, schrie ich ihn an:

»Daß ... Sie ... ja, Sie es sind ... der Mörder!«

Doch entgegen meiner Erwartung brach er weder in sich zusammen, noch war er irgendwie erregt. Verbarg zwar seine Anspannung nicht, sah mir jedoch erstaunlich gefaßt gerade in die Augen und sagte:

»Aber gibt es denn ein Motiv?«

»Nehmen wir an, daß Sie der Täter waren, so erklärt sich zumindest das Motiv sehr einfach. Zum Beispiel, der Mann, der später ermordet wurde, war für mich ein reiner Zufallsfund, für Sie hingegen wäre er die von Anfang an dafür vorgesehene Person gewesen. Eine andere Absicht hatten wir an jenem Tag nicht, zudem waren wir da bereits ziemlich erschöpft. Mich in jenes Café zu steuern und meine Aufmerksamkeit auf den Mann zu lenken, den Sie zuvor durch diese Kondō dorthin hatten locken lassen, dürfte so schwierig nicht gewesen sein. Es gelang Ihnen ja auch großartig. Geschickt stellten Sie mir die Falle, sorgten dafür, daß ich die Polizei fürchtete, und indem Sie sich freiwillig bereit zeigten, bei der Suche nach dem Täter mitzuarbeiten, bemühten Sie sich, nicht selbst in Verdacht zu geraten. Auch die verschiedenen Requisiten und dergleichen hatten Sie gut zusammengestellt. Trotzdem, und Sie werden das, vermute ich, als sehr ärgerlich empfunden haben, – es zeigte sich der Pferdefuß, und zwar von einer Seite, von der Sie es nicht erwartet hätten ... Sie haben sich allzu sicher in dem Glauben gewiegt, Sie könnten nun einmal ein Motiv nicht haben ...«

»Und angenommen, es wäre abgegangen, ohne daß jener Pferdefuß sich zeigte, – was, meinen Sie, wäre dann geschehen?«

»Das liegt doch auf der Hand, nicht wahr? Natürlich warteten Sie auf den Zeitpunkt, an dem ich, in die Enge getrieben, die Falschvoraussage bekanntgeben würde, wonach der Täter eben doch die inzwischen durch Selbstmord umgekommene Junge Frau gewesen sei.«

»Eine interessante Schlußfolgerung ... Und was gedenken Sie nun auf Grund dieser Schlußfolgerung zu unternehmen?«

»Wohl doch nichts anderes, als damit bei der untersuchenden Behörde vorstellig zu werden.«

»Und eine Erklärung des Motivs, meinen Sie, wäre nicht nötig?»

»Des Motivs ...?«

»Mir scheint, das Motiv haben Sie noch immer nicht erklärt.«

»Es steht Ihnen frei, sich darüber zum Beispiel mit einem Rechtsanwalt zu beraten. Sobald das rechtliche Verfahren eingeleitet ist, würde ich Sie gern auf dieser Maschine hier haben ... Aber davon einmal abgesehen, – eine schöne Suppe, die Sie uns da eingebrockt haben! ...« Plötzlich verließ mich die Kraft, packte mich, als wäre ich bis an die Nase untergetaucht in kalten Dampf, ein Gefühl wie vor dem Kollaps. »Ja, daß Sie so etwas tun konnten ... ausgerechnet Sie ... und was für Hoffnungen hatte ich in Sie gesetzt ... Es ist einfach nicht zu begreifen ... es ist entsetzlich ...«

»Was hat Ihnen eigentlich Fräulein Wada zu sagen gehabt?«

»Fräulein Wada? ... Ah, nichts Besonderes ... nicht der Rede wert ... Mit Ihnen ... wegen Ihnen machte sie sich ziemliche Sorgen ... Sehen Sie, nun haben Sie das Mädchen auch noch unglücklich gemacht ... Ja, nichts mehr zu ändern ...«

Tanomogi seufzte ebenfalls und schüttelte heftig den

Kopf. »Außerordentlich interessante Schlußfolgerungen, sehr rational, typisch für Sie, Herr Professor.
Ausgenommen einen einzigen Punkt, einen wiederum für Sie recht typischen Fehler ...«

»Einen Fehler?«

»Vielleicht ist es nicht richtig, von einem Fehler zu
sprechen; ich sollte es besser einen blinden Punkt
nennen ...«

»Ausflüchte sind zwecklos. Die Maschine nimmt das
alles genau auf.«

»Ja, gewiß. Und wie wäre es deshalb, wenn wir darüber die Maschine entscheiden ließen ...?«

Tanomogi setzte sich vor der Maschine zurecht, und
während er die Knöpfe bediente, rief er ins Mikrophon: »Bereitschaltung auf Urteil!«

Eine grüne Lampe ... Zeichen dafür, daß die Vorbereitungen beendet waren.

»Enthält die obige Schlußfolgerung einen Fehler oder
nicht?«

Eine rote Lampe ... Zeichen für das Vorhandensein
eines Fehlers.

Tanomogi koppelte die Output-Anlage an den Lautsprecher und wiederholte die Frage.

»Bitte, den Fehler aufzeigen!«

Unmittelbar darauf bereits antwortete die Maschine
über den Lautsprecher.

»Ein Sprung in der Struktur der Anfangshypothese.
Sollte es Besitzer geben, der Kenntnis von dem Em-
bryo-Handel, so dürfte diesem voraussehbar gewesen sein, daß das Problem eingeschlossen sein mußte
in das Resultat der Toten-Analyse ...«

»Das ist sie! Hören Sie, das ist die Stimme aus dem
Telefon!« rief ich laut, während ich unwillkürlich Tanomogi am Arm packte.

»Ja aber ... das ist Ihre Stimme, Herr Professor.«

Wirklich? Allerdings war das so ... Denn tatsächlich
hatten wir, als wir die Maschine mit einer Sprech-
stimme versorgten, hatten wir, so wie sie war, meine
Stimme benutzt. Und unverkennbar hatte es sich bei
jener im Telefon um diese Stimme gehandelt. Daß
man sich der eigenen Stimme erinnert als einer, die
man schon einmal gehört, ist nur natürlich. Irgend
jemand mußte sie also verwendet und auf ein Tonband geschnitten haben. Triumphierend und während ich Tanomogis Arm, den ich festhielt, hin und

her schüttelte, brüllte ich auf. Endlich hatte ich ihm die Maske heruntergerissen! Oh, dieser falsche Kerl! Dieser hinterhältige Mensch! Aber noch keinem ist es gelungen, mich mit faulen Tricks hereinzulegen! Und das Verbrechen straft sich allein schon durch die begangene Tat!

Tanomogi, ohne den Versuch, sich aufzulehnen, den Blick abgewandt, rührte sich nicht. Keuchend wartete er darauf, daß ich schweige, und dann sagte er stockend mit leiser, wie entschuldigender Stimme: »Es gibt ja doch keinen Beweis dafür. Eine Stimme hat nicht soviel Individualität wie ein Gesicht...«

Mir stockte der Atem, kamen die Tränen. Als ich, um sie wegzuwischen, die Hand losließ, wich Tanomogi mir aus, indem er zwei, drei Schritte herum auf die andere Seite des Stuhles ging, und sagte: »Insofern haben Sie, Herr Professor, alle Ihre Überlegungen – wie auch die Maschine eben erklärte – auf dem einen blinden Punkt aufgebaut. Auf der fixen Idee, daß der Handel mit den Föten nichts weiter sei als eine Phantasterei jenes toten Mannes. Auch Ihre ganzen schönen Folgerungen werden Ihnen, sobald Sie hinter diesen blinden Punkt ein Fragezeichen setzen, spurlos zu nichts zerfallen... Natürlich weiß auch ich in der Tat nichts davon, was sich dabei abspielt. Aber was bleibt uns denn anderes übrig, als wennschon auf einigen Umwegen uns mit diesem Hinweis als Anhaltspunkt voranzuarbeiten, nachdem wir ja unsere Fäden nicht unmittelbar beim Zentrum des Falles, etwa unter den Augen der Polizei, suchen können?... Freilich ist das nur rein hypothetisch: falls jedoch, nehmen wir einmal an, der Föten-Handel in Wahrheit stattfindet, dürften sich gewiß ebenso interessante und vielfältige Resultate entwickeln lassen wie dann, wenn Sie postulierten, daß ich der Täter wäre... Zum Beispiel sind offensichtlich – und so hieß es letzthin auch in einer Mitteilung des Wohlfahrtsministeriums – die Schwangerschaftsunterbrechungen zahlenmäßig ungefähr ebenso häufig wie die Lebendgeburten, das heißt etwas über zwei Millionen im Jahr. Mit anderen Worten, halten wir das Geschäft mit den Embryos für möglich, so könnte man sich sehr leicht vorstellen, daß dies von einer entsprechend groß aufgezogenen Organisation propagiert würde. Wäre dem so, dann dürfte auch mit beträchtlicher Wahrscheinlichkeit der Fall in den Bereich des zu Erwartenden rücken, daß nämlich das von uns ausgewählte Untersuchungsobjekt, und wäre es rein aus Zufall, sehr wohl in Verbindung gestanden haben könnte mit jener Organisation.«

»Ah, Unsinn! Das mag Leuten interessant vorkommen, die sonst nichts zu tun haben . . .«

Tanomogi biß sich auf die Lippe, zog das Kinn hoch, als nickte er sich selber zu, hierauf holte er aus seiner Tasche ein Foto im Paßformat und legte es ruhig auf den Stuhl.

»Schauen Sie sich das bitte an. Das Foto eines Wasserhundes . . . Tatsächlich war ich bis vorhin im Forschungsinstitut jenes Bruders von Dr. Yamamoto. Ich war hingefahren, um eine Besichtigungserlaubnis zu erbitten, und dabei bekam ich das als Informationsmaterial.«

In der Tat, es war das Foto eines Hundes, der im Wasser schwamm. Er hielt die Vorderläufe abgewinkelt, die Hinterläufe gestreckt, den Kopf nach unten gesenkt. Vom Hals her den Rücken entlang schwebten, eine Kette bildend, kleine Luftblasen.

»Eine Kreuzung vermutlich . . . An der Stelle hier, wo sich die Kiefer verdicken, müßten schwarze Schlitze zu sehen sein . . . Offenbar die Kiemen . . . Daß die Ohren so komisch wirken, liegt am Foto. Nach der Geburt muß man wohl einiges daran manipulieren, in der Form jedoch unterscheiden sie sich, wie mir schien, von normalen Hundeohren nicht. Die Augen hingegen, die sind allerdings umgestaltet. Mit der Lunge verändern sich auch sämtliche Drüsen, und da schließlich die Tränendrüsen überhaupt degenerierten, war eine Umformung der Augen nicht zu vermeiden.«

»Im Grunde eben doch ein durch Operationen zusammengeklittertes Monstrum . . .«

»Aber hören Sie! Als ein Tier, das tatsächlich so gestaltete Kiemen besitzt, käme ja nur etwa der Hai in Frage. Und können Sie sich vorstellen, daß man einen Hund aufpropft auf einen Hai? Hier handelt es sich um ein Exemplar, das auf Grund der neuesten Methode heranwuchs, nämlich der auf der Embryo-Aufzucht beruhenden sogenannten programmierten Evolution. Wenn ich Ihnen das einmal praktisch vorführen könnte – . . .«

»Ich verstehe. Sie wollen also sagen, bei dem Föten-Handel gehe es um die Aufzucht von Unterwasermenschen, wie?«

»Ein drei Wochen alter Embryo hat eine Körperlänge von kaum drei Zentimetern. Für so etwas siebentausend Yen zu zahlen und es dann vielleicht zu verfüttern, das wäre doch kein Geschäft, nicht wahr?«

Ich faßte das wie ein Alptraum wirkende Foto mit den Fingerspitzen, und während ich es genau betrachtete, befiel mich ein Gefühl, als wäre unsere Wirklichkeit nicht wirklich real. Schien es mir sogar wie eine Lüge, daß draußen jenseits dieses Raumes die Stadt wäre, daß Menschen diese Stadt bewohnten.

»...und Sie meinen, man würde mir eine Besichtigung gestatten?«

»Ja, nach vielem Hin und Her schließlich...« Und als wollte er sofort losgehen: »Einzige Bedingung nur: daß Sie alles absolut für sich behalten.«

»Aber das reimt sich doch nicht zusammen... Angenommen, der Föten-Handel wäre Tatsache, dann dürfte jener Hauptbuchhalter deswegen ermordet worden sein, weil er dieses Geheimnis auszuforschen versuchte. Und eine derart grausame Geheimgesellschaft sollte uns so einfach den Zutritt gestatten?«

»Vielleicht haben sie plötzlich ihre Gründe dafür.«

»Gründe?... Das mögen schöne Gründe sein!... Nun, wenn ich Ihnen ganz offen meine Ansicht sagen darf: könnten wir dort auch nur irgendwelche Hinweise zu fassen kriegen, hätten sie die Erlaubnis überhaupt erst nicht erteilt. Daß sie die Erlaubnis erteilen, bedeutet mit anderen Worten: wir können zwar hingehen, aber es wird umsonst sein. Nicht wahr?«

»Herr Professor...« Tanomogi schluckte seinen Speichel hinunter und sagte mit schwacher Stimme: »Ich fürchte, das ist die letzte Chance.«

»Meinen Sie, man wird das schließen?«

»Ich rede nicht von der Besichtigung. Es geht um Ihre letzte Chance, Herr Professor.«

»Ja, was denn?«

»Nun, wenn Sie mir erklären, Sie wollen es auf keinen Fall, dann gebe ich es eben auf...«

Wie war mir? Ich erinnerte mich, irgendwo schon einmal ein ganz ähnliches Gespräch geführt zu haben. Richtig, – gerade vorher die Bemerkungen, die Katsuko Wada gemacht...

»Der Hund da... kann er eigentlich Fische fangen?« Tanomogis Augen glänzten. »Oh, ja... alle möglichen... Man scheint ihn zu trainieren. Wenn wir hinfahren, wird man uns vermutlich auch solche Dinge zeigen.«

»Merkwürdig. Was macht Sie eigentlich, wo wir doch auf feindliches Territorium vorstoßen wollen, so aufgekratzt?«

»Mich?... Ja, sehen Sie, wenn alles gutgeht, komme ich damit vielleicht frei von dem schweren Verdacht, oder?«

»Darüber haben Sie wohl nicht nachzudenken versucht, daß wir, wenn wir uns dorthin begeben haben, nie wieder zurückkehren könnten?«

Tanomogi lachte.

»Allerdings... Na, werden wir also einen schönen Abschiedsbrief hinterlassen...«

22.

»Auf jeden Fall wollen wir es damit für heute abend genug sein lassen... Ich bin entsetzlich müde«, sagte ich – und ich war es tatsächlich – mit erschöpfter Stimme, und als ich die beiden Finger hob, die ich auf den Tisch gestützt hatte, waren die Fingerkuppen weiß und breit gedrückt und brauchten eine Weile, bis sie in ihre ursprüngliche Form zurückfanden.

»Ja, aber...« meinte Tanomogi in seinem üblichen Tonfall und mit um so größerer Ausdauer. »Verzeihen Sie meine Hartnäckigkeit. Wirklich sollten wir es, wenn überhaupt, am besten heute nacht erledigen.«

»Was erledigen?«

»Natürlich die Besichtigung jener Unterwassertiere.«

»Machen Sie keine Scherze! Es geht auf elf Uhr.«

»Ich weiß. Aber wir können uns jetzt doch nicht danach richten, oder? Bis zur Programmkonferenz sind es nur noch drei Tage; und wenn Sie das Material vorher Tomoyasu unterbreiten wollen, bleibt uns für die Arbeit bestenfalls der eine Tag morgen...«

»Schon richtig. Nur, ist das nicht eine Belästigung für die Leute dort, – zu so später Stunde? Auch wird unter Umständen gar niemand mehr da sein.«

»Wird allerdings dasein. Institutsdirektor Yamamoto hat seinen Nachtdienst eigens auf heute vorverlegt ...«

»Der Direktor ... und Nachtdienst?«

»Das ist wie im Krankenhaus. Schließlich haben sie es ja mit lebenden Wesen zu tun ... Außerdem, – das werden Sie verstehen, wenn Sie es selbst gesehen haben: gerade nachts scheint es noch mehr Arbeit zu geben.«

»Wissen Sie ...« Ich zündete mir eine Zigarette an, die ich eigentlich gar nicht hatte rauchen wollen, und setzte ein Knie auf den Drehstuhl. Wahrscheinlich versuchte ich durch eine solche Veränderung meiner Haltung, Tanomogi gegenüber, aber auch vor mir selbst, innere Ruhe zu demonstrieren. »Um es deutlich herauszusagen, fehlte es Ihnen, scheint mir, einfach an Offenheit.«

Tanomogi preßte seine Kiefer aufeinander, so daß sich die Oberlippe vorschob. Tatsächlich schien er irgend etwas sagen zu wollen, doch kam nichts richtig heraus. Also redete ich weiter.

»Und es gäbe so mancherlei, was zu besprechen wäre ... Unzufrieden nicht nur, was den Verstand angeht, – auch gefühlsmäßig ... Entschuldigen Sie die harte Ausdrucksweise, aber wirklich, mir stinkt das.«

»Ja, ich glaube Sie zu verstehen.«

»Wie wäre es, wenn wir unter diesen Umständen die abtastenden Redensarten ließen und Sie mir unumwunden sagten, was Sie wissen? So jedenfalls sind wir bisher in die Klemme geraten. Haben uns um irgendwelcher unsinniger Dinge willen einwickeln lassen bis zur Unbeweglichkeit. Solange man das Ziel des Gegners nicht kennt, ist jede Gegenoffensive sinnlos. Oder können Sie mir vielleicht sagen, wem es eigentlich was denn nützen sollte, daß man mich hineintreibt in eine solche Situation?«

»Zweifellos, meine ich, fürchtet man die Voraussage-Maschine.«

»Ausgeschlossen ... Tatsächlich war ja doch davon überhaupt nichts bekannt, oder? Und auch die junge Frau haben sie ermordet, und nicht die geringste Spur blieb erhalten. Von Fürchten kann demnach nicht die Rede sein.«

»Selbst wenn wir uns achselzuckend zurückzögen, wäre uns nicht geholfen. Vor allem würde das Komitee, das von uns die Ermittlung des wirklichen Täters erwartet, gewiß nicht zustimmen.«

»Ginge es allein um diesen Punkt, – die könnten wir damit beschwichtigen, daß wir ihnen die Analyse der Charakterkoeffizienten des toten Hauptbuchhalters vorwiesen.«

»Mag sein. Aber auch bei der Polizei in den höchsten Stellen weiß man, daß wir tätig sind. Und nur weil sie Erwartungen daran knüpfen, haben sie zunächst die Rolle des Beobachters übernommen, arbeiten sie sogar insoweit mit uns zusammen. Angenommen nun, wir könnten den wirklichen Täter nicht nachweisen, – wenn dann erst einmal auf uns der Verdacht gefallen ist, wird unsere Situation nur um so schlimmer... Verdammte Geschichte das, – wirklich...«

»Na, schön. Gesetzt den Fall, es wäre, wie Sie sagen. Dann müßte ja aber auch folgendes denkbar sein: daß diese Bande – nehmen wir hypothetisch eine solche an – ihre gegen uns gerichtete Einschüchterungskampagne damit krönt, daß sie entsprechende Zeugen präpariert und so die Augen der Polizei auf uns lenkt. Was also bedeuten würde: wann immer diese Bande Lust darauf verspürt, es zu tun, kann sie sicher sein, daß der Verdacht auf uns fällt...«

»Da gibt es nichts zu spaßen. Schon so zu denken, hieße sich genau zu verhalten, wie es die Bande sich erhofft. Immer sind die Furchtsamen mit dieser Methode zu kriegen gewesen. Sie hören, der Wolf steht draußen, und obwohl sie wissen, daß sie verhungern werden, wenn sie nichts unternehmen, sind sie schließlich doch in der Höhle krepiert... Ah, entschuldigen Sie, aber diese ganze Situation kann einen schon nervös machen...«

»Bitte, bitte... Ich weiß selber sehr gut, was Feigheit heißt. Aber als Sie das eben sagten, schoß es mir für einen Augenblick durch den Kopf: ob es uns nicht schließlich doch beträchtlich erleichtern würde, wenn wir sofort zur Polizei gingen und dort die gesamte Geschichte von A bis Z ausbreiteten...«

Tanomogi starrte mich von unten herauf an, murmelte für einen Augenblick mit zusammengebissenen Zähnen etwas, war es Verblüffung oder Protest, und sagte dann: »Na, darüber werden sich gewisse Leute freuen. Solche, die uns am liebsten fortjagen und das hier in ein bloßes Nebenzentrum mit fachlich spezialisiertem Elektronengehirn verwandelten, gibt es ja genug. Außerdem, nicht wahr, da Sie den Handel mit den Embryos nicht als Tatsache anerkennen wollen, glauben Sie, es handele sich höchstens um ein Vernebelungsmanöver, um Ihre Aufmerksamkeit von diesem Ammenärchen abzulenken, wenn man Ihre Frau in die Falle gelockt. Aber in Wirklichkeit denkt ja diese Bande gar nicht daran, ihre Existenz zu verheimlichen, vielmehr brüstet sie sich Ihnen gegenüber damit, wie real sie vorhanden ist.« Und während er mit seinen Fingerspitzen leicht auf den Rand der Maschine pochte, senkte er die Stimme: »Will sagen, Sie können es durchaus als Warnungen auffassen davor, daß man bereit ist, jederzeit Gewalt gegen Sie anzuwenden ... bis jetzt wurde der Mann ermordet, starb die junge Frau ...«

»So sagen Sie mir doch, was ich tun soll?!«

Seit einiger Zeit lief ich, ich hatte es selber nicht bemerkt, in dem schmalen Raum zwischen der Maschine auf und ab.

»Es bleibt uns am Ende nichts anderes übrig als herauszufinden, was es mit der Falle wirklich auf sich hat.« Und als ich hierauf nicht antwortete, fuhr er, wie um mir weiter zuzusetzen, fort: »Wie wäre es denn, wenn wir die Maschine damit beauftragten, die Situation zu klären?«

»Hören Sie mir auf!«

Unwillkürlich zusammenfahrend, ärgerte ich mich, daß ich so zusammenfuhr. Genau besehen, schien es, als hätte ich diese Frage längst erwartet. Hätte sie erwartet und doch gefürchtet.

»Wieso? Sie haben doch nicht etwa keinen Glauben mehr an die Maschine, oder?«

»Die Maschine ist die Theorie ... da geht es nicht um glauben oder nicht glauben ...«

»Womit Sie sagen wollen – ...?«

»Daß es sich nicht lohnt, jedesmal die Maschine zu bemühen.«

»Komisch ... Aber demnach wären Sie doch mit meinem Vorschlag einverstanden, wie?«

»Daran ist überhaupt nichts komisch.«

»Jedenfalls zögern Sie, Herr Professor. Also glauben Sie zwar an die Maschine, jedoch nicht an die Logik, oder?«

»Denken Sie, was Sie wollen!«

»Nein, Herr Professor, das geht nicht. Damit hätten Sie ja offen zugegeben, daß nur die Fähigkeiten der Maschine Sie fesseln, Sie aber im übrigen am Inhalt der Voraussagen kein Interesse haben.«

»Wer hat das behauptet!?«

»Na, ist es nicht etwa so? Daß Sie zu keinem Entschluß kommen, Herr Professor, rührt nicht daher, daß Sie nicht glauben können, sondern daher, daß Sie nicht glauben wollen. Und im Grunde haben Sie so den Einwänden derer recht gegeben, die sich gegen die Voraussage-Maschine stellen. Deshalb wird es schließlich heißen, Sie, Herr Professor, als ein Mensch von dem Typus, der es nicht ertragen kann, die Zukunft im voraus zu wissen, – Sie seien als Verantwortlicher an dieser Stelle ungeeignet . . .«

Auf einmal hatte sich mein Ärger restlos in Zerknirschung verwandelt, schoß mir vor Erschöpfung das Blut glühend an der Innenseite meines Gesichts hoch.

»Ja . . . es ist wohl, wie Sie sagen . . . Dennoch, der Mensch in Ihrem Alter bringt es fertig, solche grausamen Dinge mit der größten Unverfrorenheit in den Mund zu nehmen . . .«

»Nein, reden Sie doch bitte nicht so!« Plötzlich war er auf einen außerordentlich freundlichen Tonfall übergewechselt. »Sie wissen es gut genug, Herr Professor, daß ich eine recht plumpe Art habe, mich auszudrücken. Ekelhaft, – nicht wahr?«

»Ich will das hier nicht aufgeben. Was kann ein Mensch wie ich denn anfangen, wenn er die Arbeit verläßt, die er sich selbst aufgebaut hat? Und trotzdem, wenn ich sie mit meinen Händen tatsächlich nicht mehr kontrollieren könnte, würde ich mich gewiß ganz still irgendwohin zurückziehen . . . Da wäre eben nichts zu machen, nicht wahr? . . . Zweifellos, das klingt nach einem Witz: ein Voraussage-Fachmann ist abgeneigt, die Vorhersage über sich selbst zu erfahren. Indessen, über meine persönliche Zukunft, über das, was ich tun oder lassen soll, mag ich nun einmal die Maschine nicht befragen . . .«

»Sie sind ja so müde!«

»Und Sie sind ein hinterhältiger Bursche, soviel steht fest.«

»Wieso?«

»Ich meine, Sie sind nicht offen.«
Und Tanomogi hierauf, offensichtlich beleidigt:
»Wenn Sie mir nicht sagen, um welche Punkte
eigentlich – ...«
»Im großen ganzen dürfte es schon richtig sein, wenn
Sie meinen, wir sollten unsere Kräfte ganz darauf
konzentrieren, das eigentliche Wesen der Falle zu
ermitteln. Ob freilich die Besichtigung der Unterwassersäugetiere hierfür von so dringlicher Notwendigkeit ist? ... Ah, daß Sie das glauben, weiß ich, ohne
Sie zu fragen ... Sie haben dafür einen halben Tag
verschwendet, Sie brennen darauf, mich selbst jetzt
zu so später Stunde irgendwie dorthin zu schleppen
... Das verstehe ich vollkommen ... Andererseits, ich
weiß nicht warum, machen Sie nicht den leisesten
Versuch, mir Ihre Gründe zu erklären. Sie sagen,
möglicherweise könnte, falls die Sache mit dem Föten-Handel Tatsache sein sollte, das mit der Aufzucht
außerhalb des Mutterleibes befaßte Forschungsinstitut für uns die Gelegenheit sein, irgendwelche Hinweise in die Hand zu bekommen; aber ich kann mir
einfach nicht denken, daß ein derart unsicherer
Grund Sie zu solchem Eifer anstachelt. Wie Sie sagen,
bleiben uns nur noch drei Tage bis zur Konferenz.
Und Sie dürften ja wohl, ohne sich ganz sicher zu
sein, nicht meinen, daß wir diese wertvolle Zeit mit
der Besichtigung von Unterwasserhunden und Un-
terwasserratten vergeuden sollten, nicht wahr? Es
kann einfach nicht anders sein: irgend etwas verheimlichen Sie mir noch immer.«
»Sie machen sich zuviel Gedanken.« Vielleicht weil
mein Tonfall so versöhnlich war, setzte auch Tanomogi nun ein verlegenes Lächeln auf. »Meine Vorstellung ist eben die, daß wir, um einen klaren Operationsplan aufstellen zu können, damit beginnen
müssen, daß wir zunächst einmal unter allen Umständen die Wahrheit über den Föten-Handel ermitteln. Freilich, den Mut, Sie dazu zu zwingen, habe
auch ich nicht. Ich weiß sehr gut, irgendwie ist das
eine überspannte Geschichte. Und sich gezwungener-
maßen vorzustellen, was die Einbildungskraft über-
steigt, ist niemandes Sache. Wenn Sie sich aber die
Unterwassersäugetiere einmal im lebenden Zustand
wirklich ansehen würden, – ich bin überzeugt, daß
Sie bereit wären, wenigstens an die Möglichkeit eines

Handels mit Embryos zu glauben. Ich jedenfalls, seit ich sie kenne, habe diesen Handel für so gut wie eine Tatsache halten müssen.«

»Nun, sofern es nur darum geht ... deswegen brauchten wir doch nicht extra hinzufahren zu einer Besichtigung. Wenn Sie meinen, es ließe sich, auf diese Hypothese gestützt, ein konkreter Operationsplan aufstellen, dann könnten wir es ja damit versuchen, nicht wahr?«

»Wie könnten Sie denn aber etwas ernstlich betreiben und glauben es noch nicht einmal?«

»Ich habe mich entschlossen, es zu glauben.«

»Nein, Herr Professor, Sie glauben es noch immer nicht. So einfach können Sie sich nicht dazu bringen, das zu glauben.« Und indem er mich dabei ertappte, wie mich unwillkürlich ein bitteres Lächeln ankam: »Sehen Sie, Sie lachen ... Beweis dafür, daß Sie es nicht glauben ...«

»Ach, Unsinn ...!«

»Wenn Sie es auch nur ein bißchen glaubten, wären Sie einfach nicht imstande, darüber zu lachen. Immerhin – und versuchen Sie sich das bitte einmal vorzustellen – lassen sich so im Jahr einige Millionen Unterwassermenschen produzieren ...«

»Ihre Ausführungen haben mir irgendwie zu viele Sprünge ...«

»Sie empfinden ja nur deswegen, weil Sie es nicht glauben, jede Wahrscheinlichkeit als einen Sprung. So ist es natürlich unmöglich, irgend etwas aufzustellen, und sei es einen Plan.«

»Ich weiß, ich weiß. Gut, wollen wir das festhalten: jährlich entstehen einige Millionen von Unterwassermenschen ...«

»Und unter ihnen, Herr Professor, befindet sich auch Ihr Kind ...«

Ich brach in ein Lachen aus. Mit einer wie trockenen Stimme auch immer: es war ein Lachen. Allerdings, womit sonst als mit einem Lachen hätte ich darauf antworten sollen? ... Ein Wortwechsel mit meiner Frau einige Tage zuvor, er war mir kaum nahegegangen, begann sich aus der Tiefe meines Inneren heraufzuarbeiten ins Gedächtnis, wild strampelnd mit Händen und Füßen. Ich meinte, das wäre, wenn ich mich nicht täuschte, am Abend nach der letzten Konferenz gewesen. Am Kopfende meines Bettes sitzend, hatte ich mir Wasser in den Whisky gemischt, und unmittelbar neben mir meine Frau, bemüht um meine Aufmerksamkeit, hatte unaufhörlich auf mich eingeredet. Ich war einigermaßen schlecht gelaunt gewesen. Wütend nicht nur über die schwierige Klippenfahrt auf der Konferenz, sondern auch über meinen erschöpfen Zustand, in dem ich mich nie zu meiner Frau umgewandt haben würde, wenn sie nicht mit solcher Heftigkeit meine Aufmerksamkeit gefordert hätte. Verzweifelt schon durch die bloße Anwesenheit meiner Frau, als hätte sie mich gefoltert.

»Na, dann kauf es doch meinetwegen . . .«

Mit einem schrägen Blick auf den Katalog über Elektrogeräte, in dem meine Frau mit den Fingerspitzen ein Eselsohr glattgestrichen, hatte ich rasch das Glas an die Lippen gesetzt.

»Kaufen? . . . aber was denn . . .?«

»Meintest du denn nicht das Klimagerät da?«

»Ah, du bist schrecklich . . .!«

Ich hatte wohl nicht richtig mitbekommen, wovon sie geredet. Auffällig weiß im Licht der schmalen Strähnen, die ihr über die Wangen gefallen, – und durch sie erst war mir schrecklich klargeworden: die ganze Zeit hatte meine Frau von dem Kind gesprochen. Fortsetzung also des Themas von der Nacht zuvor. Meine Frau war zur Schwangerschaftsuntersuchung, und es hatte sich die erwähnte Diskussion ergeben, ob sie das Kind abtreiben lassen sollte oder nicht. Frauen scheinen auch sonst dieses Thema außerordentlich gern zu diskutieren. Gerade war ja auch Katsuko Wada wie rein zufällig darauf zu sprechen gekommen. Indessen, wenn ich das nun überlegte, begann ich doch zu zweifeln, ob das wirklich so rein zufällig gewesen war . . . Schließlich jedenfalls konnte sich an meiner Antwort nichts geändert haben: Das Problem wäre nun einmal die körperliche Konstitution meiner Frau mit ihrer Disposition zur Bauchhöhlenschwangerschaft, und da uns gar nichts anderes übrigbliebe, als das dem Arzt zu überlassen, führte doch nun nach allem eine Auseinandersetzung hierüber im Grunde zu keinem Ergebnis. Sie jedoch, obwohl sie die Sinnlosigkeit eingesehen, hätte gar zu gern darüber debattiert. Ein Gefühl, für das ich durchaus Verständnis hatte, aber es wäre unsinnig gewesen, ihr unbedingt zuzustimmen. Weder wünschte ich mir das Kind, noch wünschte ich es mir nicht. Ein Kind ist nicht das, was man gebiert, sondern das, was einem als Ergebnis geboren wird ...

Der Arzt hatte erklärt, diesmal bestünde zwar die Wahrscheinlichkeit einer normalen Schwangerschaft, aber falls sie sich zu einer Ausschabung entschließen könnte, wäre dies freilich sicherer ... Über einen solchen Punkt, in dem es um Entschluß oder dergleichen gar nicht gehe, etwa ein moralisches Urteil treffen zu sollen, sei wohl zuviel verlangt. Ja, ob ich denn meine, daß, wenn schon Abtreibung und Kindsmord schwer voneinander zu unterscheiden seien, doch immerhin ein deutlicher Unterschied bestehe zwischen Abtreibung und Empfängnisverhütung? Nun, so unzweifelhaft sich sagen lasse, der Mensch sei ein Zukunfts-Geschöpf und das Verbrechen des Mords bestehe darin, daß er dieser Zukunft beraubt werde, – die Zukunft selber stelle doch unleugbar nur eine zeitliche Projektion der Gegenwart dar. Wer könnte wohl die Verantwortung übernehmen für eine Zukunft, die solche Gegenwart überhaupt nicht besitzt? Wäre denn das nicht so, als ob man, unter dem Deckmantel der Verantwortlichkeit, sich der Wirklichkeit entziehen wollte?

»Also meinst du, ich soll die Unterbrechung machen lassen?«

»Das hat niemand gesagt. Was ich gesagt habe, war: es bleibt deinem Urteil überlassen.«

»Aber ich frage dich nach deiner Ansicht!«

»Da habe ich keine besondere ... Mir ist alles recht, so oder so ...«

Jedes Gezänk ist absurd; aber auch so den Zank zu vermeiden, war natürlich eine ebenso frivole Augenwischerei. Die miteinander Vertrauten gehören nun einmal zur Genossenschaft derer, die sich auf diese Weise gegenseitig sinnlos verletzen. Nur, da ich im Glauben an meine eigene Logik – wohin du auch fällst, es kann dich letztlich nichts befremden – die Sache für nicht so wichtig genommen, war ich, anders als meine Frau, die plötzlich den Katalog zusammengeknüllt und sich erhoben hatte, imstande gewesen, in Ruhe ein zweites Glas Whisky zu trinken und im nächsten Augenblick bereits alles zu vergessen.

Indessen, jene eine Bemerkung von Tanomogi, daß mein Kind möglicherweise zu einem Unterwasser-menschen werden könnte, hatte augenblicklich meine Sicherheit von den Fundamenten her erschüttert. Aus trübem Wasser stumm auf mich starrend: mein Kind, das nie geboren werden sollte ... und die schwarzen Schlitze da an der Kieferschwellung, das wären die Kiemen ... die Ohrmuscheln zwar die normalen, aber die Augenlider, die völlig andere Formen entwickelten ... weiße Hände, weiße Füße, die im dunklen Wasser tanzten ... mein Kind, das nie geboren werden sollte ... mein Kind, das sie trug, während ich am Kopfende meines Bettes sitzend mit psychischer Befriedigung den unsinnigen, Wunden schlagenden Streit mit meiner Frau genoß ... nun wäre also die lässige Selbsttäuschung aus jener Nacht, wäre mein dummer Dünkel wiedererschienen, um Rache, um Vergeltung an mir zu üben ... hätte sich damit das gegenseitige Verletzen in einen völlig einseitigen Kampf verwandelt: würde meine Frau rücksichtslos einpeitschen auf mich mit diesem Gespenst unseres so ins Leben gezwungenen Kindes, und ich, je mehr ich mich zu wehren versuchte, desto schlimmer, würde verwundet werden; wollte ich aber fliehen, würden vor mir, starr und weit aufgerissen, im Wasser diese Augen auf mich lauern ...

Nicht recht wissend wie, hörte ich zu lachen auf.

»Nein, das geht nicht ...« sagte Tanomogi, als zöge er eine Schlußfolgerung, und beobachtete dabei meinen Gesichtsausdruck.

»Solange Sie sich diese Exemplare nicht wirklich einmal angesehen haben – ...«

»Ich weiß. Jetzt habe ich dank Ihrer eine ungefähre Vorstellung davon, was zu tun ist.«

»Sie meinen: was wir tun?«

»Nun, davon mehr, sobald ich mir das dort angesehen habe, nicht wahr?«

Scheinbar erleichtert und während er nach dem Bleistift in seiner Hemdtasche fischte, machte sich Tanomogi daran, die Maschine auf Stillstand zu bringen.

»Wie denn, hat die Maschine die ganze Zeit über aufgenommen?«

»Von Ausschalten hatten Sie ja nichts gesagt, Herr Professor.« Und indem er die Klappe am Betriebsdauer-Anzeiger öffnete und mich einen Blick darauf werfen ließ, setzte er in scherzendem Tonfall hinzu:

»Außerdem, schlimmstenfalls hätte sie damit sozusagen unser Testament aufgezeichnet.«
Das kaum merkliche Gemurmel einer Stille begann aufzusteigen und erfüllte den Raum. Stumm dastehend wie sonst immer, wirkte die Maschine aus irgendeinem Grund doch nicht wie sonst. Es war, als hätte sich unmittelbar hinter ihr die Zufahrt zu der Straße in die Zukunft weit aufgetan und erwartete uns. Auf einmal hatte ich das Gefühl, die Zukunft wäre nicht wie bisher eine bloße Blaupause, sondern etwas ungestüm Lebendiges, begabt mit einem von der Gegenwart unabhängigen Willen.

Programmkarte zwei

Kurzgesagt, handelt es sich beim Programmieren um eine Operation, durch die man qualitative Wirklichkeiten auf quantitative Wirklichkeiten reduziert.

23.
Still war es draußen und schwül. Als hätte ich Handschuhe übergestreift, die bis eben noch zum Trocknen an der Sonne gelegen, perlte mir der Schweiß zwischen den Fingern. Sterne waren keine zu sehen, dafür ließ gelegentlich der ins Rot spielende Mond seinen Leib durch die Risse in den Wolken scheinen. Unterwegs, vom Pförtnerhäuschen aus, telefonierte Tanomogi irgendwohin. Der Pförtner, offenbar hatte er schon darauf gewartet, brachte mir dienstfertig eine Dose Fruchtsaft. Die Art, wie er die Sache so beizulegen versuchte, war mir widerwärtig.
»Haben Sie Verbindung bekommen?« fragte ich Tanomogi wie nebenbei.
»Ja.«
Dabei lief ein leichtes Lächeln über sein Gesicht, und mit raschen Schritten begann er loszugehen.
Danach schwiegen wir, merkten aber nichts davon, daß uns etwa jemand verfolgt hätte. Erreichten die Straße mit der Trambahn und konnten uns sofort ein Taxi winken. Mir troff der Schweiß von der Nase, noch bevor ich richtig das Taschentuch gezogen hatte.
»Fahren Sie bitte von Tsukiji durch Harumi an die Brücke, die hinüberführt in den Neulandsektor 12 ... na, Sie wissen schon ... soll Yoroi-Brücke heißen ... über die hinweg, und da ist es ...«
Der Fahrer, ein Mann in mittleren Jahren, der sich zum Schweißschutz ein Handtuch unter seine Uniformmütze gebunden hatte, drehte sich auf Tanomogis Beschreibung mit einem argwöhnischen Blick zu uns um, trat dann jedoch, ohne eigentlich etwas zu erwidern, auf das Gaspedal. Die Zeilen windschiefer Holzhäuser, eingesunken in die Hitze, schwammen unbeteiligt draußen vor dem Wagenfenster vorbei. Allmählich begann die Glut diese Stadt körperlich auszufüllen, und als wir nach ungefähr einer Stunde

Fahrt Harumi passiert hatten, verwandelte sich die
Landschaft noch einmal und war nun von einer geradezu brutalen Öde: unmäßig breit die Straße und
zu beiden Seiten nichts als Betonmauern. Die ganze
Zeit über sprachen wir zusammenhanglos bald mehr,
bald weniger sachlich von den in den letzten Jahren
immer zahlreicheren seltsamen Klimaveränderungen, unerklärbaren Hochfluten, Landabsenkungen,
von den unaufhörlichen kleinen Erdstößen. Auch
war mir, als wäre ich für zehn oder fünfzehn Minuten eingenickt.
Schließlich kam in der klebrigen Brise vom Meer her
grün glänzend die Yoroi-Brücke in Sicht. In der be-
drückenden Landschaft ging von diesem auffälligen
Leuchten etwas Beunruhigendes aus. In dem Augenblick, da wir die Brücke hinter uns hatten, erklang
irgendwo der kurze, tiefe Ton einer Dampfpfeife.
Offenbar ein Signal, das Mitternacht verkündete.
Am Straßenrand hatte eine Limousine geparkt. Ein
Mann, die Taschenlampe in der Hand, stand in ge-
beugter Haltung daneben, als suchte er nach einem
Motorschaden. Tanomogi ließ das Taxi halten und
bezahlte. »Das ist es«, sagte er, ging zu dem Auto am
Straßenrand hinüber, und auf seinen Anruf richt-
tete sich der Mann mit der Taschenlampe auf und
verbeugte sich höflich.
Wir stiegen in diesen Wagen, den man uns entgegen-
geschickt hatte, und fuhren noch einmal ungefähr
zwanzig Minuten. Alle Straßen, breit, wie sie waren,
wirkten außerordentlich einfach; aber die Art, in der
wir durch sie kurvten, war durchaus nicht so einfach.
Bald hatte ich die Richtung verloren, und da wir mindestens drei große Brücken überquert hatten, befanden wir uns wahrscheinlich schon gar nicht mehr im
Neulandsektor 12. Weil dies jedoch so kompliziert
war, würde ich selbst auf eine Frage keine gerade
Antwort erhalten haben, und indem ich mir sagte,
falls man überhaupt bereit wäre zu einer Antwort,
könnte ich es mir hinterher noch immer an Hand
einer Straßenkarte erklären lassen, machte ich gar
nicht erst den Versuch, auf einer Auskunft zu bestehen.
Dann auf einmal hatten wir unseren Bestimmungs-
ort erreicht. Inmitten eines verlassen wirkenden Vier-
tels aus nichts als riesigen Lagerschuppen: ein klei-

ner, flacher Holzbau hinter der üblichen Betonmauer, unmittelbar bevor die Straße auf das Meer zu endete. Seitlich des Eingangs hing wie versteckt eine Holztafel mit der Aufschrift »Yamamoto-Forschungsinstitut«. Im Hof einige leere Benzinfässer, vom Regen verrostet. Rasch blickte ich zum Himmel hinauf, unglücklicherweise jedoch hatte der Mond sich hinter Wolken verborgen. Aber selbst wenn er sich gezeigt hätte, würde das nicht viel geholfen haben, um die Lage des Ganzen wirklich zu begreifen. Jedenfalls öffnete sich hier – außer nach Norden zu – ringsum die Küste zum Meer.

Yamamoto kam uns persönlich begrüßen. Er war ein Hüne mit einem blaß fleckigen Gesicht.

»Mein Bruder ist Ihnen sehr zu Dank verpflichtet«, sagte er mit einer kräftigen, entschiedenen Stimme, und die Visitenkarten, die wir ihm überreicht hatten, lagen winzig in seinen fleischigen Händen mit den eingesunkenen, flachen Fingernägeln. Bei seinen Worten erst fiel mir wieder ein, daß ja sein jüngerer Bruder der Verantwortliche für den Computer-Raum in der Zentralen Versicherungskrankenanstalt war, und unwillkürlich erschien mir auch diese Verbindung wie ein merkwürdig bedrohliches Zusammentreffen. So wahrscheinlich wird einem, wenn man, von Gedächtnisschwund befallen, von den anderen ausgestoßen ist aus dem herkömmlichen Mechanismus dieser Welt, alles und jedes den Eindruck eines bedeutungsschweren Rätsels machen.

Um meinen Gefühlen nicht nachzugeben, erwiderte ich aufs Geratewohl: »Wirklich sehen Sie Ihrem Bruder sehr ähnlich.«

»Oh, wir nennen uns zwar Brüder, sind aber in Wahrheit nur Schwäger.«

Yamamoto lachte belustigt und begann uns vorauszugehen. Auch hier trug man wie bei uns weiße Kittel und Sandalen; doch waren die Kittel hier vom dauernden Umgang mit lebendigen Wesen über und über beschmiert. Yamamotos schlaff herabhängende große Hände wirkten auf mich außerordentlich schwer. Sollten solche Finger tatsächlich die richtigen sein zum Umgang nicht mit unsichtbaren, abstrakten Dingen, wie es bei uns der Fall, sondern mit empfindlichen Lebewesen? Vielleicht aber waren gerade sie geschickter, als ich vermutete.

Das Innere des Gebäudes machte einen erschreckend desolaten Eindruck, ruiniert wie eine Grundschule, die eine Generation ausgehalten hat. Dessenungeachtet befand sich in einer Nische, in die wir am Ende des Ganges nach links einbogen, ein Personenaufzug. Wir stiegen ein, Yamamoto drückte einen Knopf, und augenblicklich setzte sich der Aufzug abwärts in Bewegung. Da es sich um einen Flachbau handelte, mußte natürlich ein Aufzug, wenn man es richtig überlegte, nach unten gehen; dennoch war ich, gewohnheitsmäßig eine Beschleunigung aufwärts erwartend, so erschrocken, daß ich unwillkürlich aufschrie. Yamamoto, als hätte er damit gerechnet, lachte lauthals los. Ein harmloses Lachen, das mich die Zeit – nachts ein Uhr – und die eigentümlichen Umstände vergessen ließ. Yamamoto war ein Typ, dem Heimlichkeiten offenbar völlig fern lagen. Meine ursprüngliche boshafte Absicht, ihm die Maske herunterzureißen, kroch in sich zusammen und verwandelte sich in eine erwartungsvolle Stimmung.

Der Aufzug hatte sich langsam bewegt; gleichwohl meinte ich, er wäre bis auf eine Tiefe von drei normalen Stockwerken hinabgefahren. Wir traten hinaus in einen Quergang, in dem sich Tür an Tür reihte. Sah man ab von einer eigenartigen, kühlen Feuchte, so bestand kein großer Unterschied zu der üblichen Laboratmosphäre. Nachdem wir uns nach rechts gewandt hatten, wurden wir durch eine Tür am Ende des Ganges geführt.

Eine atemberaubende Szenerie öffnete sich vor uns: ein bis hoch hinauf reichendes Aquarienhaus, angefüllt wie von einer Bauklötzchenkonstruktion aus fleckigen Eisblöcken. Große und kleine Wasserbehälter waren verwirrend kunstreich miteinander verbunden, zwischen ihnen befanden sich alle möglichen Arten von Röhren, Kolben, Meßgeräten. Stählerne Brücken, zum Begehen und um die Arbeit zu erleichtern, spannten sich kreuz und quer, an vielen Stellen in bis zu drei Etagen übereinander, was ein wenig an den Maschinenraum eines Schiffes erinnerte. Schwitzende, grün gestrichene Wände, das unheimliche, klebrig aufquellende Geplätscher, ein Geruch wie auf halb trockenen, flachen Uferklippen . . . Gelegentlich träumt man so kurz vor Ausbruch einer Erkältung.

Auf der Brücke unmittelbar über uns ging ein Mann im weißen Kittel mit klappernden Sandalen, während er verschiedene Meßgeräte ablas und sich Notizen machte. Obwohl wir eingetreten waren, machte er keine Anstalten sich umzuwenden; doch sobald Yamamoto ihn mit einem »Hören Sie, Harada...« anrief, blickte er noch unterm Echo der bis in den entlegensten Winkel dringenden Stimme mit einem überraschend liebenswürdigen Lächeln zu uns herunter.

»... Sie könnten uns dann bitte den Entwicklungsraum 3 aufschließen, Harada.«

»Es ist schon alles vorbereitet.«

Yamamoto nickte und sagte zu uns gewandt: »Nun, gehen wir. Zunächst einmal in mein Zimmer...«

Damit betrat er die mittlere Brücke.

»Sehen Sie das da?«

Tanomogi stieß mich an den Ellbogen und lenkte meine Aufmerksamkeit auf die Aquarien zu beiden Seiten. Er brauchte mir das nicht noch zu sagen, von Anfang an waren meine Augen wie benommen davon.

Im ersten Aquarium befand sich ein Pärchen riesiger Unterwasser-Mäuse. Abgesehen von der Tatsache, daß sich in dem struppigen Fell am Genick zartrosa Schlitze öffneten und wieder schlossen, und daß die Brust kleiner, die gesamte Körpergestalt eher tonnenartig war, unterschieden sie sich kaum von normalen Feldmäusen. Ihre Bewegungen im Wasser wirkten überraschend elegant; sie schwammen nicht mit jenem Hundegepaddel, wie man es für Landtiere vermuten würde, sondern schossen, indem sie ihren gesamten Körper wie eine Feder bald zusammenzogen, bald streckten, den Garnelen vergleichbar flink und kraftvoll hin und her. Dabei schienen sie ihre Nager-Gewohnheiten nicht eingebüßt zu haben; denn eine der beiden Mäuse trieb jetzt zur Oberfläche hinauf, packte ein dort schwimmendes Holzstückchen und ließ sich, während es daran nagte, genüßlich den Bauch nach oben gekehrt wieder zu Boden sinken. Die andere versuchte plötzlich auf mich zu springen, kurz bevor sie jedoch gegen das Glas des Aquariums prallte, drehte sie geschickt ab und starrte mich, ohne zu zwinkern, aus ihren großen, runden Augen an, wobei zwischen ihren halb geöffneten Lippen die spitze, rote Zunge flackerte.

Auch im nächsten und übernächsten Becken befanden sich Mäuse. Im vierten dann ein Kaninchen. Anders als die Mäuse trieb es lustlos, eine erbärmliche Gestalt mit fest angeklebtem Fell, dicht über dem Boden des Aquariums und hatte sich rund gemacht wie ein Beutel. Yamamoto schnellte seinen Fingernagel gegen das Glas und meinte: »Mit reinen Pflanzenfressern ist es recht schwierig. Mir scheint, ihre Methode der Energieassimilation arbeitet allzu spezifisch... Die erste Generation haben wir immerhin noch aufziehen können, aber mit der zweiten schon sind wir gescheitert...«

Wir stiegen nach rechts eine Eisentreppe hinauf und wurden in ein an der Decke aufgehängtes, kastenartiges Zimmer geführt. Als ich mich unmittelbar vor dem Eintritt in dieses Zimmer noch einmal umdrehte, tauchte ganz drüben am Ende aus einem Becken von der Größe eines Güterwagens ein riesiges, schwarzglänzendes Tier herauf, daß es ein gallertartiges Gewoge gab, und stieß einen jämmerlichen, heiseren Schrei aus. Es war eine Kuh.

»Gespenstisch, wie?« Yamamoto schloß mit einem Lächeln die Tür. »Wenn man reichlich Kunstfutter gibt, kann man natürlich auch Pflanzenfresser aufziehen. Und da Kühe zum Beispiel Milch und Fleisch liefern, könnte das bei Produktion großer Futtermengen wirtschaftlich glänzende Erträge ergeben. Nur ist es unter Wasser schwierig mit den Melkmaschinen. Vorläufig benutzen wir kleine Vakuumpumpen, aber das wird man nicht gerade als ideal bezeichnen dürfen.« Er holte einen Keramikkrug aus dem Kühlschrank an der Wand, und als er ein Glas füllte, war das Milch. »Versuchen Sie einmal. Frisch gemolken. Kaum ein Unterschied zur Milch von der Kuh auf der Wiese. Nur bei der Analyse festzustellen, daß der Salzgehalt ein wenig größer ist; aber nicht daß etwa die Milch an sich mehr Salz enthielte, vielmehr liegt das wohl eher daran, daß sich während der Milchgewinnung eben unvermeidlich auch Meerwasser untermischt... Nun, in puncto Frische jedenfalls besitzt sie alle Vorzüge.«

Um die Gefühle unseres Gastgebers nicht zu verletzen, trank ich sie rasch hinunter. Ich weiß nicht, ob es mit der sorgfältigen Futterauswahl zu tun hatte, doch schien mir, sie hätte einen reineren Geschmack als jene Milch, die wir daheim zu trinken pflegten. Ich setzte mich auf den mir angebotenen Stuhl. Diese Abfolge: erst von der Milch zu trinken und dann Platz zu nehmen, trug erheblich dazu bei, eine gelöste Stimmung zu schaffen. Sollte dies inszeniert gewesen sein, war unser Gastgeber dafür der richtige Interpret.

»Zu so später Stunde werden Sie gewiß müde sein ... Wir hier sind ja daran gewöhnt ...«

Hinter sich die Wand, an der sich Mikroskope sowie andere, zu chemischen Untersuchungen benötigte Geräte reihten, faltete Dr. Yamamoto seine dicken Finger vor der Brust. Auf der Oberseite seiner Finger sträubten sich wie bei einer zur Haustierpflege benutzten Bürste in Zehnerbüscheln wild wuchernde Haare. Wir hatten Bücherregale im Rücken und, nur zum Teil sichtbar, ein von einem Stellschirm verdecktes Bett.

»Nein nein, auch wir arbeiten häufig bis tief in die Nacht.«

»Natürlich. Sie werden viel zu tun haben ... Bei uns indessen drängt nicht eigentlich die Arbeit, vielmehr ist die Arbeit selbst so beschaffen, daß sie eine Unterteilung in Tag und Nacht kaum zuläßt ... zu unserem Leidwesen. Unter den Fleischfressern haben wir zahlreiche Nachttiere; nun ja, man kann versuchen, sie durch künstliche Beleuchtung zu täuschen, aber ein Hund zum Beispiel muß eben doch draußen abgerichtet werden, und das ist bei Tage völlig ausgeschlossen. Denn auf alle Fälle gilt es, den Augen der Öffentlichkeit auszuweichen, nicht wahr ...«

»Sie wollen nicht gesehen werden?«

»Selbstverständlich nicht.« Er lachte herzlich. »Wenn die Zeit kommt, werden wir es früher oder später schon vorführen ... Möchten Sie noch ein Glas Milch? Und Sie, Tanomogi?«

Erstaunt sah ich Tanomogi an. Die Art, in der Yamamoto ihn fragte, mochte dieser auch ein noch so umgänglicher Charakter sein, ließ sich nicht damit erklären, daß sie einander nur eben einige Male begegnet waren. Aber Tanomogi, ohne in seinem Benehmen irgendwie zu verbergen, daß er sich hier wie zu Hause fühlte, griff sogar Yamamotos Worte auf und sagte, als wollte er mir zureden: »Hinsichtlich der Pasteurisierung brauchen Sie wirklich keine Bedenken zu haben, Herr Professor. Obwohl es aus der Tōkyō-Bucht stammt, ist das Wasser hier völlig sauber. Es wird total gefiltert und künstlich in seinen Naturzustand zurückversetzt...«

»So ist es. Ich darf Ihnen einmal ein Modell dieses Gebäudes zeigen.«

Yamamoto erhob sich und entfernte die Hülle von einem Gestell neben den Bücherregalen. Sofort wirbelte der Staub auf.

»Entschuldigung, bei mir ist es nicht übermäßig sauber ... Sehen Sie bitte: dies ist ein Schnitt durch einen Teil des Instituts. Über uns, bis dahin etwa, befindet sich das Meer, und bis zu seiner Oberfläche werden es, schätze ich, kaum zehn Meter sein ... Dieses Rohr dient der Wasserversorgung. Da haben wir eine Druckfilteranlage, sie arbeitet unter Ausnutzung des natürlichen Wasserdrucks. Sie hat eine Kapazität von achttausend Kilolitern pro Minute, zwei weitere Filter mit zusammen zweitausend Kilolitern stehen für Notfälle bereit, so daß wir damit gut ausreichen. Wenn jedoch solche Filter allzu vollkommen arbeiten, haben wir bei der Aufzucht Schwierigkeiten, wahrscheinlich weil dann das sogenannte natürliche Gleichgewicht gestört ist. Deutlich bemerkbar macht sich das vor allem in einer verminderten Verdauungsfähigkeit und im Auftreten allergischer Erkrankungen. Deshalb werden in diesem Tank hier die entsprechenden organischen und anorganischen Substanzen zugesetzt, so daß ein Wasser entsteht, das dem natürlichen Meerwasser sehr nahe kommt. Im übrigen können wir damit alle gewünschten Arten von Wasser herstellen: Wasser wie im Roten Meer, wie in der Antarktis, wie im Japanischen Tiefseegraben und so weiter. Eben sind wir dabei, Untersuchungen darüber anzustellen, welches Meer sich am besten eignen würde zur Aufzucht von Schweinen.«

»Deshalb können Sie hier sogar auch völlig beruhigt von dem roh aufgeschnittenen Schweinefleisch essen.«

»Ja, unsere feinste Delikatesse, die zwar, wer nicht daran gewöhnt ist, ablehnen wird, – obwohl sie weit besser schmeckt als etwa Rindfleisch. Aber wenn man sie erst kennt, kann man nicht mehr davon lassen. Wie wär's? Möchten Sie nicht versuchen?«

»Nein, im Augenblick wirklich nicht.« Mir schien, sie

benahmen sich beide recht provozierend, als hätten sie sich miteinander verabredet. »Vielmehr möchte ich, wenn es Ihnen recht ist, unverzüglich in das eigentliche Problem eintreten...« Sowie ich das gesagt hatte, wurde mir klar, daß das offensichtlich sehr ungeschickt von mir gewesen war; doch gab es nun kein Zurück mehr, und ohne eine Vorstellung davon, zu welchem Ergebnis ich gelangen würde, fuhr ich fort: »Ah, ich weiß, es ist unverzeihlich, daß wir Sie zu einer so ungelegenen Stunde belästigen, aber wahrscheinlich haben Sie bereits von Tanomogi bis zu einem gewissen Grade gehört, was uns zu Ihnen geführt, – wenn ich richtig vermute ...«

»Nun, ich habe nur gehört, daß es sich um Forschungsangelegenheiten handele... Doch reden Sie bitte ganz ungeniert. Wenn man wie ich ein so von der Außenwelt abgeschnittenes Leben fuhrt, ist es in der Tat ein Vergnügen, sich mit jemandem wie Ihnen, Herr Professor, zu unterhalten... Da die Erlaubnis immer nur sehr schwer zu bekommen ist, haben wir, obwohl wir doch mitten in Tōkyō leben, kaum die Gelegenheit, mit Menschen zusammenzukommen.«

»Erlaubnis ... meinen Sie, Erlaubnis zum Ausgang?«

»Nein, die Erlaubnis, Außenstehende einzuladen.«

»Demnach ist also auch Ihr Institut irgendeiner Behörde unterstellt?«

»Das wäre ja schrecklich! Mit einer Behörde ist es doch wie mit einer Familie: die Dinge so geheimzuhalten, wäre einfach ausgeschlossen; andererseits wäre es freilich auch nicht so schwierig.« Hierauf, als könnte ich etwas erraten, streckte er wie abwehrend seine großen Hände vor mir aus. »Nein, gerade darauf vermag ich Ihnen nicht zu antworten. Denn um ehrlich zu sein, mir selber ist nicht wirklich deutlich begreiflich, was für eine Organisation über uns das eigentlich ist... Jedenfalls besitzt sie einen gewaltigen Einfluß, und rein gefühlsmäßig ausgedrückt, habe ich sogar den Eindruck, sie hätte ganz Japan vollkommen in der Hand. Allerdings, da ich innerlich uneingeschränkt darauf vertraue, ist mir noch nie der Gedanke gekommen, mir darüber mehr Klarheit zu verschaffen.«

»Ja, und wissen Sie es?« fragte ich Tanomogi mit einem Nachdruck, als wäre dies das Konzentrat aus Hunderten von Worten.

»Meinen Sie mich?... Aber woher denn?!«

Mit einer übertriebenen Geste zog Tanomogi die Augenbrauen hoch, schüttelte er den Kopf, aber in seinem Ausdruck war nicht die leiseste Bewegung zu erkennen.

»Seltsam, nicht wahr? Wie habe ich dann die Erlaubnis erhalten?«

»Natürlich durch meine Vermittlung«, sagte Yamamoto, entblößte seine großen, auseinanderstehenden Vorderzähne und lachte, als hätte er sein Vergnügen an dem damit ausgebrochenen Diskurs. »Wenn ich als der hier Verantwortliche es nicht weiß, wie sollte dann ein Außenstehender unseren Überbau kennen?! Daß ich für Sie den Antrag einreichen konnte, war möglich, weil nur ich Bescheid weiß über die Methode, wie Verbindungen herzustellen sind.«

»Ich verstehe...« Und während ich die Erregung auskostete, meinend, ich hätte hier zweifellos die Trumpfkarte in meinem Spiel zufällig ertastet, sagte ich: »Wenn dem so ist, muß also für Tanomogi, als er zuerst von der Existenz dieses Instituts erfuhr, irgend jemand anderes den Antrag gestellt, die Erlaubnis zur Besichtigung erwirkt haben... Wo nicht, wäre kein Sinn in der Sache...«

»Vollkommen richtig«, meinte Yamamoto, indem er Tanomogi, der etwas hatte sagen wollen, zurückhielt. »Was diesen Punkt betrifft, so kann ich Ihnen von mir aus mit einer einfachen Erklärung dienen. Einer Erklärung, wie sie zur sogenannten Anleitung Neueingetretener gehört. Damit, daß die Arbeit in diesem Institut Geheimhaltung erfordert, verhält es sich so, wie ich Ihnen bereits schilderte, und nur insofern wird, ob nun von Besuchern oder von Institutsmitgliedern, absolutes Stillschweigen erwartet. Selbstverständlich gibt es hierüber kein geschriebenes Gesetz, auch lassen wir uns keine spezielle Eidesformel unterschreiben, haben also der Form nach keinerlei Beschränkung; aber die Überprüfung ist außerordentlich streng. Und nur solche werden zur Besichtigung zugelassen, von denen bekannt ist, daß sie die Dinge zuverlässig für sich behalten. Auf diese Weise ist es bisher so gut wie nie vorgekommen, daß Verabredungen gebrochen wurden.«

»Sie sagen: so gut wie nie... Gegeben hat es solche Fälle demnach doch, oder?«

»Ja, wie?... Wenn man berücksichtigt, daß unsere
Arbeit hier noch kein einziges Mal in der Öffentlichkeit ins Gerede gekommen ist, wird man wohl mit
einiger Sicherheit annehmen dürfen, dergleichen habe sich nie zugetragen. Zwar war zu hören, daß gewissen Ungebildeten aus dem Haus, wenn sie betrun-
ken waren, das eine oder andere Wort entschlüpfte
und daß sie entsprechend streng gemaßregelt wurden...«
»Liquidiert...?«
»Aber wo denken Sie hin!... Die Wissenschaften
sind da ja weit fortschrittlicher, und auch ohne zu
töten gibt es eine ganze Reihe von Methoden, etwa
die Ausschaltung des Gedächtnisses...«
Immerhin schien meine Trumpfkarte gestochen zu
haben. Yamamoto, unverändert die bisherige Sanft-
heit in seinem Gesichtsausdruck, wich zwar auch in
seiner Stimme von der nüchternen Strenge nicht ab;
aber der trappelnde Rhythmus, den Tanomogi, ohne
sich dessen selbst bewußt zu sein, mit seinen Fingerspitzen nervös auf die Kante des Tisches klopfte, zeigte an, daß die Unterhaltung sich jetzt allmählich dem
Kern des Problems näherte.
»Sollten jedoch«, warf ich ein, »die Toten zu reden
anfangen, müßten Sie schon Hackfleisch aus ihnen
machen...«
Yamamoto schien das so belustigend zu finden, daß
er mit bebenden Schultern in ein Lachen ausbrach.
»Allerdings! Wenn es dazu käme, – na, da hätten wir
wohl unsere Schwierigkeiten!«
»Was mir nicht einleuchten will... Hätte man wirklich solche Furcht davor, daß die Öffentlichkeit etwas
davon erfahren könnte, wäre es doch besser gewesen,
Besuchsgenehmigungen von vornherein überhaupt
erst nicht zu erteilen. Und lassen wir einmal den Fall
beiseite, daß es sich um den ernstlichen Wunsch des
Betreffenden handelt, – jemandem nach Gutdünken
die Erlaubnis aufzunötigen und ihm zu erklären:
wenn du redest, bringen wir dich um... ist das denn
nicht so, als wollte man ihm eine Falle stellen? Ein
Wissen außerdem, das man niemandem mitteilen
darf, ist ja doch völlig sinnlos. Ich frage mich, ob hier
nicht einfach nur darauf abgezielt wird, den Menschen zu quälen.«
»Sie übertreiben, Herr Professor! Die Diskussion un-

ter Eingeweihten, wie weit sie auch gehen mag, wird keineswegs behindert.«

Und Yamamoto, indem er Tanomogis Bemerkung aufnahm: »Natürlich nicht. Prinzipiell wird der Antrag auf Genehmigung von einer dritten Person behandelt; das ist die Methode, den Kreis der Wissenden zu vergrößern, und steht durchaus nicht im Widerspruch zum Geheimnisschutz. Schließlich besteht ein erheblicher Unterschied zwischen einer anonymen Stimmenvielfalt, ob man nun von einem Gerücht spricht oder von einer öffentlichen Meinung, und dem Urteil eines verantwortlichen Individuums, eben des Wissenden.«

»Sie sprechen immerzu von dem Wissenden, dem Wissenden ... Was gibt es denn aber zu wissen?«

»Nun, eben dies will ich Ihnen jetzt zeigen.«

Yamamoto sprang unternehmungslustig auf, kniff vergnügt seine straffen und blanken Augenlider zusammen und fuhr sich mit dem Handteller in einer wischenden Bewegung über den Kragen seines weißen Kittels. »Ich stelle mir vor, Sie werden mehr ideell interessiert sein als nur an den reinen Fakten. Deshalb will ich mit dem Entwicklungsraum beginnen; doch zuvor darf ich Ihnen in aller Kürze schildern, von welchem Punkt aus unsere Forschung ihren Anfang nahm, sozusagen die Entstehungsgeschichte – ...«

»Einen Augenblick, bitte! Erst einmal möchte ich eines noch klargestellt haben ...« Auch ich war von meinem Stuhl aufgestanden und einen Schritt zurückgetreten; und während ich meine erhobenen Hände langsam auf den Tisch fallen ließ, sagte ich: »Tanomogi ... ich begreife zwar, daß Sie für mich den Antrag stellten, doch was ich bis jetzt nicht begriffen habe: wer eigentlich für Sie den Antrag stellte ... Wenn es sich bei der Person, der demnach erlaubt war, dies hier zu sehen und zu studieren, um jemanden aus dem Kollegenkreis handeln sollte, habe doch wohl auch ich ein Recht darauf zu erfahren, wer es war. Und aus welchem Grund Sie ausgewählt wurden ...«

»Ja, ich werde es Ihnen sagen.« Mit einem leichten Lächeln erhob sich Tanomogi. »Und ich sage es, weil ich es jetzt sagen kann, möchte aber nicht, daß Sie wütend werden, weil ich es bisher nicht gesagt habe ...«

»Niemand ist Ihnen böse, ich will nur die Wahrheit wissen.«

Mit scheinbar unbeteiligter Stimme mischte sich Yamamoto ein und meinte: »Ja, die Wahrheit ist schließlich immer das Fesselndste. Und endlich wäre damit die Last von Tanomogis Schultern genommen.«

»Tatsächlich war es Fräulein Wada«, sagte Tanomogi verlegen und fuhr sich dabei mit der Zunge über die Lippen.

»Fräulein Wada...?«

»Ja, sie war nämlich, bevor sie zu Ihnen ging, eine Zeitlang hier bei uns beschäftigt...« sagte Yamamoto und schwenkte wie vermittelnd seine Hände. »Sie war eine tüchtige Hilfe, besaß wie selten eine Frau eine sehr entschiedene Meinung... Allerdings hatte sie die für unser Institut wirklich unglückliche Schwäche, daß sie kein Blut sehen konnte. Deshalb hörte sie bei uns auf und ging zu Ihnen, und wenn ich mich richtig erinnere, hat für sie damals mein Bruder von der Zentralen Versicherungskrankenanstalt gebürgt.«

»Ja... ja, so war das... ich erinnere mich...«

Plötzlich, viel zu plötzlich schossen da die bisher verstreut gewesenen Kettenglieder klirrend zusammen. Trotzdem, waren damit auch die Verdächtigungen geklärt, die Probleme hatten sich noch keineswegs gelöst. Tadellos waren die Kettenglieder aus dem Nebulösen gesichert worden, aber allzu tadellos ließen sie sich handhaben, ja ich hatte das Gefühl, es müßte vielmehr eine Art Trick dabei sein. Zu allem Übel obendrein gab sich der kapitale Zauberkünstler, der mir das Kunststück hätte zeigen können, noch immer nicht deutlich zu erkennen. Obgleich ich einerseits so meine Zweifel hatte, war ich andererseits völlig fasziniert davon, wie ordentlich die Glieder der Kette sich aneinanderfügten. Auf einmal war zwischen den Hauptpersonen, die nur zufällig als solche erschienen waren, ein neuer Kontaktplan hergestellt, auf einen Blick zudem deutlich und solide. Nunmehr mußte ich sogar den Gründen, aus denen Tanomogi mich hierhergebracht hatte, bis zu einem gewissen Grade beipflichten. Zumindest war da eine Möglichkeit, sie mir zu erklären. Natürlich, mein Vertrauen zu Tanomogi, – selbst wenn davon noch nicht die Re-

de sein konnte, so begann ich es doch für denkbar zu
halten, daß ich allmählich zu diesem Vertrauen zu-
rückfinden würde. Und langsam, damit es die beiden anderen nicht bemerkten, atmete ich die Luft
aus, die ich bis tief in die Schultern hinein eingeso-
gen hatte.

24.

»Das allererste Forschungsthema unserer Gruppe
war die Metamorphose der Kerbtiere ... Natürlich
kennen Sie sich, Herr Professor Katsumi, in der Ge-
netik weitgehend aus, nicht wahr?«
»Nein nein, halten Sie mich bitte für einen völligen
Laien. Ich habe sogar vergessen, ob sich zuerst die
inneren oder die äußeren Keimblätter entwickeln.«
»Nun gut. Um so leichter, es mit einfachen Worten
zu erklären.« Während er die beiden Enden einer
noch nicht angezündeten Zigarette wechselweise auf
den Tisch aufstieß, begann Yamamoto, als ob er jedes
Wort genau überprüfte, in bedächtigem Tonfall zu
berichten. »Selbstverständlich ging es uns nicht um
die Insektenmetamorphose an sich. Ganz allgemein
gesagt, war unser Ziel die programmierte Reorgani-
sation von Lebewesen. Gewisse Veredelungen hat
man ja auch bisher bereits vorgenommen. Besonders
bei Pflanzen ist man gegenwärtig bis zur Verdoppe-
lung der Chromosomenzahl gelangt. Im Falle der Lebewesen jedoch beschränkt sich das Erreichte auf die
sogenannte Artverbesserung, und auch die ist noch
keinen Schritt über das Stadium simpler empirischer
Erfahrungen hinausgekommen. Wir nun beabsich-
tigten, dies grundsätzlicher und zudem planvoller
durchzuführen ... Ich will es einmal so sagen: wir
stellten uns die verwegene Aufgabe, die Entwicklung
künstlich, in Sprüngen und darüber hinaus in einer
fixierten Richtung ablaufen zu lassen. Indessen stellt,
wie Sie wissen, die Individualentwicklung eine Wiederholung der Stammesentwicklung dar. Strengge-
nommen, ist das natürlich keine unveränderte Wiederholung der Ahnenform; jedenfalls aber besteht
eine grundsätzliche Korrespondenzbeziehung. Mithin sollte es – durch Anwendung gewisser Methoden
während der Entwicklungsphase – möglich sein, dieses Lebewesen aus seiner Stammesentwicklung her-
auszulösen und zu einer völlig neuen Spezies zu er-

heben. Mit den bisherigen, ziemlich groben Verfahren hat man Elritzen mit zwei Köpfen, Frösche mit Gecko-Mäulern und dergleichen groteske Monstren produziert; doch im eigentlichen Sinne eine Veredelung konnte so nicht erzielt werden. Selbst ein Kind ist imstande, eine Uhr auseinanderzunehmen; um eine Uhr zusammenzusetzen, braucht es allerdings das technische Können eines Fachmanns. Die Entwicklung eines Lebewesens wird gewöhnlich von zwei gegensätzlichen Hormonen oder stimulierenden Substanzen reguliert. Das positive Stimulans beschleunigt die Zellteilung, das negative Stimulans hemmt die Zellteilung. Ist das positive stark, so entstehen Konglomerate aus vielen kleinen Zellen; überwiegt das negative, so wachsen die ungeteilten Zellen ins Gigantische. Die komplexe Kombination dieser alternierenden Bewegungen bildet das spezifische Entwicklungsgesetz eines Lebewesens. Nötigenfalls könnte ich Ihnen das durchaus auch durch eine Integralgleichung verdeutlichen...«

»Es handelt sich also, um es mit einem bei uns üblichen Begriff zu bezeichnen, um ein kombiniertes Feed-back, nicht wahr?«

»Ganz richtig... ein Feed-back. Und um diesen Zellmechanismus zu untersuchen, richteten wir unser Augenmerk auf die Metamorphose der Kerbtiere... Seit langem weiß man, daß diese Metamorphose geregelt wird durch das aus den corpora allata stammende ›Larven-Hormon‹ und das ›Differenzierungs-Hormon‹ aus den Nervensekretzellen; auch hat man Experimente durchgeführt, um festzustellen, welches Resultat die zeitweilige Ausschaltung des einen oder anderen haben könnte. Nur ist es technisch außerordentlich schwierig, diese Stoffe quantitativ so fein zu regulieren und damit die Kontrolle über das Wachstum zu behalten. Immerhin, vor jetzt genau neun Jahren hatte man fast gleichzeitig in Amerika und in der Sowjetunion Erfolge mit solchen Experimenten. Und im Jahr darauf entdeckte unabhängig davon auch unsere Gruppe die nötige Technik. Wir produzierten dann einige sehr seltsame Insekten. Nun, wenn Sie sich dieses hier bitte ansehen wollen...«

Yamamoto holte so etwas wie einen großen Vogelkäfig hinter dem Stellschirm hervor. In ihm krochen zwei platte, graue Tiere von etwa Handtellergröße umher. Schon vom Anschauen widerliche Insekten, die Körper mit einer klebrigen Haut überzogen und mit seitlichen Borstenreihen in der gleichen grauen Farbe.

»Vermutlich fragen Sie sich, was die vorstellen ... Sie haben sechs Beine, gehören also auch von daher eindeutig zu den Insekten ... Ja, es sind Fliegen ... Erstaunt Sie das? ... Ausgewachsene Fliegenlarven. Sehen Sie hier: genau die Mundwerkzeuge der Fliege ... und sogar fortpflanzungsfähig. Dies ist das Männchen und dies das Weibchen ... Natürlich sind sie nur einfach merkwürdig, eine große Bedeutung haben sie nicht. Wir halten sie allein zur Erinnerung an unseren ersten Erfolg. Es sind wilde Kerle. Wenn man den Finger hineinhält, beißen sie zu. Und manchmal, wenn sie in Stimmung sind, wahrscheinlich in der Begattungszeit, schreien sie in seltsam knarrenden Tönen ...«

»Ich meine, gebraten müßte man sie doch verspeisen können«, sagte Tanomogi im Scherz oder nur so dahergeredet.

»Bitte, wenn Sie mögen ...« Yamamoto verzog keine Miene, schlug dann aber vor: »Nun würde ich Sie gern in den Entwicklungsraum führen ...«

Wir stiegen wieder auf die Brücke im Aufzuchtraum hinunter, gingen durch eine Tür, die derjenigen, zu der wir hereingekommen, gegenüberlag, und erreichten abermals einen düsteren Gang. Yamamoto ging voraus, den Kopf zur Seite geneigt, und fuhr in seiner Erzählung fort.

»Seit damals ist der internationale Informationsaustausch über dieses Problem wie abgeschnitten. Nein, zunächst nicht völlig; jedenfalls wurde, wenn auch sehr abstrakt, sogar noch einiges veröffentlicht, was sich auf die Technik der Säugeraufzucht außerhalb des Mutterleibes bezog. Aber danach schloß sich die Mauer des Schweigens. Und wenn man es genau bedenkt, war das zu erwarten. Hat man selber mit diesen Forschungen zu tun, so versteht man den Sinn eines solchen Schweigens nur allzu gut. Schließlich ist, was nun kommt, nicht einfach mehr ein technisches und wissenschaftliches Problem; man begann irgend etwas weit Ernsteres und Bedrohlicheres vorauszuahnen. Allein davon, daß man spürte, nun sei das theoretisch und wahrscheinlich auch technisch

möglich, wuchs die Unsicherheit nur um so mehr ...
Ja, bitte, – das ist der Raum!«
Eine eiserne Tür, auf die schwungvoll die Zahl »3«
geschrieben war. Yamamoto öffnete, indem er die
Türflügel nach außen drehte, und ich hatte einen un-
gefähr vier Quadratmeter großen, an drei Seiten von
Glasscheiben umgebenen Kasten vor mir, konnte
durch die Scheiben beobachten, was im Innern vor
sich ging. Links und rechts bewegten sich langsam
Dutzende von vielfach übereinander angeordneten
Förderbändern. Neben ihnen Hunderte von Maschinen, die wie Linsenschleifapparate aussahen und ebenfalls langsam ihre Köpfe auf- und abwärts drehten.
Darunter waren vier Leute in weißen Kitteln vor
einem langen, metallenen Tisch mit irgendwelchen
Arbeiten beschäftigt.
»Da das Innere steril ist, kann ich Sie leider nicht eintreten lassen. Gewöhnlich gebe selbst ich meine Instruktionen von hier aus. Ja, schauen Sie sich das bitte an! Allein in diesem Raum können wir täglich
1300 Föten behandeln. Entsprechend dem vorausbe-
stimmten Plan werden sie hier aus ihrer ursprünglichen Entwicklung herausgelöst. Was Sie da unmittelbar vor sich sehen, sind Föten von Unterwasser-Kü-
hen. Ja, – es ist schon wahr ... Nachdem wir uns diese
Szene ausgemalt hatten, waren zunächst selbst wir
entsetzt ...« Yamamoto, etwas Mitleidiges in der
Stimme, blickte zu mir herüber; Falten gruben sich
in seine Augenwinkel ein. »Aber wir sind nun einmal Naturwissenschaftler, verstehen Sie? Und bekommen wir auch so feierliche Vorhaltungen zu hören, wie daß unsere Arbeit ein Sakrileg wäre an der
Natur, – wir weichen doch gewöhnlich keinen Schritt
zurück. Indessen, ehrlich gesagt, ist uns ein Schau-
der über den Rücken gelaufen, als wir diesen Platz
entwarfen, an dem die Fötentransformation eingeleitet werden sollte.«
»Und mich schaudert es jetzt, da ich diesen Platz in
Betrieb sehe.«
»Kann ich mir denken ... Offenkundig weckt jede iso-
lierte Zukunft den Eindruck des Grotesken. Afrika-
nische Primitive sollen, als sie zum erstenmal in eine
Stadt kamen und dort die hohen Häuser sahen, diese für Menschenschlachthäuser gehalten haben ...
Ah, entschuldigen Sie ... wäre mir peinlich, wenn Sie

mich allzu wörtlich nähmen. Ich will sagen: was einem nicht begreifbar ist in seinem Zusammenhang mit dem menschlichen Leben, wirkt notwendigerweise furchterregend. Es erscheint sinnlos, erscheint zudem übermächtig . . .«

»Sie meinen also, es gäbe irgendwelche Gründe, angesichts solcher wie Träume empfundenen Experimente nicht zu schaudern?«

Yamamoto nickte. Wie wenn der Arzt seinen Patienten zu überzeugen versucht: mit einer Offenheit, in die sich zwar keine Empfindung mischte, die aber erfüllt war von Zuversicht, nickte er mir deutlich zu. Doch antwortete er nicht sofort, sondern öffnete ein seitlich angebrachtes Metallkästchen, drückte einen Schalter und sprach zu denen, die hinter der Glasscheibe arbeiteten.

»Harada, zeigen Sie uns doch einmal einen von den Kernen, die Sie gerade bearbeiten . . .« Und indem er sich zu mir umwandte: »Wir haben uns angewöhnt, einen eben der Plazenta entnommenen, noch nicht behandelten Fötus als Kern zu bezeichnen.«

Einer von den Operateuren nickte über die Schulter, nahm von einem Gestell einen flachen Glasbehälter und kam damit über eine eiserne Treppe zu uns her heraufgestiegen. Er hatte etwas Mutwilliges in seinen Augen, ein kaum merkliches Lächeln in seinem Gesicht. Es war, als ob das meine Erstarrung einigermaßen lockern würde. Dicht an meinem Ohr räusperte sich Tanomogi.

»Das ist der Kern von einem Yorkshire-Schwein«, sagte der Mann über den Lautsprecher.

»Ist es geglückt?« fragte Yamamoto ihn.

Der Mann drehte das Glasgefäß und hielt es hoch.

»Ja, gutgegangen.«

In einer dunkelroten, gallertartigen Masse waren fein verästelte Blutgefäße, die von einem wurmartigen Ding ausgingen, verteilt wie die Lichtspuren eines Feuerwerks.

»Das Schwierigste«, erläuterte Yamamoto, »ist am Anfang die Fixierung des Kerns auf der künstlichen Plazenta. Nun ja, es hat etwas wie vom Veredeln der Bäume. Aber natürlich, das Einsammeln der Kerne, ihre Konservierung . . . während sie hierher transportiert werden . . . Da ergeben sich allerdings Probleme. Immerhin müssen sie dabei mit draußen in

Kontakt kommen, und mir scheint, hier ist das Geheimnis am leichtesten zu durchbrechen.«

»Gegenwärtig stammen unter den Schweine-Implantaten vierundsiebzig Prozent von Yorkshire-Säuen.«
Und Yamamoto, während er diese Worte aus dem Lautsprecher mit einem Nicken bestätigte, fuhr fort: »Auf dem Arbeitstisch, den Sie dort unten sehen, wird aussortiert. Nur das erledigen wir von Hand, alles übrige erfolgt, wie Sie sehen, völlig automatisch. Sobald der erfolgreich fixierte Kern zusammen mit der künstlichen Plazenta auf das diesseitige Ende des Laufbands aufgesetzt ist, transportiert ihn die Maschine allmählich weiter. Um vom einen bis zum anderen Ende zu gelangen, braucht ein Kern etwa zehn Tage. Unterwegs befinden sich in bestimmten Abständen diese Injektionsapparate da mit den beweglichen Köpfen. Sie spritzen jeweils eine genau dosierte Menge leicht differenzierter Hormone in jeden Fötus. Im Mutterleib wirken die Körperhormone der Schwangeren und des Embryos zusammen; ihre feinen Differenzierungen werden hier nach Dosis und Zeitpunkt analysiert und entsprechend zur Anwendung gebracht. Würden wir diesen Prozeß genauso ablaufen lassen wie im Mutterleib, würden wir natürlich ein Landsäugetier erhalten, das der vorigen Generation gleicht; aber hier werden die Verhältnisse ein klein wenig geändert ... Eine Veränderung, die sich beschreibt durch die Sekretionsgleichung α ... Doch ich meine, mit dieser Erklärung dürfte es genug sein ...«

»Vermutlich unterscheiden sich diese Kerne aber nach Zahl der Tage und Stunden seit der Empfängnis, und das auszugleichen – ...«

»Ein wichtiger Punkt, den Sie da anschneiden. Soweit es die Schweine angeht, benutzen wir nach unserer Norm gewöhnlich solche, die etwa zwei Wochen alt sind; freilich, gewisse Abweichungen gibt es schon. Indessen, bis zu einem entscheidenden Punkt, dem Punkt nämlich, von dem an die Trennung erfolgt in Land- und in Wassertiere, ist es, solange die Veränderungen der Funktion α entsprechen, nicht nötig, sonderlich auf den Grad des Wachstums zu achten. Auch im Mutterleib hängt dies ja von verschiedenen Bedingungen ab: ob es eine junge Frau ist oder eine ältere ... Nur, sobald der erwähnte kritische Zeitpunkt gekommen ist, muß klar unterschieden werden. In dem Ausschnitt, den Sie von hier aus überblicken, können Sie das jetzt vermutlich nicht erkennen ... man merkt es daran, daß sich die Farbe der Plazenta verändert, daß sie ein wenig blasser wird ... Wer darin Erfahrung hat, sieht es sofort ...«

Der junge Mann, den er Harada gerufen hatte, wandte sich sogleich um, um ein Exemplar zu suchen. Während wir warteten, fischte Yamamoto – wenn ich wolle, bitte, hier dürfe man ungeniert rauchen – eine halb angerauchte Zigarette aus der Tasche seines weißen Kittels und zündete sie an; sah dann dem Rauch nach mit einem Blick, als hätte er das noch nie gesehen, und murmelte dabei:

»Seltsame Gewohnheiten haben wir Menschen angenommen ... und nur, weil wir Luft atmen ...«

»Nun, soweit also die Aufgaben im Entwicklungsraum 3«, sagte Tanomogi in demselben drängenden Tonfall wie zuvor. Wahrscheinlich begann ihn die Müdigkeit zu überfallen.

Ich selber, trotz der Anspannung, hatte dieses Gefühl, und mich fröstelte, als täte ich hier etwas, was nicht wiedergutzumachen wäre. Yamamoto jedoch, ohne auch nur im geringsten Notiz davon zu nehmen, meinte:

»Ja ... in Raum 1 werden letzte Unreinheiten beseitigt, in Raum 2 erfolgt die Verpflanzung auf die künstliche Plazenta, danach kommen sie hierher, und sobald sich die Farbe der Plazenta verändert hat, geht es im Raum 4, wo dann allmählich die Umwandlung in Unterwassersäuger einsetzt ... in dieser Reihenfolge ... Ah, – da scheint er ein Exemplar gefunden zu haben ...«

Der junge Mann von vorhin kam mit raschen Schritten zurück, ein anderes Glasgefäß in den Händen, das er uns hinhielt. Und allerdings, nachdem man es mir gesagt hatte, bemerkte ich es auch: in der Gegend, in der sich die Blutgefäße breit verästelt hatten, war ein leichter Schatten entstanden.

»Sehen Sie, jetzt hat offenbar im Fötus eine neue innere Sekretion eingesetzt. Wird festgestellt, daß dies der Fall ist, wird er unverzüglich weitertransportiert nach Raum 4 ... Harada, zeigen Sie uns doch einmal die Vorderseite ... Ah, vermutlich ein Frühentwickler ... Die Merkmale dieser Phase: das Rückgrat hat

sich weitgehend ausgebildet, Vorniere und Kiemen sind im Zustand größter Aktivität. Bei den großen Falten unterhalb des Kopfes handelt es sich um die Kiemen. Lassen wir das Rückgrat einmal beiseite, – warum sind Vorniere und Kiemen, die ja beide schließlich wieder verschwinden werden, nur in dieser Phase so aktiv? ... Entschuldigen Sie bitte, wenn das nach einer Biologievorlesung aussieht, – aber hier geht es um den für uns wichtigsten Punkt ...«
Abgekürzt, enthielt Yamamotos Erläuterung ungefähr dies ...

... Das fundamentale Gesetz der Evolutionstheorie ist das »Korrelationsgesetz«, was besagt, daß die Veränderung eines einzelnen Organs im Körper eines Lebewesens notwendigerweise eine Veränderung anderer Organe nach sich zieht. Schließlich hat diese Tatsache da es im Prozeß der Individualentwicklung, dieser Wiederholung der Stammesentwicklung, nicht darum geht, einfach nur Vergangenes zu wiederholen – eine außerordentliche Bedeutung für das Vorantreiben jeder Entwicklung. Es ist ja nicht so, daß alles wiederholt würde. Die Blutflüssigkeit zum Beispiel ist von Anfang an nahezu die gleiche wie im Körper des Erwachsenen. Wiederholt wird nur das, was mit seinem Verschwinden notwendig ist für die Entstehung eines darauf Folgenden. Selbst die Schweine haben beispielsweise eine Vornieren-Phase. Eine solche Vorniere hat im Erwachsenenzustand lediglich das Neunauge. Sonst verschwindet sie, als unbrauchbar, innerhalb von etwa fünf Tagen. Und es bildet sich hierauf die Urniere. Das erscheint auf den ersten Blick als eine unsinnige Prozedur; aber würde man die Vorniere in dieser Phase ausschalten, könnte sich die Urniere nicht bilden. Mit anderen Worten: das Verschwinden der Vorniere ist nicht ein bloßes Verschwinden; es hat vielmehr die Aufgabe einer Art innerer Drüse zur Beförderung der folgenden Urnierenphase. Auch diese Urniere macht verschiedene Verwandlungen durch bis zu dem innersekretorischen Organ, das dazu dient, die eigentlichen Nieren auszubilden, die schließlich die letzte Stufe darstellen ...
... Was diesen Punkt betrifft, so verhält es sich mit den Kiemen ebenso. Die zum Kopf zu liegenden Teile verwandeln sich in innersekretorische Organe und

bewirken als solche die Entwicklung der hinteren
Teile aus dem Kiemen-Zustand in die Lungenflügel.
Und zwar sind die, die diese Kiemen-Metamorphose
bewirken, die später als Thymus- und Schilddrüse
bezeichneten Teile ...
... Es stellt sich die Frage: was wäre, wenn diese Kiemen in ihrem anfänglichen Zustand blieben, sich
nicht zu innersekretorischen Organen umbildeten.
Bekanntlich endet in diesem Stadium die Entwicklung des Fisches. Aber selbst wenn man Säuger-Föten
hier stoppen würde, wären sie natürlich noch keine
Fische. Bestenfalls käme etwas zustande wie kraftlo-
se Gespenster von Nacktschnecken. Denn nicht alles
wird wiederholt, und viele Teile, die man braucht, um
ein Fisch zu werden, sind da bereits wieder verschwunden ...«
Yamamoto, als er dies in einem Zuge heruntergeredet
hatte, ließ ein leichtes Lächeln über seine glänzenden
Lippen gleiten und sah mich fragend an.
»Genügen Ihnen diese Erläuterungen?«
Ohne indessen eine Antwort abzuwarten, wandte er
sich um zur Tür und begann loszugehen. »Der Reihenfolge halber müßte ich Sie jetzt in den Entwicklungsraum 4 führen; doch da sich dort lediglich glä-
serne Kugeln im dunklen Raum kreisend bewegen,
werden wir diesen überspringen und zum letzten,
dem Raum 5, gehen.«
»Richtig!« sagte Tanomogi über seine Schultern hinweg, während er mich vorbeigehen ließ. »Damals, als
mich Fräulein Wada das erstemal herumführte, geschah das auch in dieser Reihenfolge.«
»Falls Sie wünschen, zeige ich Ihnen später gern einen
Film, den wir unter infraroter Beleuchtung aufgenommen haben ...«
»Ah, nein, vielen Dank ... allzu spezielle Dinge – ...«
»Ich verstehe. Da Sie ja an den technischen Vorgän-
gen nicht besonders interessiert sind, wird das nicht
nötig sein ... Aber ich möchte doch, daß Sie sich wenigstens noch den Raum 5 ansehen. Dürfte sich lohnen ...«

25.
Abermals gingen wir durch einen langen Korridor,
der wie der vorige leicht abfiel.
»Die Entscheidung darüber, wie die Entwicklung

weiter verläuft...« Yamamoto sprach jetzt mit ge-
dämpfter Stimme, als fürchtete er das Echo von den
Wänden her. »Die Entscheidung, ob mit der Kiemen-
Phase ein Abschluß erreicht ist oder ob eine Umwandlung der Kiemen in innersekretorische Organe
erfolgt, wird – ganz wie im Falle der Insekten-Meta-
morphose – durch die Qualität der Hormone reguliert, die aus den Nervensekretzellen stammen. Wirklich ist es etwas sehr Seltsames, dieses Nervensystem.
Nicht nur ist es unentbehrlich für Erhaltung des Or-
ganismus; in ihm liegt auch die Energie zur Fortentwicklung. Stoppt man diese Hormone, so endet auch
die Differenzierung schlagartig auf dieser Stufe. Mit
solcher Methode haben wir Schnecken-Schweine produziert, die eine Länge von gut siebzig Zentimetern
haben.«
»Und kann man die essen?« warf Tanomogi witzelnd
ein.
Er schien seine Fähigkeit herauskehren zu wollen,
daß er selbst angesichts einer solchen Situation auf
eine völlig alltägliche Weise zu reagieren vermochte;
mir war das unangenehm.
»Nun, ich wüßte nicht, was dagegenspräche.« Yamamoto war davon offenbar keineswegs berührt. »Mit
dem Abbruch der Differenzierung kommt allerdings
gleichzeitig auch das Nervensystem in einem niede-
ren Stadium zum Stillstand, und als Folge davon ver-
langsamt sich die Bildung der Muskulatur und mithin des Proteins. Der Geschmack dürfte also nicht
gerade überragend sein.«
Männer und Frauen in weißen Kitteln kamen uns
mit gesenkten Köpfen entgegen. Der Gang wurde
niedriger, die Decke war von nun an gewölbt. Ich
hatte das Gefühl, als würde auch das Gefälle ein wenig steiler. Meinte, das Stöhnen des Meeres zu hören;
möglich aber, daß es mir in den Ohren sauste.
»Wenn das mit diesen Schnecken-Schweinen möglich war – ...« Mit einer Handbewegung, als suchte
er nach einem unsichtbaren Kasten, drehte Yamamoto sich zu mir herum. »– ... sollte es eine leichte Arbeit sein, die Kiemen bei Säuger-Föten zu erhalten.
Die Sache ist jedoch recht mühsam; denn es geht
darum, nur die Atmungsorgane auf der Kiemen-
Phase zu stoppen und das übrige zu einem normal
ausgewachsenen Körper heranreifen zu lassen. Die

Faustregel von der Funktion der negativen und positiven Hormone reicht da nicht aus. Genau hier aber liegen auch die Erfolge unserer Forschungen, auf die wir stolz sein können.«

»Ein ziemlich langer Gang ist das.«

»Nein, er ist gleich zu Ende ... nur um die nächste Ecke noch. Er führt ganz um das U-förmige Gebäude herum ... Sind Sie müde?«

»Irgendwie ... vielleicht von der Feuchtigkeit hier ...«

»Das ist nicht zu vermeiden, da wir uns nun einmal unter dem Meer befinden ...«

Dieser Raum hatte keine Tür. In der Mitte und so, daß an den Wänden entlang ein etwa zwei Meter breiter Streifen geblieben war, hatte man eine tiefe Grube ausgehoben und randvoll mit Wasser gefüllt. Sie wirkte wie ein kleiner Swimming-pool im Hause. Nur, der Unterschied bestand darin, daß das Innere dieses Wasserbeckens erleuchtet war und man die Szene drunten deutlich wie mit Händen greifbar erkennen konnte. Wenn es auf unserer Seite tief und nach drüben zu plötzlich flacher werdend erschien, mochte das freilich an der Lichtbrechung liegen. Dahinter links in der Wand befand sich ein Fenster mit allerlei Meßinstrumenten, von vorn aus rechts in der Wand ein etwas größeres. Vor dem Fenster mit den Meßinstrumenten schwebten zwei mit Tauchgeräten ausgerüstete Männer unter Wasser hin und her und arbeiteten, während hell schimmernde Luftblasen von ihnen aufstiegen.

»Der Tierarzt und einer von den Züchtern«, sagte Yamamoto mit einem Lachen in der Stimme, betrat den Rand des Beckens und führte uns zu einem kleinen Zimmer rechter Hand.

Es war ein Raum, der einen außerordentlich prosaischen Eindruck machte: Medikamente, Operationsbestecke, Tauchgeräte, andere seltsam geformte Elektroausrüstungen und so weiter lagen wild durcheinander. Ein Ventilator summte leise, ein von alldem nicht zu überdeckender, stechender Geruch stieg mir in die Nase. Ein kleiner Mann mit niedriger Stirn, der irgendwelche Kurven auf Millimeterpapier eintrug, erhob sich sofort, um mir seinen Stuhl anzubieten. Wie ich beim Umsehen bemerkte, schienen nur zwei Stühle vorhanden zu sein. Ich lehnte ab. Allzu lange bleiben wollte ich ohnehin nicht.

»Sagen Sie denen da draußen doch bitte, sie möchten ihre Arbeit so verrichten, daß etwas mehr davon zu sehen ist. Diese Herren sind zur Besichtigung hier.« Wir folgten dem Mann, der, das Kabel eines kleinen Mikrophons hinter sich herziehend, hinausgetreten war, und stellten uns ebenfalls gebückt an den Rand des Beckens. Von dem Mann angesprochen, hoben die beiden im Wasser die Köpfe und winkten zurück.

»In zwei Minuten wird das nächste Ding herauskommen«, sagte der Mann, indem er sich zu Yamamoto umdrehte. Gleichzeitig hob einer der beiden im Wasser wie signalisierend zwei Finger.

»Gegenwärtig wird nämlich alle fünf bis acht Minuten eines geboren . . .« Yamamoto nickte dem Mann mit den Augen zu. »Bis sie hierherkommen, werden die im Kiemen-Stadium gehaltenen Föten, wie Sie sie in Raum 3 beobachten konnten, nebenan in Raum 4 gelagert, unterschiedlich nach Art, die Schweine-Föten zum Beispiel etwa sechs Monate lang . . . Zwar etwas komisch, dabei von ›lagern‹ zu sprechen – . . .«

»Hören Sie!« rief ich unwillkürlich erschrocken aus, »wenn Sie sagen, alle fünf Minuten werde eines geboren, – da müssen Sie ja bei sechsmonatiger Lagerzeit wahnsinnig viele auf Vorrat haben!«

»Haben wir auch, – in fünf Schichten zu je 16 000, also insgesamt einen Vorrat von 80 000«, sagte jener kleine Mann, schob das Kinn vor, hielt sich die Hand unter die Nase und schnupperte nach dem Tabakgeruch an seinen Fingern.

»Wenn Sie sich auf diesem Gebiet spezialisiert hätten«, fuhr Yamamoto fort, während er aufmerksam die Vorgänge im Becken verfolgte, »ich bin sicher, Sie würden sich, Herr Professor, für unsere Einrichtungen in Raum 4 brennend interessieren . . . wie die Nahrungszufuhr erfolgt und die Beseitigung dessen, was abgestoßen wird . . . wie wir Temperatur und Druck regulieren . . . Speziell die Regelung der Temperatur, die wir übrigens erheblich niedriger halten, als sie im Mutterleib wäre, bewirkt zusammen mit der Verabreichung künstlicher Sekretstoffe, daß einerseits die Fortentwicklung der Kiemen verhindert, andererseits die Ausbildung der übrigen Organe beschleunigt wird . . . Gleiches mit Gleichem, pflegt man zu sagen . . . Das stimmt nicht ganz; aber wie soll man verfahren, um die Auflösung von Salzkristallen im Wasser zu vermeiden? Natürlich indem man am besten eine übersättigte Lösung benutzt. Nun, und damit ist es uns tatsächlich gelungen, eine Weiterentwicklung der Kiemen zu verhüten, ohne dabei anderes zu tangieren.«

An einem der Meßgeräte im Wasser unterhalb des Fensters ging eine rote Lampe an. »Jetzt ist es da!« schrie der kleine Mann und kratzte sich die Schuppen auf seinem Kopf.

»Hier kann man wirklich von einer künstlichen Geburt sprechen«, meinte Tanomogi, die Hände auf das Becken gestützt und sich vorbeugend.

Die Männer im Wasser gaben Handzeichen und nahmen, dem Fenster zugewandt, so Aufstellung, daß die von ihnen aufsteigenden Luftblasen die Sicht nicht behinderten. Plötzlich kam ein schwarz lackierter Metallkasten, der das Fenster in seiner ganzen Breite ausfüllte, daraus hervorgeglitten und verhielt nach ungefähr einem halben Meter. Sofort begannen die Männer mit ihren Instrumenten zu operieren.

Sie öffneten den Deckel des Kastens und holten einen Plastikbeutel heraus. Im Nu verwandelte sich der Beutel in einen großen Ball. Dieser Ball war angefüllt mit einer trüben, roten Flüssigkeit. Einer der beiden Männer stach eine Art Schlauch, der von einem Meßgerät ausging, in den Ball und drehte einen Hahn auf.

»Sie saugen die Flüssigkeit im Innern ab. Da mit der Trennung von der Plazenta reflexartig die Kiemenatmung einsetzt, muß die Operation außerordentlich rasch vorgenommen werden ...«

Der Ball fiel in sich zusammen und nahm, indem die Hülle fest anklebte auf dem Körper, der sich darin befand, die Form eines kleinen Schweines an. Das Ferkel strampelte mit den Beinen. Der andere Mann setzte vorn an dem Beutel ein Skalpell an und schlitzte ihn rasch auf, als risse er ein Hemd herunter. Fast unbemerkt hatte jener kleine Mann neben uns eine lange Stange an dem einen Ende gepackt und fischte nun den überflüssigen Beutel heraus, schleuderte ihn mit einer einzigen, geübten Bewegung in eine Tonne in der Ecke. Ein ekelerregender Gestank verbreitete sich. Von hier also kam, was ich zuvor als stechenden Geruch empfunden hatte.

Das Ferkel wurde bei den Vorderbeinen gepackt, und während es tolpatschig zappelte, schwitzte sein Körper etwas aus wie einen rosa Dunst. Der Assistent schob eine Bürste auf den schon erwähnten Schlauch, rieb damit den Schmutz von dem kleinen Körper und saugte ihn ab. Vermutlich wäre anders das Wasser im Becken bald verdorben gewesen. Als sie dem Ferkel mit einer metallenen Injektionsspritze irgend etwas in die Ohren drückten, hüpfte es in die Höhe.

»Die Trommelfelle sind ohnehin nutzlos, und da dies außerdem Stellen sind, die sich leicht entzünden, werden sie, wie Sie sehen, gleich zu Anfang mit einer Plastikmasse verstöpselt.«

»Aber wenn sie heranwachsen...« begann Tanomo gi, verstummte jedoch sofort wieder. Er meinte wohl, er nähme mir die Frage aus dem Mund.

»Bitte, fragen Sie nur immerzu!«

»Meine Frage ist furchtbar simpel: lockern sich denn, wenn sie heranwachsen, diese Pfropfen nicht...?«

»Ich verstehe... Allerdings ist das eine Plastik von sehr merkwürdiger Eigenschaft. Sie bewegt sich, und zwar ohne Rücksicht auf die Schwerkraft, immer in Richtung auf die größere Wärme zu. Breitet sich also von selbst dort aus, wo ein unmittelbarer Kontakt zur Körperwärme besteht; mithin ist das perfekt gelöst... Und was wollten Sie fragen, Herr Professor?«

»Nun, ich meine die Geräusche... was ist mit der Unterwasserakustik...?«

»In dieser Hinsicht ist noch mancherlei ungeklärt, wissen Sie... Nur, da es sich selbst im Falle der Fische so verhält, daß die Gehörorgane, obwohl sie von Knochen überdeckt sind, den Schall hinlänglich registrieren, dürften diese Schweine auch durch die Plastikpfropfen hindurch hören können.«

»Sie wollen also sagen: taub sind die Unterwassertiere nicht, oder?«

»Natürlich sind sie das nicht. Unterwasser-Hunde zum Beispiel sind so empfindlich, daß sie noch das kleinste Geräusch wahrnehmen.«

»Man nennt es zwar oft eine Welt des Schweigens, aber so still scheint es auch drunten im Meer nicht zuzugehen«, bemerkte Tanomogi mit einem wissenden Gesicht, worauf ihm jener kleine Mann geradezu das Wort abschnitt und ausrief: »Alles andere als das

sogar! Wenn man nur die Ohren hat, es zu hören, –
nirgends geht es so lebhaft zu wie im Meer. Das ist
ein Gezwitscher unter den Fischen ringsum ... wie
unter den Vögeln im Wald ...«

»Das größere Problem«, sagte Yamamoto und neigte
den Kopf, während er sich mit seinen dicken Fingern
von oben nach unten über die Nase strich, »größer
als das Problem des Hörens ist das Problem, wie Töne
hervorzubringen sind. Denn natürlich kann ein Kie-
men-Atmer ja wohl unmöglich Stimmbänder benutzen, und wir haben damit viel Schwierigkeiten gehabt. Ein Hund, der keinen Ton hervorzubringen
vermag, ist nun einmal kein Wachhund. Immerhin,
wenigstens die Hunde haben wir erfolgreich trainiert ...«

»Trainiert ... daß sie bellen?«

»Aber wo! ... Wir haben ihnen beigebracht, mit den
Zähnen zu knirschen, statt Laut zu geben. Eine bestimmte Art von Fischen hatte uns darauf gebracht,
und wir haben allen Grund, auf diese prächtige Idee
stolz zu sein.«

Der Mann, der das Tier gesäubert hatte, schwang
sich mit einem Stoß empor in die Nähe der Wasseroberfläche, streckte das Ferkel, das er in den Händen
hielt, in die Höhe und ließ es uns betrachten. Zart rosa, mit einem hellen Flaum bedeckt, und emsig die
wie Hautfalten wirkenden Kiemen öffnend und
schließend, starrte es aus dem Wasser mit einem be-
nommenen Ausdruck zu uns herauf.

»Es hat ja schon die Augen auf, wie?«

»Na, – haben Sie es also bemerkt ...?!« Yamamoto
lachte belustigt. »Ich sagte Ihnen, nichts außer den
Atmungsorganen sei anders; aber um genau zu sein:
es bestehen da doch allerlei Unterschiede ... So hat
das kleine Schwein nicht eigentlich die Augen geöffnet, sondern die Augenlider sind zurückgebildet.«

Der Mann im Wasser nahm das Ferkel wieder unter
den Arm, drehte sich herum, so daß sich dabei seine
ausgeblichenen blauen Gummihosen verzerrten,
durchquerte mit einem Stoß das Becken und verschwand, als hätte ihn, wie er war, das Schlupffen-
ster auf der gegenüberliegenden Seite fortgesogen.
Hinter ihm blieb eine dichte, helle Kette silberfarbe-
ner Blasen zurück.

»Wohin ist er denn gegangen?«

»Zur Säuge-Farm ... Bringen Sie mir doch bitte das Glas«, sagte Yamamoto zu dem kleinen Mann neben uns, und dann, während er uns hinüber zu der Seite mit dem Fenster führte: »Ich werde Ihnen später anatomische Pläne zeigen; jedenfalls jedoch bleibt eben trotz allem ein gewisser Einfluß auf einige der Organe erhalten, die normalerweise gesteuert werden von den aus den zurückgebildeten Kiemen stammenden Hormonen. Um nur die auffälligsten Merkmale zu erwähnen: es verschwinden zum Beispiel die äußeren Drüsen wie Tränendrüsen, Speicheldrüsen, Schweißdrüsen ... außerdem bilden sich die Augenlider zurück, gehen die Stimmbänder verloren ... Ja, und nun die Lungen dieser Unterwasser-Säuger ... es ist nicht so, daß sie, weil die Kiemen entstehen, überhaupt nicht vorhanden wären. Nur die Luftröhre, die ist völlig verschwunden, und die Bronchien mit ihren Anschlußstücken münden unmittelbar in die Speiseröhre durch Öffnungen in deren Wand. Man kann also nicht eigentlich von Lungen sprechen; richtiger wäre es wohl, sie als eine Sonderentwicklung der Schwimmblase zu bezeichnen, wie sie der Fisch besitzt ... Vielleicht eine Merkwürdigkeit der Natur, – aber obwohl sie keine Tränendrüsen haben und keine Speicheldrüsen, macht das den Unterwasser-Lebewesen gar nichts aus ...«
»Ein Weinen oder Lachen ist also nicht mehr möglich, wie?«
»Jetzt scherzen Sie ... Seit wann weinen und lachen denn Tiere?!«
Der andere, der im Wasser gewesen war, kam über eine eiserne Leiter heraufgestiegen. Wahrscheinlich wurde er von dem kleinen Mann oben abgelöst. Dieser erschien jetzt mit einem weißemaillierten, etwa zwei Meter langen dünnen Rohr auf der Schulter, und sobald er uns das in die Hand gedrückt hatte, zog er sich wieder zurück und streifte sich die dunkelblaue Unterwasserausrüstung über. Yamamoto senkte das schlüsselförmig gebogene Ende des Rohrs ins Wasser, richtete die mit einer Linse versehene Spitze auf das Fenster und schaute von oben her in die Öffnung hinein. Sozusagen ein umgekehrtes Periskop.
»Sie können sie erkennen ... Bitte.«
So aufgefordert, drückte ich beide Handflächen an das Rohr und brachte mein Auge an das Okular; aber

das gesamte Blickfeld war in ein undeutlich milch-
farbenes Schimmern getaucht, und ich sah überhaupt
nichts. Vielleicht ist die Linse beschlagen, dachte ich
und wollte mein Taschentuch herausholen.
»Nein nein, es ist schon richtig so. Bleiben Sie nur
daran und schauen Sie fest hin. Was da neblig erscheint, ist nur die Wassertrübung«, sagte Yamamoto, und wirklich konnte ich mir durchaus einbilden,
ich sähe irgend etwas. »Was sich so unruhig hin und
her bewegt, das sind Ferkel. Außerdem hängen da
noch einige Apparate herab wie große Wespennester.
Das sind die künstlichen Zitzen. Beim Säugen geht
unvermeidlich einiges daneben; deshalb ist in solchen Säuge-Farmen das Wasser immer irgendwie
trübe.«
»Wieso aber kommt dieses Trübe nicht bis hierher?
Es wird doch keine eigentliche Scheidewand dazwischen sein?«
»Dafür ein Wasservorhang. Und die Säuge-Farm
selbst ist durch Wasservorhänge in vier Kompartimente unterteilt mit vier verschiedenen Temperatur-
stufen von 0,3 bis 18 Grad. Weil es nur Wasservorhänge sind, können sie sich ungehindert von dem
einen in das andere begeben. Von Zeit zu Zeit sind
immer wieder einmal andere Zitzen in Betrieb, und
so werden die Tiere, auch wenn es ihnen schwerfällt,
an einen plötzlichen, heftigen Wechsel der Wassertemperatur gewöhnt, was sich positiv auf die Entwicklung der Talgdrüsen, des Specks und der Borsten
auswirkt.«
Allmählich hatte sich mein Auge eingewöhnt, konnte
ich erkennen, wie an einem spindelförmigen Apparat, der ringsum mit zahllosen weißen, brustwarzen-
ähnlichen Ausbuchtungen bedeckt war und wie zu-
sammengeschnürt aussah, Dutzende von Ferkeln
mit ihren Schnauzen hingen, ein Bild wie eine Wein-
traube, die vom langen Liegen weiß überwuchert ist
vom Schimmel... Bei den menschlichen Gestalten,
die gelegentlich wie flatternde Fahnen dazwischen
hindurchschwammen, schien es sich um die mit Sauerstoffgeräten ausgerüsteten Pfleger zu handeln.
»Hier werden sie bis zur Entwöhnung, also ungefähr einen Monat lang, gehalten; danach werden sie
an die verschiedenen Meeresgrund-Farmen verschickt...«

26.

An das Yamamoto-Forschungsinstitut
Bestellschein Nr. 112
Liefern Sie uns bitte per Überland-Eilfracht
1) 2 Stück Yorkshire-Kernschweine,
2) 2 Stück Anti-Hai-Wachhunde,
3) 5 Stück Langhaar-Jagdhunde,
4) 8 Stück Milchkühe, dritte verbesserte Zucht,
5) 200 Einheiten Anti-Gelbschneefieber-Serum.

Meeresgrund-Farm III
Niigata-M.

»Wenn sie also Yorkshire-Kernschweine anfordern, – heißt das, nach Ihrer Terminologie, daß diese Schweine bereits zur Weiterzucht verwendet werden?«

Wir fuhren mit brennenden Bordscheinwerfern im Boot über eine Unterwasser-Farm, die schon fast die Ausmaße eines kleinen Sees hatte; die Luft hier war schwer und beklemmend.

»Nein, mit der ersten Generation jedenfalls geht das noch nicht. Unterwasser-Säuger der ersten Generation können zwar irgendwie aufgezogen werden, aber sie sind nicht fortpflanzungsfähig ... Erst nachdem wir auch die zweite Generation im gleichen Verfahren außerhalb des Mutterleibes aufgezogen haben, ist diese imstande, sich selbst zu vermehren. Und sie, die künstlich aufgezogene zweite Generation, bezeichnen wir als die eigentlichen Kern-Schweine, Kern-Rinder und so weiter ... Das braucht Zeit und Mühe, und da die Kosten erheblich sind, wirft das bisher noch nichts ab; aber nicht lange mehr, so wird die Zeit kommen, in der sich selbst vermehrende Unterwasser-Tiere keine Seltenheit mehr sind.«

»Und was hat es mit dieser Meeresgrund-Farm in Niigata auf sich?«

»Es handelt sich – ganz wörtlich – um eine Farm auf dem Meeresboden.«

»... die ihre Produkte auf den Markt liefert?«

»Wenn Sie mich danach fragen, – das weiß ich nicht so genau. Jedenfalls haben seit Ende vorigen Jahres Anforderungen wie diese hier plötzlich zugenommen ... Die Meeresgrund-Farm I war Bōsō-A, das ist gewiß. Außerdem war da die Pazifik-KL-Tiefsee-Farm, um die man viel Geheimnis machte ... Von hier aus haben wir bis heute an Rindern und Schweinen zusammen ungefähr 200 000 Stück ausgeliefert, eine Zahl, die gut einem Zwanzigstel der an Land gehaltenen Rinder und Schweine entspricht ... Da dies alles vermutlich zu einer einzigen Organisation gehört, dürfte es auch als Unternehmen schon lohnen.«

»Unvorstellbar!«

»Ja, ich verstehe es auch nicht recht. Ich denke mir, sie werden als Futter den sogenannten maritimen Schnee verwenden, der sich auf dem Meeresboden anhäuft; er soll den Schweinen ausgezeichnet bekommen. Sie hätten demnach unerschöpfliche Vorräte an Schweinefutter. Könnten die Tiere sogar wie Schafe weiden lassen. Es wäre also durchaus denkbar, daß sich das auch geschäftlich rentierte, oder finden Sie nicht? ... Ah, sehen Sie hier unten: hier wird mit Vakuumpumpen gemolken ...«

»Trotzdem, ich kann mir einfach nicht vorstellen, daß bei einem so riesigen Unternehmen nicht irgendein Wort darüber nach draußen gedrungen sein sollte ...«

»Eben; das scheint eine sehr solide Organisation zu sein ...« mischte sich Tanomogi, der die Ruder bediente, plötzlich ein, als wollte er irgend etwas herauslocken. Da ich mir noch immer nicht klar war, ob ich Tanomogi für einen Feind oder für einen Freund nehmen mußte, war so schnell schwer zu entscheiden, wen er damit angesprochen hatte.

Um ehrlich zu sein, ich wußte nicht weiter. Zweifellos hatte der Besuch hier meine Anschauungen völlig verändert. Insofern war es durchaus an dem, wie Tanomogi gesagt hatte: die Theorie von der Föten-Vermittlung, von der ich bisher nicht einmal hatte hören wollen, erschien mir jetzt völlig natürlich. Demnach mußte ich also die Bedeutung all der Zwischenfälle der letzten Tage erneut von Anfang an überprüfen. Die Ermordung jenes Hauptbuchhalters konnte, für sich genommen, nicht mehr im Mittelpunkt des Ganzen stehen.

Irgendwann war mir mein ursprünglicher Wunsch, den wahren Täter aufzuspüren, unvermerkt abhanden gekommen; was mich jetzt innerlich ganz erfüllte, war vielmehr ausschließlich die Geschichte mit meinem Kind, das mir genommen worden war. Hinsichtlich der Frage nach dem Verbrecher fühlte ich mich gar zu einem Kompromiß gestimmt; etwa so, daß ich, um damit die Voraussage-Maschine zu verteidigen, sie die falsche Feststellung treffen ließe, nach der eben doch jene Geliebte des Buchhalters die Tat begangen habe. Ich konnte mir zwar einreden, in einem gewissen Sinne wäre ich durch den Besuch hier der Wahrheit einen Schritt näher gekommen; aber gleichzeitig war mir auch wieder, als wäre ich weiter denn je von der Lösung jenes Problems entfernt. Und war ich es, – nun, meinetwegen. Ich hatte genug davon, mich mit solchen Dingen zu befassen. Tanomogi hatte irgend etwas gesagt, wie daß die Polizei Verdacht geschöpft habe; doch auch für die Polizei würde letzten Endes das Ansehen wichtiger sein. Gewiß würde sie es für besser halten, die Sache wenn schon mit einer Lüge, dann mit der Lüge der Voraussage-Maschine aus der Welt zu schaffen, als sie ganz im Dunkel zu lassen ... Ich wünschte jetzt nur, so schnell wie möglich von hier fort und vor der stillen und zuverlässigen Voraussage-Maschine zur Ruhe zu kommen.

Trotzdem war eines, das mußte auf alle Fälle vorher erledigt werden. Daß ich das Kind, das man mir genommen hatte, um jeden Preis aufspürte und ihm das Leben verkürzte, ehe man etwas mit ihm unternähme. Und hätte ich dies zustande gebracht, würde ich danach ein für allemal meine Finger davon lassen. Würde mir beim nächsten Mal einen wirklich durchschnittlichen Menschen vornehmen und wieder von vorn anfangen. Hatte nicht zum Beispiel Fräulein Wada gesagt, sie möchte ihre Zukunft vorausgesagt haben, – oder? ... Nun, sie als Testobjekt, – das wäre doch hübsch ... Ah, wenn sie einmal in die Jahre kommen, die Frauen, sind auch sie nicht mehr hübsch ... Mindestens aber würde sich da eine stille, friedliche Zukunft entfalten, gewebt aus ein wenig Freude und ein wenig Leid ... Nichts Interessantes, nur eben als Objekt mit gerade soviel Authentizität ...

»Aber warum eigentlich ist es nötig, ein solches Geheimnis daraus zu machen?«

Als ertrüge er es nicht länger, durchbrach Tanomogi das Schweigen. Gerade in dem Augenblick erreichte das Boot das jenseitige Ufer. Mit einer Gewandtheit, die zu seinem massigen Körper nicht passen wollte, sprang Yamamoto auf den festen Boden, und während er mir die Hand reichte, erwiderte er in einem ruhigen, keineswegs besorgten Tonfall: »Weil unsere Arbeit überaus revolutionär ist. Sie würde auf nationaler wie auf internationaler Ebene wahrscheinlich unübersehbare Folgen auslösen. Andererseits, wohin das am Ende führt, wenn wir sie vorantreiben, so weit schauen wohl selbst die an der Spitze der Organisation nicht voraus...«

»Ja, warum tun Sie etwas, von dem Sie nicht wissen, wohin es führt?«

»Nun, nach Ansicht der Großen aus der Wirtschaft verschwinden die Entwicklungsländer, mit denen sie früher, als wir derartige künstliche Kolonien noch nicht betrieben, glänzende Geschäfte machten, und da ist natürlich eine solche Investition auf jeden Fall solider als ein Krieg... Angenommen, Herr Professor, Ihre Voraussage-Maschine wäre, ohne von einem seltsamen Journalismus als Sensation ausgeschlachtet zu werden, wirklich geheimgehalten worden, ich bin sicher, unsere Bosse wären eiligst zu Ihnen gekommen und hätten sich eine Prognose erstellen lassen über die Zukunft der Unterwasser-Kolonien. Schon allein sich auszumalen, was denn wohl für eine Antwort dabei herausgekommen wäre, ist ein Vergnügen. Die Moskauer Maschine soll vorausgesagt haben, die Zukunft gehöre dem Kommunismus; ja, aber sie wird kaum etwas wissen von den unterseeischen Kolonien, nicht wahr?«

»Wir haben entschieden, daß bei uns keinerlei politische Voraussagen gemacht werden.«

»Freilich. Die Gesellschaft auf Voraussagen festzulegen, widerspricht dem Geist der Freiheit...«

Am Ufer der Unterwasser-Farm entlang lief eine hohe Betonmauer. In ihr befand sich eine Tür, und hinter dieser lag abermals ein Becken. Es war etwas größer als das vorige und hatte an allen vier Seiten vergitterte Schlupflöcher. Ein Abrichter im Taucheranzug war eben dabei, einen Hund zu trainieren, der, als trüge er eine Rüstung, einen schwarzen Glanz ausstrahlte.

»Das ist einer von den langhaarigen Jagdhunden, die auf dem Bestellschein vorhin erwähnt waren. Wir steifen ihnen das Fell, wie Sie sehen, mit einem Spezialöl; so wird die Haut geschützt. Denn sie müssen sich schließlich überall hineinwühlen können. Ah, er

hat bereits die Gummiflossen an den Pfoten. Sobald
er die zu benutzen versteht, ist er voll ausgebildet.
Morgen früh wird er verschickt, sein letztes Training
also.«

Plötzlich reckte der Hund den Hals, duckte den Kopf,
wirbelte herum und schoß – sein Körper ein einziger
Strich – an eines der Gitter; dann wendete er, und
schon im nächsten Augenblick war er mit einem
Fisch im Maul zurück.

»Der Trick besteht darin, daß er den Fisch nicht tot-
beißt!« erklärte Tanomogi, und Yamamoto fuhr fort:
»Da er, während er ihn zwischen den Zähnen hält,
nicht durch die Schnauze atmen kann, muß er das
Meerwasser durch die Nase zu den Kiemen fließen
lassen. Das können nur Hunde, die auf diese Weise
trainiert worden sind.«

Der Hund schob sein Maul in einen Beutel, den der
Abrichter in der Hand hatte, wartete, bis dieser den
Beutelverschluß zusammenzog, und dann erst ließ er
den Fisch fallen. Wirklich schwamm der Fisch lebendig im Beutel hin und her.

»Was glauben Sie, Herr Professor«, begann Tanomogi, als wäre ihm das eben eingefallen, »wie sie diese
Tiere über Land verschicken? Das ist nämlich geradezu phantastisch. Da gibt es doch diese Tankwagen
für Öltransporte, an denen hinten eine Kette schleift.
Nun, in solche Tanks stopft man sie hinein. Ist das
nicht eine tolle Idee? Wenn ich vier, fünf von den Wagen hintereinander vorbeifahren sehe, denke ich:
aha, da sind wieder welche unterwegs ...«

»Sie wollen ja nur zeigen, was Sie alles wissen, wie?«
spottete Yamamoto. Und Tanomogi, hastig: »Aber
gar nicht!« Worauf sie beide lachten, als ob sie das
lustig fänden.

Für mich jedoch gab es da nichts zu lachen. Ich hatte
noch nicht einmal die Energie, mich zu einem Lächeln
zu zwingen. Mir war zumute, als wären mit diesem
Gelächter meine müden Augen eine Daumenbreite
tief in ihre Höhlen eingesunken.

27.

Da der Wagen, der uns nach Hause brachte, von jenem Forschungsinstitut besorgt worden war, nahmen wir uns dem Fahrer gegenüber in acht und redeten nichts. Eines nur wollte ich Tanomogi sagen;

von allem übrigen Geschwätz hatte ich nun genug. Auch Tanomogi schien müde und schwieg. Schließlich war ich eingeschlafen. Als ich wachgerüttelt wurde, hielten wir vor unserem Haus. Ich hatte fürchterliche Kopfschmerzen.

»Morgen werde ich jedenfalls bis Mittag schlafen.«

»Morgen? Es ist ja schon vier Uhr in der Frühe.«

Ich sah nur noch undeutlich, wie Tanomogi ein schwaches Lächeln aufsetzte und mit der Hand aus dem Fenster winkte; dann stolperte ich ins Haus. Ich konnte mich gerade noch auf den Beinen halten. Meine Frau sagte kein Wort, doch bekümmerte mich selbst das jetzt nicht. Ich streckte die Hand aus, um nach dem Whisky am Kopfende meines Bettes zu langen, fiel aber in Schlaf, bevor ich es wirklich erreicht hatte.

Im Traum war ich wieder und wieder unterwegs zurück in das Yamamoto-Forschungsinstitut. Ich stieg in einen Wagen und fuhr los; indessen kam ich jedesmal in einem anderen Yamamoto-Forschungsinan. Als stünde ich in einem Zimmer aus lauter Spiegeln, führten alle Straßen und in unzähligen Varianten immer wieder zu einem Yamamoto-Forschungsinstitut. Und hinterm Tor dort hauste irgend etwas Schreckliches. Wie schrecklich, das war nicht recht erklärbar; jedenfalls etwas, vor dem ich mich entsetzlich fürchtete. Ich hatte mich so verspätet, daß ich zum Klingeln bei Arbeitsbeginn nicht mehr zurechtgekommen war, und sollte bestraft werden. Jenseits des Tores hatte die Anklageerhebung gegen mich begonnen. Mit jedem lauten Herzschlag nahm die Anklage an Schärfe zu. Ich hatte keine Zeit zu verlieren, ich mußte davonlaufen. Schließlich wußte ich selber nicht, lief ich davon oder hinzu. Und wieder war da das Tor eines Yamamoto-Forschungsinstituts vor mir und wartete auf mich ...

Kurz nach zehn Uhr wurde ich gewahr, daß ich mich daheim befand und schlief. Ich war erleichtert. Ich fand es komisch, mich so erleichtert zu fühlen, und unwillkürlich mußte ich laut loslachen. In jungen Jahren hatte ich in Nächten, wenn ich nach zu reichlichem Alkoholgenuß heimgekommen, häufig solche Träume gehabt. Ich hoffte, ich schliefe noch einmal ein; aber da schoß mir etwas durch den Kopf, das Eile hatte, und an einen richtigen Schlaf war damit nicht mehr zu denken.

Ich stand auf und suchte, von wo der elektrische Staubsauger brummte. Oben aus meinem Arbeitszimmer im ersten Stock.

»Habe ich dich gestört?« fragte meine Frau, ohne aufzublicken, ohne auch nur innezuhalten.

»Durchaus nicht ... ich wollte dich etwas fragen.«

»Was war gestern eigentlich los?«

»Ich habe gearbeitet.«

»Da du überhaupt nicht nach Hause kamst, habe ich dich schließlich im Institut anzurufen versucht.«

»Na, ich habe eben woanders gearbeitet!« Ich wurde allmählich nervös, ich begann zu meinen, nun hätte ich allerdings ein gutes Recht darauf, mich über sie zu erregen. Als ich im Begriff war, ernsthaft wütend zu werden, klingelte das Telefon. Eine Unterbrechung, über die ich erleichtert war.

Der Anruf kam von einer Zeitungsredaktion. »Moskwa 2« habe den Ausbruch einer Vulkangruppe auf dem Pazifik-Boden vorausgesagt und den Vorschlag gemacht, man möge, da die Zusammenhänge mit den ungewöhnlichen Temperaturen in letzter Zeit untersucht werden sollten, japanische Fachleute um ihre Mitarbeit bitten; ob ich vielleicht die Absicht hätte, mit der Voraussage-Maschine im Institut für Computertechnik auf diesen Vorschlag einzugehen. Wie üblich, lehnte ich jeden Kommentar ab: Nachrichtliches sei ausschließlich weiterzugeben an den dem Statistischen Amt untergeordneten Programm-Ausschuß. Das bei solchen Telefonaten stets empfundene Gefühl der Erniedrigung war an diesem Tag noch stärker, durchdrang mich mit einer sonst nicht gehabten Bedeutung.

Vor dem Fenster draußen eine runde, hell schimmernde Wolke veränderte vor meinen Augen ihre Gestalt und löste sich auf. Darunter die belaubten Zweige, das Dach des Nachbarhauses, der Garten. Bis gestern noch hatte ich das Gefühl, daß dieser unser Alltag dauern werde, für völlig unverrückbar und selbstverständlich gehalten. Aber jetzt war das anders. Wenn es Wirklichkeit war, was ich die Nacht zuvor gesehen hatte, mußte ich mir ja wohl sagen, daß dieser Alltag nichts anderes darstellte als eine Lüge, die sich für die Wirklichkeit ausgab. Alles hatte sich in sein Gegenteil verkehrt.

Ich war überzeugt gewesen, daß die Welt durch den

Besitz der Voraussage-Maschine kontinuierlich und in aller Stille wie kristallisierende Minerale immer klarer, immer transparenter werden würde; allein, es schien, da hatte mir meine Einfalt einen Streich gespielt. War es nicht vielmehr so, daß das Wort »Wissen« in seiner eigentlichen Bedeutung eher das Erkennen des Chaos meinte und nicht das Erkennen von Ordnungen und Gesetzen...?

»Im Ernst, es ist außerordentlich wichtig. Ich möchte, daß du dich noch einmal genau zu erinnern versuchst, was für eine Art von Platz das war... ich meine: jene Frauenklinik, von der du sagst, sie hätten dich gegen deinen Willen dorthin gebracht...«

Meine Frau, unsicher meinen Blick erwidernd, antwortete nichts. Freilich war kaum zu erwarten, daß sie begriff, ein wie großes Problem das war; andererseits hatte sie sich gewiß auch nicht vorstellen können, daß ich so gar nichts damit zu tun gehabt haben sollte. Außerstande, es ihr zu erklären, begann ich mich vor lauter Ungeduld erneut zu erregen. Obzwar man mich keineswegs unter Druck gesetzt hatte, das Geheimnis um jeden Preis zu wahren, würde es doch die Situation unnötigerweise nur noch komplizierter machen, wenn ich meine Frau die Wahrheit wissen ließe. Angenommen, sie hätte davon erfahren, was aus unserem abgetriebenen und aufgekauften Kind geworden, – ich brauchte mir nur ihre Reaktion auszumalen, um in Depressionen zu verfallen.

Trotzdem mußte ich es um jeden Preis aus ihr herausholen. Konnte ich ihr denn nicht mit irgendeiner Geschichte beikommen?

»Du glaubst, daß das dort eine richtige Frauenklinik war, oder?«

»Wieso...?«

Eine leichte Verwirrung zeigte sich auf ihrem Gesicht.

»Ah, um ehrlich zu sein, irgendwie habe ich das Gefühl, entschuldige, man hätte dich auf eine dir sehr unangenehme Weise behandelt.«

»Wie kommst du denn darauf?«

»Früher in meiner Bekanntschaft gab es einmal einen Frauenarzt, der war verrückt geworden.«

Normalerweise hätte ich solchen Unsinn nicht von mir geben können, ohne selber darüber zu lachen; da ich das aber mit todernster Miene gesagt hatte, trat der Erfolg sofort ein. Im Augenblick war das Gesicht meiner Frau erstarrt. Zweifellos konnte es für eine Frau nichts Schmählicheres geben als das. Sollte es so gewesen sein, hätte man sie also halb zum Scherz aufs Bett gelegt und ihr den Fötus herausgerissen.

»Nun ja, irgendwie ist mir auch, als wäre das kein richtiges Krankenhaus gewesen.«

»Und wie war es denn?«

»Wie es war...?« Und während sie die Augen zusammenkniff und den zurückgelegten Kopf ein wenig hin und her bewegte: »Es war so verlassen... so schrecklich düster...«

»Nicht weit vom Meer entfernt...?«

»Vermutlich...«

»Zweigeschossig, oder ein Flachbau?«

»Ja, – wie...?«

»Lagen im Hof nicht eine Menge Benzinfässer herum?«

»Ah, – ich weiß nicht...«

»Und der Arzt dort, – war es ein großer Mann?«

»Möglich schon...«

»Kannst du dich denn gar nicht an irgend etwas deutlich erinnern?«

»Sie hatten mir ja doch die komische Medizin gegeben. Verschwommen ist mir zwar, als könnte ich mich erinnern, aber ich habe das Gefühl, das wäre nicht meine eigene Erinnerung... Dagegen, an alles, was vorher war, bevor ich die Medizin schluckte, erinnere ich mich ganz deutlich. Die Krankenschwester mit der Warze auf der Wange zum Beispiel würde ich, wenn ich sie auf der Straße träfe, sofort wiedererkennen.«

Leider jedoch war mir auch im Yamamoto-Forschungsinstitut keine Frau mit einer Warze auf der Wange begegnet. Es blieb mir wohl nur noch ein Mittel: daß ich das Gedächtnis meiner Frau freilegen ließe durch die Voraussage-Maschine. Doch dieser Weg war zugleich ein sehr gefährlicher Weg. Auf diesem Weg war jene junge Frau namens Chikako Kondō vergiftet worden... Lohnte das Experiment wirklich ein solches Risiko?

Daß ich mich darauf stürzte, geschah nicht eigentlich aus solchen Wertüberlegungen. Vermutlich war die Ursache eine in mir aufsteigende blinde Wut. Ich konnte einfach angesichts dieser bloßen Hypothesen, dieser Unsicherheiten nicht mehr an mich halten. Und wenn ich die ganze Zeit über bei ihr wäre, sie bewachte, dürfte ja wohl alles in Ordnung gehen. Zu denken, daß dennoch ein Risiko nicht ausgeschlossen werden könnte, hätte geradezu mich selbst beleidigt. So sagte ich zu meiner Frau: »Mach dich bitte rasch fertig ...«

28.

Meine Frau sah mich argwöhnisch an, versuchte aber nicht, weiter in mich zu dringen. Wahrscheinlich, weil ich es in einem so harten Tonfall gesagt hatte, daß ihr keine Möglichkeit mehr zum Zurückfragen blieb. Ja, wie die Sache stand, mußte sie ohne eine Erklärung einwilligen.

Und doch, als ich ihr von hinten nachsah, wie sie mit erstarrten Gebärden die Treppe hinabstieg, um sich umzukleiden, hatte ich – ich will es gar nicht abstreiten – auf einmal seltsamerweise das Gefühl, ich müßte mich selbstkritisch rechtfertigen. War es denn tatsächlich meine Absicht, meine Frau ernsthaft zu beschützen, oder wollte ich sie lediglich als Werkzeug benutzen? Von solchen Zweifeln in meinem Gewissen getroffen, senkte ich den Kopf und überlegte. Dabei war es mir nicht recht erklärlich, wieso ich in diese Stimmung überhaupt geraten konnte. Ahnte ich etwa irgendwo in meinem Inneren bereits den schrecklichen Ausgang, der uns bevorstehen sollte?

Tatsache war, daß ich, um irgend etwas zu unternehmen, meine Zuversicht verloren hatte. Daß dies eine Entscheidung, wie es sich gehörte, überhaupt nicht war. Ich hatte nur einfach schreckliche Angst. War erfüllt von dem passiven Gefühl, um jeden Preis davonlaufen zu müssen. Mich schauderte schon bei dem Gedanken daran, wofür eigentlich unser Kind – ob Junge oder Mädchen, das wußte ich nicht – uns, seine Eltern, halten würde, wenn es erst, als Unterwasser-Mensch mit Kiemen geboren, herangewachsen wäre. Verglichen mit dieser Wirklichkeit dürfte man ja zum Beispiel den Kindesmord geradezu als einen hochanständigen Akt der Humanität bezeichnen, oder? ...

Ein Schweißtropfen perlte mir von der Nase, und ich kam wieder zu mir. Fast zehn Minuten hatte ich wie

geistesabwesend dagegstanden, hatte mir noch nicht
einmal das Gesicht gewaschen. Ich ging hinunter,
und als ich die Zahnbürste in den Mund schob, hatte
ich einen Brechreiz wie von einem Kater.
Das Telefon klingelte. Ein Drohanruf? Einer von
diesen widerlichen Anrufen, in denen alle meine Ak-
tivitäten so bis ins letzte durchschaut zu werden
pflegten? ... Ohne mir zum Mundausspülen Zeit zu
lassen, sprang ich hinaus. Aber da war es Tomoyasu
vom Programm-Komitee.
»Hören Sie, ich rufe Sie an wegen dieses Koopera-
tionsvorschlags von ›Moskwa 2‹ ...«
Sein aufdringlicher Tonfall erregte mich nicht wie
sonst.
»Nun, damit ist wohl nichts, wie?« fragte ich zurück,
ohne mir etwas dabei zu denken.
»Nein nein, daß damit nichts wäre, kann man nicht
sagen ... Wir sind übereingekommen, vorläufig eine
abwartende Haltung einzunehmen ...«
Wie üblich! Also würden die Zeitungen uns wieder
mit Schweigen übergehen. Aus einer abwartenden
Haltung allein wurde noch keine Nachricht. Ohnehin
hatte die Allgemeinheit in letzter Zeit ihr Interesse
weitgehend von uns abgewandt, wohl unter der Wirkung jener Propaganda, die die Voraussage-Maschine als inhuman bezeichnete. Nun, mir war das im
Augenblick völlig gleich. Ich hatte keine Zeit, mich
mit solchen Dingen zu belasten. Wenn dieser ängst-
liche Tomoyasu – und er wollte doch die Zukunft
beim Genick packen – auch nur ein Hundertstel von
dem erfahren hätte, was ich die Nacht zuvor gesehen ...
Als ich nichts erwiderte, fuhr Tomoyasu fort: »Übrigens, was macht die Arbeit? ... Ich freue mich schon
auf die Konferenz übermorgen.«
»Nun, über Grundsätzliches wie den generellen Charakterkoeffizienten werde ich, denke ich, einen inter-
essanten Bericht vorlegen können.«
»Und was den Fall jenes Mörders angeht ...?«
Aus meinem Mundwinkel fiel mir ein weißer Spei-
chelfaden auf den Handrücken. »Im Laufe des heutigen Tages werde ich ein Exposé meines Berichts anle-
gen und es Ihnen durch Tanomogi bringen lassen ...«
Um ihn loszuwerden, hängte ich schnell ein.
Im selben Augenblick jedoch, als der Hörer wieder

auf der Gabel lag, klingelte das Telefon abermals. Und jetzt war es tatsächlich ein Anruf von jenem Mann, der mich bedrohte, unverkennbar diese Stimme, die so sehr der meinen ähnelte.

»Sind Sie es, Herr Professor Katsumi? Oh, Sie waren aber schnell am Apparat. Das sieht ja aus, als hätten Sie auf meinen Anruf schon gewartet...«

Er sagte es wie scherzend genau mit meiner Stimme, wenn ein Lächeln in ihr liegt; und dann, ohne eine Antwort abzuwarten, wechselte er plötzlich auf einen ernsten Tonfall über, der erst recht meiner Art zu sprechen glich.

»Nein, es sieht nicht nur so aus, – Sie haben wirklich auf meinen Anruf gewartet... Natürlich... Immerhin sind Sie ja im Begriffe, insgeheim genau das ins Werk zu setzen, vor dem ich Sie meine warnen zu müssen...«

Zweifellos hatte ich diesen Drohanruf halb und halb erwartet. Immer wenn ich dabei war, etwas zu unternehmen, kam unweigerlich so ein Anruf und hielt mich auf. Betrieb eine unversöhnliche Obstruktion. Und obwohl ich damit gerechnet hatte, war ich doch gleichzeitig auch verblüfft. Schließlich – und ich konnte mir außer Tanomogi, der bis in die letzte Nacht alle Unternehmungen mitgemacht hatte, niemanden vorstellen, dem mein Plan, das Gedächtnis meiner Frau durch die Voraussage-Maschine aufzuhellen, bekannt sein konnte; man hätte denn eine Abhöranlage in unserem Haus installiert – schließlich war es ja ebenso unwahrscheinlich, daß der bisher so geschickt taktierende Tanomogi sich plötzlich derart offenkundig hätte verraten sollen... Mich schauderte, ich hatte das Gefühl, ein unsichtbarer Aufpasser stünde unmittelbar neben mir.

»Ich... und gewartet? Das war ein reiner Zufall!«

»Ich weiß. Bevor ich anrief, hatten Sie ein anderes Gespräch...«

Ich war völlig verwirrt. Soviel ich davon begriff, hatte ich es bestenfalls für möglich gehalten, daß man die Stimme der Voraussage-Maschine, die ja mit meiner Stimme sprach, auf Tonbänder umgeschnitten haben könnte; hatte mir infolgedessen nicht träumen lassen, daß sie überhaupt der jeweiligen Situation entsprechende Worte zu reden, geschweige denn gar mir regelrecht zu antworten imstande wäre.

»Aha, habe ich Sie erschreckt?« Der andere schien meine Verwirrung durchschaut zu haben; er pustete heftig in die Sprechmuschel, vielleicht auch war es ein Lachen. »Immerhin dürften Sie mich ja auf diese Weise allmählich erkannt haben, oder?«

»Wer sind sind...?«

»Wer bin ich wohl?... Begreifen Sie es noch nicht? Gut, ich werde Ihnen einen weiteren Hinweis geben. Der Anruf zuvor kam von Herrn Tomoyasu vom Programm-Komitee...«

»Tanomogi!... Nein, natürlich die Maschine... eine bloße Stimme. Aber der Kerl, der die Fäden zieht, ist bestimmt Tanomogi... Wahrscheinlich steht er daneben... Tanomogi, kommen Sie sofort an den Apparat!«

»Das ist ja widersinnig! Wenn ich es bin, der redet, bin ich es auch, der hört. Und aus eigenem Entschluß habe ich Sie jetzt angerufen. Meinen Sie, Sie könnten von einer bloß von einem Menschen in Gang gesetzten Maschine solche schlagfertigen Antworten erwarten?... Zum Beispiel: im Augenblick führen Sie, Herr Professor, dieses Gespräch mit dem Mund voller Speichel. Sie waren mithin dabei, sich die Zähne zu putzen, und haben mittendrin aufgehört, um ans Telefon zu kommen, nicht wahr? Stimmt es? Wenn Sie sich erst einmal den Mund fertig spülen wollen, – bitte, ich warte solange. Nein, wirklich unhöflich von mir. Aber ich sage das nicht, um mich über Sie lustig zu machen. Nur, da ich tatsächlich ganz aus freiem Willen mit Ihnen rede –...«

»Dann sagen Sie mir doch endlich, wer Sie sind!«

»Ja, vielleicht sollte ich das wirklich... Und selber sind Sie, ganz ehrlich, noch nicht dahintergekommen?... Nun ja, das kann natürlich schon sein... Immerhin dürfte Ihnen aber auffallen, daß meine Stimme der Ihren aufs Haar gleicht. Möglicherweise denken Sie nun: welche zufällige Ähnlichkeit bei einem Fremden!... Bitte, wie Sie wollen. Letzten Endes sind es eben die beiden Seiten derselben Medaille, wie man sagt: daß Sie, Herr Professor, mein wahres Wesen nicht zu verstehen suchen, ja noch nicht einmal sich die Mühe machen, es verstehen zu wollen, und daß ich Sie so anrufen muß... Daß ich Ihnen im Grunde erst die Vorbedingung verdeutliche für all das –...«

»Ja, warum kommen Sie dann nicht selbst zu mir? Das
würde doch die Geschichte erheblich vereinfachen.«
»Finden Sie? ... Bedauerlicherweise ist das nicht
möglich ... Zudem, was die Geschichte angeht, –
eigentlich ist sie gar nicht so kompliziert ...«
»Also sollten wir sie auch kurz und bündig erledigen.«
»Mit Vergnügen.« Und indem er etwas mehr Nachdruck in die Worte legte: »Tatsache ist, daß Sie eine
schicksalsschwere Entscheidung getroffen haben.«
Mir schien, ich mußte vorsichtig sein. Daß mein Gegenüber so ungezwungen alle Nuancen beherrschte,
von groben Ausdrücken angefangen bis hin zur Be-
amtensprache, deutete auf keinen gewöhnlichen
Menschen, bei dem es mit einem rein äußerlichen Begriff sein Bewenden hat; und um Tätigkeiten zu nennen, in denen einer im Umgang mit Leuten sich so
bis hinter die Maske einschleicht, die wir von Stan-
des oder Berufs wegen tragen, sind dies ja wohl vor
allem die eines Kriminalbeamten oder eines Erpres-
sers. Indem er tat, als durchschaute er meine Gedanken, wollte er mich vermutlich mit plötzlichen Sugge-
stivfragen überschütten.
»Nun ja ...« reagierte er, sich leise räuspernd, auf
mein Schweigen, »es ist durchaus verständlich, daß
Sie dieses Mißtrauen gegen mich haben. Aber ich
weiß Bescheid. Sie stehen auf dem Sprung, mit Ihrer
Frau auszugehen. Stimmt es? ... Nein, glauben Sie
bitte nicht, ich würde Sie von einem Haus in der Nähe
aus mit dem Fernglas beobachten. Allerdings ist es
wahr, daß zur Zeit ein Wachtposten vor Ihrem Tor
steht ... Ja, schauen Sie doch gerade einmal durch
das Fenster am Ende des Korridors ... schnell!«
So aufgefordert, ließ ich den Hörer fallen, und als
ich, wie er mich geheißen, hinaussah, ging jener mir
schon bekannte Verfolger eben mit offensichtlich ge-
langweilter Miene von links nach rechts am Tor vorbei. Aus dem Telefonhörer redete es weiter. Ich kehrte zurück, und vorsichtig, damit kein Geräusch ent-
stünde, nahm ich ihn wieder auf.
»Na, wie?« Also schien er es, obwohl ich ohnehin geschwiegen, irgendwie doch bemerkt zu haben, daß
ich wieder da war. »Es ist derselbe junge Mann, mit
dem Sie sich schon einmal gebalgt haben. Ein außerordentlich begabter Spezialist für Meuchelmord ...«

»Von wo aus sprechen Sie eigentlich?«
Geduldig ertragend, daß eine Versteifung meines
Rückens sich auf den Kopf ausbreitete, versuchte ich
in diesem Kopf die Lagepläne der Häuser durchzu-
gehen, von deren Fenstern aus man mich beim Telefonieren hätte beobachten können ...
»Nein, wenn ich Ihnen doch sage, daß ich Sie nicht
von irgendwoher in Ihrer Nähe anrufe ... Hören Sie:
eben fährt hier ein Feuerwehrwagen vorbei ... ich
öffne das Fenster ... Haben Sie es mitbekommen?
Bei Ihnen vorm Haus war das sicher nicht zu hören ...«
»Kein Problem, dieser Trick, – wenn man ein Tonband
benutzt ...«
»Da haben Sie wieder recht ... Nun, ich werde Ihnen
also meine Telefonnummer nennen. Schon die ersten
Ziffern dürften Ihren Verdacht entkräften. Dann le-
ge ich auf, und Sie rufen mich unter dieser Nummer
an. Einverstanden?«
»Lassen Sie es gut sein. Mir ist alles gleich.«
»O nein, das geht nicht.« Und plötzlich in einem Tonfall, als wollte er mich zur Einsicht bekehren: »Das
ist ja gerade das Fürchterliche. Ich meine: daß ich
alles vor mir sehe ...«
»Was Sie nicht sagen! ... Na, und?«
»Du begreifst es wirklich nicht ...« Der Angreifer
stieß einen tiefen Seufzer aus. Dabei war in seinem
Tonfall etwas so Aufrichtiges gewesen, daß mir das
»Du«, diese Anrede von gleich zu gleich, auf die er
übergewechselt, gar nicht aufgefallen war. »Da bin
ich so weit gegangen in meinen Worten, und du er-
kennst mich noch nicht? ... Ich bin es, ich ... du selber ... Ich bin der, der du bist!«

29.
Für einen langen Augenblick stand ich reglos da.
Nicht nur mein Körper, auch mein Inneres war erstarrt. Das hatte nichts mehr zu tun mit dem einfachen Gefühl, das man als Schreck bezeichnet; war
vielmehr ein seltsamer, aus Ruhe und Verwirrung
gemischter Zustand, als hätte ich mir bei diesen Worten gesagt: das hast du ja von Anfang an gewußt,
und würde nun doch verrückt. Dabei hatte die Ruhe,
um ein Bild zu geben, etwas von der idiotischen Komik, wie wenn man meint: an irgendwen erinnert

dich dieser Kerl, und merkt dann, daß es in Wahrheit das eigene Spiegelbild ist. Die Verwirrung jedoch glich der bitter schmerzlichen Verzweiflung, mit der man im Traum, Seele geworden, unter der Zimmerdecke schwebend herabblickt auf den eigenen Leichnam...

Mühsam überlegend, suchte ich nach Worten, reihte ich sie aneinander.

»Wäre es also so, daß du – zusammengebaut mit Hilfe der Voraussage-Maschine – so etwas darstelltest wie ein Kompositum aus meinem Ich...?«

»Könnte man sagen, und doch ist es so einfach auch wieder nicht. Ein bloßes Kompositum wäre ja wohl nicht imstande, sich auf diese Weise mit dir zu unterhalten.«

Unwillkürlich nickte ich meinem unsichtbaren Gegenüber zu. »Aber ein Bewußtsein wirst du natürlich nicht besitzen, oder?«

»Wie sollte ich?!« sagte er mit dumpfer Stimme und schniefte. »Ich habe keinen Körper. Ich bin, wie du dir ganz richtig vorstellst, nicht mehr als ein im voraus bespieltes Tonband. Da kannst du freilich nicht erwarten, daß ich etwas so Großartiges habe wie ein Bewußtsein. Andererseits bin ich auf weit über das Bewußtsein hinausreichende Authentizität und einen Sinn für Zwangsläufigkeiten geeicht. Die Vorgänge in deinen Gedanken kenne ich längst, noch bevor du sie ablaufen läßt. Deshalb magst du dich wie frei auch immer gebärden, du tust doch keinen Schritt außerhalb des Programms, das in mir vorausgeplant ist.«

»Und wer hat entworfen, was du sagst?«

»Niemand. Das sind Dinge, die sich zwangsläufig aus dir heraus entwickeln.«

»Das hieße demnach –...«

»Genau so... Ich habe – in Kenntnis der ersten Voraussage – deine Zukunft gesehen; ich habe einen Voraussage-Wert zweiten Grades. Mit anderen Worten: ich bin du... und zwar jenes Du, das dich durch und durch kennt.«

Auf einmal schien mir mein Ich weit weg, klein, unerheblich. Und an der Stelle, an der sich bis dahin mein Ich befunden hatte, rotierte in aufreizendem Tempo wie die bunte Drehsäule vorm Barbiersalon ein schwerer und großer, ein oszillierender Schmerz...

»Jedenfalls muß dich aber doch Tanomogi oder sonst-
wer veranlaßt haben, mich anzurufen, oder?«
»Wieder kommst du mir damit! Offenbar geht dir die
Situation noch immer nicht ganz ein. Was ich will,
willst du. Es ist dir nur noch nicht klargeworden. Ich
verhalte mich lediglich so, wie du dich verhalten
würdest, wenn dir deine Zukunft bekannt wäre.«
»Und auf welche Weise setzt sich ein Tonbandgerät
in Bewegung?«
»Rede keinen Unsinn! Selbstverständlich betraut es
jemanden damit. Und der, der hierfür seine Hand
geliehen, war – wie du vermutest – tatsächlich Tanomogi ... Doch darfst du das keinesfalls für ein Kom-
plott Tanomogis halten. Alles, was er bisher getan
hat, geschah in meinem Auftrag. Und mein Auftrag
bedeutet soviel wie dein Auftrag. Wessen du Tanomogi verdächtigst, dessen solltest du besser dich selbst
verdächtigen ...«
»Nun gut, ich will es versuchen ... Aber warum nur
mußt du mich mit solchen Drohanrufen bedrängen,
mich verwirren?«
»Ich habe dich nicht verwirrt, ich habe dich gewarnt.«
»Findest du nicht, daß all dieses Drumherumreden
völlig unnötig war? Da du meine Zukunft kennst,
kennst du gewiß auch meine Feinde, oder? Hätte es
da keine direktere Methode gegeben?
»Feinde? ... Deine übliche Ausflucht ... Der Feind
steht im Innern. So zu denken, das war in Wahrheit
immer unser Feind ... Ich wollte dich ja nur vor der
Katastrophe retten ... Ah, da kommt sie gerade richtig, – ich meine Sadako ... Nein, das klingt nach Be-
leidigung, wenn ich so rede, wie sehr ich auch du bin
... Ich sage wohl besser: da ist deine Frau; sie hat
sich fertig gemacht und wartet dort hinter der Tür.
Offensichtlich versucht sie die seltsame Atmosphäre
unseres Gesprächs zu erlauschen. Übrigens habe ich
etwas, das ich sie gern einmal fragen möchte. Ruf
sie doch bitte an den Apparat ...«
»Ich denke nicht daran!«
»Na gut. Ich ahnte, daß du das sagen würdest.
Schließlich müßten wir ihr, hätten wir ihr eines erzählt, dann auch alles erzählen. Doch dazu hast du
den Mut nicht. Einen Grund dafür, warum ihr ausgehen wolltet, wirst du ihr vorhin nicht genannt ha-

ben, oder? Übrigens ist das ja nun auch nicht mehr
nötig ...«
»Wieso nicht? ... Eine solche Schande werde ich nicht
schweigend hinnehmen ...«
»Schön, wenn es dir also unangenehm ist, sie ans
Telefon zu rufen, wirst du sie eben fragen. Es ist wegen jener angeblichen Krankenschwester mit der
Warze, die deine Frau hereingelegt hat ... Wenn ich
mich recht erinnere, meinte deine Frau, die Warze
habe auf der Wange gesessen ... Vielleicht hat sie
sich aber getäuscht, wie? Vielleicht saß die Warze
nicht auf der Wange, sondern auf der Oberlippe, an
einer Stelle schräg über dem Mund ...?«

30.
Ich atmete schwer, ich keuchte, als hätte ich für
eine Weile Luft zu holen vergessen. Aus weiter
Ferne fiel ein schmaler Streifen Licht herein, und
der hatte ringsum die Szene völlig verändert. Ein
weibliches Wesen mit einer Warze nicht auf der
Wange, sondern auf der Oberlippe ... Da das sogenannte Gedächtnis etwas sehr Nebelhaftes ist, wäre
eine solche optische Täuschung schon möglich gewesen ... Und das angenommen, konnte es sich bei jener Krankenschwester allerdings tatsächlich um meine Assistentin Katsuko Wada gehandelt haben, oder?
Fräulein Wada hatte eine Warze auf der Oberlippe.
Ihre Angewohnheit war es, besorgt darüber den Kopf
zu senken, damit die Warze nicht auffiele. Bei dieser
Haltung mochte die Warze wie sonstwo in der unteren Gesichtshälfte erscheinen, und es konnte durchaus sein, daß sie sich in einem nicht sehr klaren Ge-
dächtnis auf die Wange verschob.
»He, Sadako!« Völlig außer mir, brüllte ich in einer
Lautstärke, daß es durchs ganze Haus zu hören war.
»Sag mal, die Warze der Krankenschwester – ...«
Plötzlich bewegte sich vor mir die Tür, und das er-
schrockene Gesicht meiner Frau schob sich schräg
herein.
»Was ist? ... Hast du mich erschreckt!«
»Sag mal, diese Warze, – saß die wirklich auf der
Backe, oder nicht vielmehr hier ... an der Stelle
etwa ...?«
»Ja ... wo du es sagst, – das könnte sein ...«
»Was heißt das? ... bist du dir ganz sicher?«

»Wenn ich sie sähe, fiele es mir wieder ein ... Ja, mir scheint doch, so könnte das gewesen sein ...«

»Es war offenbar tatsächlich an dem ...« sagte ich ins Telefon.

Hastig winkte ich mit der Hand, versuchte ich meiner Frau klarzumachen, sie sollte sich entfernen. Aber sie blieb und schaute mit einem kalten Ausdruck in den Augen auf mich. Warum sie so ein Gesicht machte, war mir völlig rätselhaft. Also sagte ich, den Hörer fest ans Ohr gepreßt, kein Wort mehr und drehte ihr den Rücken zu.

»Kurzum«, fuhr seine Stimme, die Stimme meines anderen Ichs fort, »es war, wie du ganz richtig vermutest, Fräulein Wada. Am letzten Neujahrstag, als die Leute vom Institut zu dir kamen, um dir ihre Aufwartung zu machen, war sie nicht dabei, weil sie zufällig an einer Erkältung litt. Deshalb hat deine Frau sie nicht erkannt. Wenn dir das einleuchtet, müßte dir doch auch einleuchten, daß deine Überzeugung, die einen seien deine Feinde, die anderen deine Freunde, längst sinnlos ist, nicht wahr?«

»Wenn es ist, wie du sagst, wäre das eine großartige Sache ... Was sie getan hat, geschah schließlich in meinem Auftrag, das heißt auf deine Bitten hin ...«

»Irgend etwas einzuwenden?«

Vorsichtig blickte ich hinter mich. Meine Frau war nicht mehr da.

» ... so fängt allmählich alles an, nach Feind auszusehen.«

»Allerdings ...« Er sagte es in einem sanften und – falls ich mich nicht täuschte – bedauernden Tonfall. »Zumal du selber dein ärgster Feind bist. Wir haben um deinetwillen alle nur denkbaren Anstrengungen unternommen ...«

»Genug! Es reicht!« Auf einmal bekam ich eine irrsinnige Wut. »Dann sag mir doch deine Schlußfolgerung! Ich habe genug von dem ewigen Herumlaufen im Kreise. Sag mir um Himmels willen, was ich tun soll!«

»Komisch. Ich glaubte, die Schlußfolgerung wäre bereits gezogen ... Daß es nämlich völlig überflüssig ist, das Durcheinander so weit zu treiben, daß du auch noch deine Frau hineinzerrst ...«

»Wieso Durcheinander?«

»Na, ist es denn nicht wahr? ... Außerdem, glaubst

du wirklich, deine Frau ließe sich ohne jede Erklärung brav in die Voraussage-Maschine einfüttern? ... Dazu muß einer schon ein ziemlicher Einfaltspinsel sein, und der bist du ... Scheinst dir einzubilden, du wärst ein kaltblütiger Mann und fähig, gewisse Dinge nach Gutdünken zu ignorieren; aber die Wahrheit ist, daß du langweilig warst, ein Mensch, der die Veränderung scheute, und also wird sich deine Frau, nachdem es nun soweit ist, ihrerseits weigern, sich von dir ihr Innerstes durchwühlen zu lassen ... Denn allerdings hegt sie in ihrem Herzen Gefühle, von denen sie nicht will, daß du sie entdeckst ... Nein, beruhige dich: nicht daß sie dir untreu, daß sie eifersüchtig wäre. Und doch, vielleicht ist das schlimmer: sie hat dich aufgegeben, sie verachtet dich ...«
»Ah, das ist ja Unsinn ...«
»Ein Hinterhalt pflegt sich immer dort zu befinden, wo man ihn am wenigsten erwartet. Unverhofft stößt man irgendwo auf ein Hindernis, und schon nimmt das Schicksal einen anderen Verlauf ... Kurzum, um deine Frau zu überreden, würdest du ihr ganz unvermeidlich einen Teil der Wahrheit eingestehen, ohne daß du selber es merkst ... Damit hättest du unabsichtlich jenes Versprechen gebrochen, das du im Yamamoto-Forschungsinstitut abgegeben hast.«
»Auf Grund einer solchen Hypothese – ...«
»Oh, das ist durchaus keine Hypothese, das steht deutlich fest ... ist gleichsam die Schlußfolgerung ... Hätte ich dich nicht angerufen, du hättest es zweifellos genauso gemacht ... Freilich, einen Ausweg hätte es noch gegeben, eine Besichtigungserlaubnis für deine Frau zu beantragen ... Aber das wäre wohl kaum deine Absicht gewesen. Deine Vorstellungen zielen ja genau in die entgegengesetzte Richtung. Habe ich recht? Nachdem du in jenes Institut gefahren und alles dort gesehen, bist du zwar zu der Anschauung gekommen, dies könnte eine Wirklichkeit sein, die das dir bis dahin als das Alltägliche Vertraute völlig auf den Kopf stellt; trotzdem denkst du an nichts anderes als daran, wie du dein Kind ermorden, deine Bindungen an die Zukunft abschneiden, dieser sozusagen umgestülpten Welt entfliehen könntest ... Gewiß erinnerst du dich, daß Fräulein Wada gestern abend in dem Gespräch mit dir sagte: das sei ein Verhör ... Und tatsächlich, das war ein Verhör.

Demnach ist, was ich dir jetzt sage, vermutlich das Urteil. Du bist ein durch und durch Konservativer, ein Mann, wie er zum Konstrukteur einer Voraussage-Maschine überhaupt nicht paßt. Ein schrecklicher Reaktionär bist du!«

»Und um dieser Predigt willen hast du angerufen?«

»Rede doch von mir nicht wie von einem Fremden, ich bin schließlich du, nicht wahr?... Na, lassen wir das... Jedenfalls möchte ich die Zahl der Opfer auf ein Minimum beschränken. Nachdem du weißt, daß es sich bei jener Krankenschwester um Fräulein Wada handelte, besteht nun also keine Notwendigkeit mehr, deine Frau mit der Voraussage-Maschine zu behandeln. Wenn du mir wenigstens darin zustimmst, mag es gut sein.«

»Dann wäre es also Tatsache, daß auch mein Kind auf eine künstliche Plazenta verpflanzt wurde, um ein Unterwasser-Mensch zu werden?«

»So ist es.«

»Aber warum? Warum mußte das denn sein?«

»Ich begreife durchaus, daß du das wissen möchtest ... mir schien, auch Yamamoto heute nacht wartete darauf, daß du ihm die ganz natürliche Frage stelltest nach der Aufzucht menschlicher Föten, und er lachte, weil er dich für schüchtern hielt. Ich habe deshalb von mir aus einen regelrechten Antrag eingebracht, dir die Besichtigung des Aufzuchtplatzes für Unterwasser-Menschen zu gestatten. Hierfür muß man noch einmal – wie für die Tiere – einen gesonderten Antrag einreichen. Möglich, daß die Überprüfung bereits erledigt ist; am besten aber, du wendest dich wegen der Antwort direkt an das Komitee. Kurz nach fünf Uhr dürfte dich irgend jemand abholen kommen...«

»Nur eines noch... Wer eigentlich war denn nun wirklich der Mörder jenes Buchhalters?«

»Natürlich Tanomogi... Aber bitte nichts überstürzen! Auch in diesem Falle habe ich, hast also du den Befehl dazu gegeben.«

»Dann müßte ich es doch wissen!«

»So war es nun einmal; daran ändert sich selbst dann nichts, wenn du nichts davon gewußt haben solltest.«

»Es ist jemand bei dir... Tanomogi, nicht wahr?... Ah, jetzt hat er sich geräuspert...«

»Nein, das ist Fräulein Wada.«

»Wer auch immer, – gib bitte sofort den Hörer weiter!«

»Möchten Sie an den Apparat kommen?« fragte er mit einer Stimme, als ob er sich umgedreht hätte, und schon antwortete Katsuko Wada mit einem lebhaften Lachen ...

»Aber, Herr Professor, Sie führen ja Selbstgespräche ...«

Das war zweifellos richtig. Und es wäre, wie man es auch betrachtete, zu komisch gewesen, wenn ich, nachdem ich doch schon einmal dort war, mich nun auch noch vorgestellt hätte. Nur, wo eigentlich stand denn nun ich, der ich hier war? Plötzlich begann mir, meine Finger waren gefühllos geworden, der vom Schweiß klebrige Hörer aus der Hand zu gleiten. Rasch versuchte ich ihn wieder in den Griff zu bekommen; doch im selben Augenblick hatte ich die Verbindung unterbrochen. Ich rief, um sie noch einmal herzustellen; allein, nur ein leises Brummen antwortete mir danach.

Indessen, es war wohl gut so. Angenommen, er war tatsächlich die zweite Voraussage über mich und durchschaute mich bis ins letzte, so war gewiß auch dieses Versehen im voraus einberechnet gewesen. Allerdings gab es Dinge, die ich ihn gern noch gefragt hätte. Falls er zum Beispiel den Mord an dem Hauptbuchhalter befohlen haben sollte, müßte er doch zumindest schon vor jenem Zeitpunkt existiert haben. Müßte er bereits dagewesen sein, bevor ich auf den Gedanken verfiel, eine individuelle Zukunft vorauszusagen. Wann eigentlich mochte er genau entstanden sein? Und wer hatte ihm zu seiner Geburt verholfen?

Ich versuchte Tanomogi anzurufen. Er war ausgegangen. Natürlich war auch Fräulein Wada nicht zu Hause.

Meine Frau rief durch die Tür.

»Ich wollte dir nur sagen: ich bin fertig!«

»Schon erledigt.«

»Erledigt? ... was denn erledigt?«

»Es hat sich herausgestellt, daß du nicht mitzukommen brauchst.«

»So? ... Ein ziemlich komischer Anruf war das, wie?«

Ich öffnete die Tür und stellte mich an den Wohnzimmereingang. Meine Frau wandte den Blick ab, löste die Obi-Spange und warf sie auf die Spiegelkonsole.

»Na, hör mal, willst du mir etwa deine Verachtung beweisen?«

Wie erschrocken hob sie ihr Gesicht, und dann begann sie, obwohl ihr gar nicht danach zumute schien, und nur mit der Stimme zu lachen.

»Lieber Himmel, du bist ja rings um den Mund ganz weiß von der Zahncreme ...«

Ich sank in mich zusammen. Irgend etwas hatte ich noch sagen wollen; nun fühlte ich mich viel zu elend dazu. Ohne auch nur im Traum daran zu denken, daß wir uns so zum letzten Mal gesehen haben könnten: ich ihr schwermütig lachendes Gesicht, sie mein von Zahncreme verschmiertes Gesicht, schloß ich die Tür und ging ins Bad zurück. Ich spülte mir den Mund und fing an, mich zu rasieren.

31.

Alle dreißig Minuten rief ich bei uns im Institut an, um herauszufinden, wo Tanomogi steckte; dazwischen las ich in aller Gemütsruhe Zeitung. Das Übliche: von internationalen Vereinbarungen, Problemen der Hoheitsgewässer, Wirtschaftsspionage ... von ungewöhnlich hohen Temperaturen, einem Ansteigen des Meeresspiegels, Erdbeben ... und dann von schönen Frauen, Mördern, Feuersbrünsten, von einer stolzen, erhabenen Seele ... Indessen, es war schon seltsam, versetzte mich dieses Geklitter aus trockenen Beobachtungen in jenem Augenblick in eine reichlich sentimentale Stimmung. Nachdem ich jenen Zipfel Zukunft gesehen hatte, erschienen mir, ich konnte mir nicht helfen, diese Alltäglichkeiten insgesamt, selbst auch die sechsundvierzig Jahre meines Lebens, wie etwas, das meilenweit zurücklag in der Vergangenheit. Ich hatte das Gefühl, als wäre ich erschöpft liegengeblieben.

Irgendwann war ich noch einmal eingeschlafen. Die ausgebreitete Zeitung unter meinem Gesicht hatte einen nassen Fleck bekommen, genau in der Größe meines Gesichts. Dann war Yoshio von der Schule zurück, und meine Frau lief wütend hinter ihm her, als er, nachdem er seine Tasche hingeschleudert hatte, sofort wieder davonrennen wollte. Unwillkürlich erhob ich mich. Ich hätte Yoshio gern zu mir gerufen, um mit ihm irgend etwas zu reden; aber im nächsten Augenblick waren seine leichten Schritte schon irgendwohin in eine abgelegene Gasse hinein verschwunden.

Wie ich war, stieg ich die Treppe hinunter. Aus der Küche rief meine Frau mich an.

»Willst du etwas zu essen haben?«

»Nein, vielleicht später...«

Ich fuhr in meine Holzsandalen und trat hinaus. Ich hatte vorgehabt, mein durchschwitztes Hemd trocknen zu lassen und bei der Gelegenheit und nur für so lange ein wenig durch die Gegend zu bummeln.

Ich war kaum draußen, bekam ich meinen Verfolger zu Gesicht. Während er mit einem scheinbar schlaffen Gang alle zwei, drei Schritte einen der Kieselsteine auf der Straße nach links oder rechts fortkickte, und mit einer Miene, als fände er das unerträglich, kam er eben langsam auf mich zu. Dann bemerkte er mich, und wie erstaunt blieb er stehen. Ich trat auf ihn zu, doch diesmal versuchte er nicht auszureißen, sondern lächelte verlegen und senkte den Kopf.

»Was tun Sie eigentlich hier?!«

»Ah...«

Ich wollte vorbei, ohne ihn weiter zu beachten. Er allerdings drehte sich auf seinen Fersen um und begann neben mir herzugehen. Nun, wenn es unbedingt sein mußte, – bitte. So dumm, daß er hier losschlüge, würde er schon nicht sein. Von irgendwoher war ununterbrochen das Geschrei spielender Kinder zu hören, bestimmt würden hier und da Spaziergänger auftauchen. Nachdem wir eine Weile gelaufen waren, sagte ich, um ihn hochzunehmen, er hätte sich ja bei jener Gelegenheit nachts recht geschickt davongemacht; aber er lachte nur völlig arglos mit entblößten Zähnen:

»Gar nicht. Ich habe genau das gemacht, was man mich geheißen hat...«

»Immerhin, deine Mordtechnik scheint ja beträchtlich zu sein.«

»Was denn? Ich führe bloß Befehle aus...«

»Und was hast du im Augenblick für Befehle empfangen?«

»Ah...« Er senkte rasch den Blick, als sei ihm das unangenehm. »Ich meine, man hätte mir gesagt, ich sollte mal schauen, wie es mit Ihnen steht, Herr Professor.«

»Wer hat dir das befohlen?«

»Ja, waren Sie es nicht, der mir das befohlen hat?«
Natürlich. So konnte es sein. Wahrscheinlich war jenes andere Ich sogar auch für den Mordauftrag verantwortlich. Dabei war ich einfach nicht imstande, mir vorzustellen, aus welchem Teil von mir ein solcher Charakter sich entwickelt haben sollte. Wäre ich unter derartigen Bedrohungen nicht längst abgemagert gewesen, die Qualen würden selbst im Speck meines dicklichen Bauches heißer als die Luft ringsum aufgeflammt sein, und zweifellos zitterte ich wie ein Fieberkranker.

»Davon einmal abgesehen, – wie viele hast du eigentlich jetzt schon umgebracht?«

»Ah, es ist ja nichts los. Seit ich mit Ihnen zu tun habe, noch keinen einzigen . . .«

Ich atmete auf. »Und davor?«

»Da waren es elf. Meine Stärke, wissen Sie, ist es, daß ich überhaupt keine Spuren hinterlasse. Wenn ich ihn erst bewußtlos habe, halte ich ihm Mund und Nase zu und lass' ihn ersticken. Das braucht zwar Zeit, ist aber jedenfalls enorm sicher. Oder ich mache aus einem eine Wasserleiche: da halte ich sie ihm nicht zu, sondern schiebe ihm einen Gummischlauch in die Nase und pumpe ihn mit Wasser voll. Währenddessen behandele ich ihn nach der Methode der künstlichen Beatmung: so kriegt er das Wasser richtig in die Lungen hinein. Danach kann ihn keiner mehr von einem Ertrunkenen unterscheiden. Weiter habe ich auch ein Verfahren, jemanden zu erdrosseln. Wenn man die ausgebreitete Hand so ganz flach über die Kehle streckt, dauert es zwar eine Weile, aber es sind keine Striemen zu sehen. Bloß, bei diesem Verfahren gibt es natürlich Widerstand. Manchmal, da scheint dann die Technik nicht sicher genug, und wohl oder übel muß man ihn also schwächen, indem man ihm eine Verletzung beibringt, die freilich keinesfalls aussehen darf, als wäre er daran gestorben. Dadurch zum Beispiel, daß man ihm die Fingergelenke bricht oder ihm den Fingernagel ins Auge drückt . . .
Ja, sehen Sie, wie es auch steht, niemals nehme ich irgendwelche Werkzeuge. Solche Hilfsmittel liefern Hinweise. Immer nur die blanke Hand benutzen . . .
Und ich habe, darauf wenigstens bilde ich mir was ein, in jedem Fall sofort auf den ersten Blick gewußt,

wie ich einen, wer er auch sein mochte, innerlich fertigmachen konnte. Mit so einer Art Hypnose, wissen Sie? Ihn an einer empfindlichen Stelle packen und ihm das Gefühl vermitteln: jetzt stirbst du ... Nehmen wir mal Sie, Herr Professor ... völlig klar ... Aber ich kann Ihnen das natürlich nicht sagen. Wenn einer es nämlich weiß, ist die Wirkung von vornherein hin. Bei Ihnen freilich, da brauche ich wohl keine Sorge zu haben ... Ihnen macht das nichts aus, nicht wahr? ... Nun, bei Ihnen, würde ich sagen, käme irgendeine Stelle im Gesicht in Frage ... oder hier an der Seite ...«

In welcher Absicht eigentlich mochte mein anderes Ich einen solchen Mann engagiert haben? Daß es ihn engagiert, aber noch nicht ein einziges Mal zur Arbeit eingesetzt hatte, ließe sich damit erklären, daß er mich beschützen, aber auch damit, daß er mir auf eine ganz spezielle Weise auflauern sollte. Eines war mir so verdächtig wie das andere. Ich brauchte ja wohl nicht mit diesem Mann die ganze Zeit herumzuschlendern ...

»Meinetwegen kannst du nach Hause gehen.«

»Damit kriegen Sie mich nicht herum«, sagte er, und während er leise lachte, warf er mir einen verschlagenen Blick aus den Augenwinkeln zu. »Wo Sie mir doch selber erklärt haben, außer auf einen schriftlich vorliegenden Befehl, und wäre es Ihr eigener, sollte ich auf keinen Fall reagieren. Nein, auf den Leim krieche ich Ihnen nicht. Wollen wir nicht lieber, falls Sie Zeit haben, zusammen was essen gehen? Als ich losging heute morgen, habe ich nämlich vergessen, mein Frühstück mitzunehmen. Ich hatte mich schon damit abgefunden; aber wenn Sie mitkämen, Herr Professor, wäre das jedenfalls nicht gegen den Befehl ... Tun Sie mir den Gefallen, Herr Professor ... eine Schüssel Nudeln, und ich bin zufrieden ...«

Schließlich, ihm das abzuschlagen, wäre schwierig, und da ich zudem ein wenig darauf rechnete, ich könnte ihn für mich gewinnen, lud ich ihn in ein Nudelrestaurant in der Nähe ein. Genau besehen, hatte auch ich seit dem Morgen nichts mehr gegessen. Und obwohl ich gar keinen Appetit hatte, bestellte ich mir ganz automatisch eine Portion kalte Buchweizennudeln. Mein blutgieriger Freund nahm ungeachtet der Hitze, irgendeine Nudelsuppe, streute Chili-Pfeffer darüber, bis sie rot war, und als wollte er jede Nudel einzeln prüfen, ließ er sich gemütlich Zeit zum Essen. Er war so vertieft, daß er nicht einmal zu bemerken schien, wie ihm die Fliegen übers Gesicht krochen. Mir war das eher noch scheußlicher als seine Mordgeschichten.

Eben beendete das Fernsehen die tägliche Sendepause, man gab das Zeitzeichen für fünf Uhr. Wie in einer Reflexbewegung erhob sich der Mann, sagte, indem er sich umsah: »Um fünf sollte ich anrufen, und fragen, wohin ich Sie heute abend bringe...« Rannte mit überängstlichem Gesicht zum Telefon und wählte eine Nummer. Er sprach zwei, drei Worte, nickte, und schon legte er wieder auf und kam mit erleichterter Miene zurück. »Sie sind schon alle da und wollen, daß wir sofort hinkommen.«

»Wohin...?«

»Na, dahin, wo Sie sich verabredet hatten... Es war doch ausgemacht, daß ich Sie kurz nach fünf zu Hause abhole...«

Demnach mußte er also jener Mann sein, der mir von meinem anderen Ich geschickt werden sollte, der Bote vom Komitee der Aufzuchtanstalt für Unterwasser-Menschen. Was simpel schien, war so umständlich, und das Komplizierte war so schrecklich einfach.

»Aber mit wem hast du eben telefoniert?«

»Mit Professor Tanomogi.«

»Mit Tanomogi?... wieso mit Tanomogi?... Hat er denn auch mit so einem Komitee zu tun?«

»Tja...«

»Und du weißt, wo das ist?«

»Selbstverständlich...«

Mit dem Gefühl, daß es eilte, stand ich zuerst auf und stürzte aus dem Lokal, um gleich davor ein Taxi heranzuwinken. Endlich schloß sich der Ring des Puzzlespiels, zeigte sich der Jäger, der den Faden der Falle in der Hand hielt, wurde unter dem Gewirr der Zweige der Stamm des Baumes sichtbar in seiner wahren Gestalt. Jetzt wurde bezahlt, was zu bezahlen war, jetzt ging ein, was einzugehen hatte, – mit welchem Bilanzerfolg, das würde sich herausstellen. Mir machte es nichts aus, daß ich ein zerknittertes Hemd anhatte und Holzsandalen trug; mich bekümmerte es nicht, daß mir, nachdem ich noch im Nudelrestaurant die Rechnung beglichen hatte, nur eben noch dreißig Yen geblieben waren. Tanomogi würde ja da sein, also könnte ich ihn das Taxi bezahlen lassen...

Als ein richtiger Meuchelmörder war mein Cicerone fabelhaft mit den Straßen vertraut. Bald nach rechts, bald nach links schleuste er das Taxi durch absichtlich ausgewählte enge Gassen. Da die Richtung jedoch eine völlig andere schien als die, die ich erwartet hatte – nämlich hinaus in jenen Neulandsektor –, begann ich allmählich unruhig zu werden. Plötzlich erreichten wir ein Viertel, das mir vom Sehen vertraut war. Die Straße mit der Trambahn, die ich morgens und abends passierte...

»Und jetzt«, sagte der Mann über die Schulter des Fahrers hinweg, »biegen Sie am Zigarettenkiosk dort um die Ecke, dann gleich rechts... ja, bis vor den weißen Zaun...«

»Mach keine Witze!« In meiner Verwirrung hatte ich unwillkürlich die Hände auf die Lehne des Fahrersitzes gestützt. »Das ist doch das Computer-Institut ... mein Institut!«

»Eben...« sagte der Mann, während er sich weiter in die Ecke drückte. »Aber Herr Tanomogi hat gesagt, hier wäre es...«

Zu behaupten, es handele sich um einen Irrtum, hatte ich nicht eigentlich einen Grund; also hätte es keinen Sinn gehabt zu streiten. Wenigstens stieg ich aus und fragte den Pförtner. Und tatsächlich erklärte der, es finde eine Zusammenkunft statt. Da er weiter zugab, ihm sei aufgetragen worden, sofort Bescheid zu sagen, sobald ich einträfe, schien ein Irrtum ausgeschlossen. Auch mein Begleiter nickte erleichtert und rieb sich wieder und wieder das Kinn.

»Und in welchem Zimmer?«

»Ich glaube im ersten Stock im Computer-Raum...«

Die Fenster spiegelten die dünnen, bereits dunkelnden Wolken; sie glänzten weiß, und nichts war zu erkennen. Ich bat den Pförtner, er möge das Taxi-Geld für mich auslegen, und ging auf das Gebäude zu; als ich mich umwandte, hatte er wie erschrocken seine Augen auf meine hölzernen Sandalen geheftet. Der bewußte Mordspezialist stand neben ihm, ließ – wie brav, wenn man ihn so sah! – seine beiden langen Arme schlaff herunterhängen und lachte.

Am Eingang schlüpfte ich in ein Paar Strohsandalen, wie sie für Besucher bereitstanden.

Unterwegs schaute ich im Erdgeschoß in die Daten-Abteilung. Kimura, ein Mann, der nie locker ließ, war zusammen mit vier anderen Institutsmitgliedern mit großem Fleiß dabei, Berge der verschiedensten Materialien und Daten unverdrossen zu analysieren und zu programmieren, ohne zu wissen, wann und wozu das alles gebraucht würde. Hier war genaugenommen die Küche, die die Voraussage-Maschine mit Wissen und Nahrung versorgte. Wenn einer sich hier eingrub in diese zwar monotone, aber handfeste Arbeit, bei der es genügte, den Fakten zu vertrauen, kümmerte es ihn wahrscheinlich wenig, ob die Voraussage-Maschine solche Kost schluckte oder ob sie davon Verdauungsschwierigkeiten bekam. Ehrlich gesagt, auch ich hätte lieber so eine Arbeit getan. Das Prüflabor nebenan war völlig leer.

Oben im ersten Stock der Korridor, der nur ganz hinten am Ende ein Fenster hatte, lag bereits im Dunkel. Ich strengte meine Ohren an, doch außer dem Lärm von der Straße her war kein besonders verdächtiges Geräusch zu vernehmen. Mit leisen Schritten schlich ich mich bis vor den Computer-Raum und spähte durchs Schlüsselloch; da indessen irgend jemandes Hemdrücken im Weg war, konnte ich überhaupt nichts erkennen.

Während ich die Hand schon auf den Griff legte, wiederholte ich mir im Geiste rasch noch einmal, was ich sagen wollte ...

(... Nun hören Sie einmal, was soll das eigentlich? ... Wer hat Ihnen denn das erlaubt? Sie können doch diesen Raum nicht irgendeinem Komitee zur Konferenz überlassen, ohne daß ich davon weiß ... Schließlich vor allem steht die hier befindliche Voraussage-Maschine unter derartig strenger Kontrolle von seiten der Regierung, daß selbst ich den vorgesetzten Stellen jeweils den Zeitpunkt melden muß, an dem ich sie in Betrieb setze ... Ja, also ich bitte um Ihre Erklärung! Ich erlaube keine Eigenmächtigkeiten. Ich weiß nicht, über welche Kompetenzen die Herrschaften verfügen; jedenfalls aber, soweit es diesen Platz betrifft, trage ich hier die oberste Verantwortung ...)

Auf Wirkung bedacht, riß ich die Tür mit einem Ruck

auf. Ein kalter Windhauch schlug auf mein Gesicht, drang mir in die Augen. Dabei war ich verwirrt und wie angewurzelt stehengeblieben, noch ehe ich das erste Wort dessen, was ich hatte sagen wollen, über die Lippen brachte. Die Szene vor mir war so gar nicht die, die ich erwartet hatte.

Vier Männer und eine junge Frau richteten lächelnd ihre Blicke auf mich. Und zudem, alles waren es Leute, die ich kannte, viel zu gut kannte. Für einen Auftritt voller Spannungen, wie ich ihn mir ausgemalt, war dies tatsächlich nicht der Ort.

Mir gegenüber und von links her saßen auf zwei Stühlen am Tisch der Föten-Züchter Yamamoto und Katsuko Wada... In der Nische vor der Maschine stand Tanomogi, weiter in der Ecke Tanomogis Schützling Aiba... Als ich dann aber rechts neben dem Fernsehschirm auch noch Tomoyasu vom Programm-Ausschuß erkannte, dem ein verlegenes Lächeln über das Gesicht huschte, war ich wie aus den Wolken gefallen. Ich ärgerte mich über meine Einfalt, daß ich Tomoyasu für ein bloßes Rädchen in der Bürokratie angesehen hatte.

Wenn der Verbrecher plötzlich aus dem Dunkel hervortritt, – nun gut; wenn man sich aber sagen muß: da hast du die ganze Zeit mit dem Verbrecher zusammengelebt, und nichts hast du davon bemerkt, ist das einfach unerträglich. Ich suchte nach Worten, ich hatte beim besten Willen keine Vorstellung, wie ich reagieren sollte. Undeutlich dämmerte es mir: unter den Ungeheuern am schrecklichsten sind diejenigen, in die sich Menschen, die man gut gekannt, durch eine winzige Veränderung verwandelt haben...

»Wir haben auf Sie gewartet.«

Tanomogi trat einen halben Schritt vor, bot mir den freien Stuhl in der Mitte an, und auch die anderen drückten durch eine ihrer jeweiligen Position entsprechende Geste ihr Willkommen aus, so daß selbst ich sogleich wieder zu einer gewissen Zwanglosigkeit zurückfand.

»Was ist denn das eigentlich für eine Versammlung heute?«

Nachdem ich, dazu aufgefordert, den Platz an der Stirnseite eingenommen und zunächst einmal Yamamoto begrüßt hatte, ließ ich geradezu huldvoll meine Blicke über die Runde gehen.

»Wie Sie vorhin am Telefon gehört haben, geht es um die Behandlung des Antrags auf eine Besichtigungsgenehmigung für die Unterwassermenschen-Aufzucht...« sagte Fräulein Wada rasch und in ihrem üblichen todernsten Tonfall, woraufhin Yamamoto sofort das Wort ergriff: »Ja, und zwar auf Grund Ihrer Eingabe, Herr Professor...« Er nickte, auf seinem großen, wie ergeben wirkenden Gesicht ein freundliches Lächeln.

Plötzlich verfinsterte sich die Sonne wieder. Es war eben wohl doch nicht so gewesen, wie ich angenommen hatte. Nur durfte ich nun keinesfalls meinem allzu raschen Stimmungswechsel nachgeben. Und während es meinen Gesichtsausdruck unverändert ließ, kroch mein Herz unter der Haut ganz klein in sich zusammen.

»Sie meinen: die offizielle Bezeichnung dieser Sitzung, nicht wahr?« sagte Tanomogi in einem vermittelnden Tonfall. »Nun, wir müßten sie bezeichnen als Sitzung des Ständigen Unterausschusses der Sektion Computertechnik im Exekutivkomitee der Gesellschaft zur Entwicklung des Meeresbodens; aber das ist natürlich viel zu lang, und so pflegen wir im allgemeinen von einer Sektionssitzung zu sprechen.«

»Auch wenn das nur Sektion heißt, wird das doch für sehr wichtig gehalten«, warf Aiba ein.

»Ja, ich bin zum Beispiel auch Mitglied des Hauptausschusses«, sagte Yamamoto, während er sich schaukelnd bald vorbeugte, bald zurückneigte, »aber weil man weiß, welche Bedeutung die Sektion Voraussage-Maschine hat, bin ich eigens beauftragt worden, als Beobachter an dieser Sitzung teilzunehmen.«

»Und mit wessen Erlaubnis benutzen Sie diesen Raum?« murmelte ich mit kraftloser Stimme und blickte dabei in die Gegend, wo sich, da er neben mir stand, Tanomogis Knie befinden mußten.

Sofort ertönte es aus dem Lautsprecher der Voraussage-Maschine: »Mit meiner Erlaubnis...«

»Ihre Voraussage zweiten Grades, Herr Professor.« Wie entschuldigend sah Tomoyasu zum Lautsprecher hinauf.

Ein unbehagliches Schweigen breitete sich aus; ich hielt es für eine Gnade. In Wahrheit konnte ich nicht anders, als mich meiner Erbärmlichkeit zu schämen.

Yamamoto riß ein Streichholz an.

»Wollen wir anfangen ...?« fragte Tanomogi leise, und Aiba schaltete das Tonbandgerät ein.

»Ich sage: anfangen, – aber es ist ja wohl nicht nötig, daß wir uns an eine bestimmte Form halten...« Augenscheinlich führte Tanomogi den Vorsitz. »Hauptpunkte der Debatte heute sind der Untersuchungsbericht über den von Herrn Professor Katsumi gestellten Besichtigungsantrag und die hieraus folgenden Maßnahmen...«

»Die Maßnahmen sind beschlossen, also dürfte es nichts weiter zu debattieren geben«, warf mit meiner Stimme die Voraussage-Maschine ein. Und Fräulein Wada, während sie sich ihre Stirnlocke um den Finger wickelte, stimmte dem zu: »Allerdings, die Maßnahmen brauchen nur noch ausgeführt zu werden.«

»Das ist richtig. Andererseits ist das Komitee zur Erklärung verpflichtet, nicht wahr. Wenn es falsch ist, von Debatte zu sprechen, so sollte ich vielleicht sagen: Beantwortung der aufgeworfenen Fragen... Nun, ich denke, wir akzeptieren dieses Verfahren, und ich beginne mit dem Beschluß: zu unserem Bedauern, Herr Professor, sahen wir uns nicht in der Lage, Ihren Antrag zu genehmigen... Die Begründung: da die Gefahr besteht, daß Sie mit überlegter Tötungsabsicht das abscheuliche Verbrechen des Kindsmords begehen könnten, geht es nach unserer Ansicht in erster Linie darum, ein Verbrechen zu verhindern...«

Ich schluckte und sah auf. Aber ich war außerstande, mich in Worten richtig auszudrücken.

»Statt dessen«, fuhr Tanomogi wie besänftigend fort, »haben wir beschlossen, die Zukunft der Unterwasser-Menschen durch die Maschine voraussagen und über den Fernsehschirm ausstrahlen zu lassen, um Sie von der tatsächlichen Situation zu überzeugen, so gut es geht. Diese Entscheidung war ausschließlich Sache der Sektion, doch sind wir der Meinung, daß Sie so das Ganze wahrscheinlich besser begreifen als bei einer wirklichen Besichtigung. Als nächstes nun die bereits zuvor erwähnten Maßnahmen... Zunächst natürlich werde ich Ihnen den Prozeß, der uns zu dieser Schlußfolgerung führte, in allen Einzelheiten erläutern. Und vermutlich werden Sie dabei gleichzeitig die Wahrheit erfahren über die Zwischenfälle, die sich in den letzten Tagen ereigneten.«

»Der wahre Mörder waren eben doch Sie!«
Ich hatte es mit einer schrillen Altmännerstimme
herausgeschrien, die mich selbst erschreckte.
»Peinlich, daß Sie meinen, dies ließe sich so aus allem
heraustrennen. Schließlich ist das Motiv nur im Kon-
text mit dem Ganzen – ...«
»Eben darum«, sagte Fräulein Wada und schüttelte,
scheinbar ungeduldig, den Kopf, »wäre es, finde ich,
nicht besser, wir fingen mit dem an, was dem Herrn
Professor am problematischsten erscheint, nicht
wahr? Beispielsweise etwa: wann und warum seine
Voraussage zweiten Grades gebildet wurde ...«
Ja, allerdings, genau das war es wohl, was ich jetzt
am dringendsten zu wissen wünschte. Trotzdem war
es ärgerlich, sich so durchschaut zu fühlen. Mir wurde
klar, daß ich die ganze Zeit bisher selbst von einer
Person wie dieser Wada behandelt worden war wie
einer, der nun einmal von nichts eine Ahnung hat,
und mir riß die Geduld.
»Einen Augenblick!« rief ich, als wollte ich sie beiseite schieben, »viel eher noch möchte ich wissen, was
es denn mit jenen sogenannten Maßnahmen auf sich
hat?!«
»Nun, was dies angeht – ...«
Tanomogi blickte verlegen um sich; die anderen
starrten auf ihre Fingernägel und schwiegen. Schließlich, möglicherweise nahm er dieses Schweigen für
ein Zeichen der Zustimmung, fuhr er, während er
sich die Lippen befeuchtete, zögernd fort:
»Offengestanden, es hat sich als Schlußfolgerung ergeben: Sie werden sterben müssen ...«
»Sterben? Dummes Zeug!«
Unwillkürlich hatte ich mich halb erhoben; doch
dann, ohne eigentlich Unruhe zu empfinden, mußte
ich vielmehr in ein ironisches Lachen ausbrechen.
»Es ist so, daß wir die Gründe dafür jetzt erörtern
wollen ...«
»Danke, mir reicht es!«
Was würden sie denn tun können? Ich brauchte nur
aufzustehen, auf nichts zu reagieren, was immer sie
mir erklärten, und rasch davonzugehen. Nichts würde sich ereignen ... unmöglich, daß sich etwas ereignen würde ... Doch als ich ringsum ihre unglückli-
chen, niedergeschlagenen Gesichter sah, fing ich
plötzlich zu zittern an.

»Aber, Herr Professor«, sagte Fräulein Wada, während sie sich vorlehnte, »Sie dürfen noch nicht aufgeben, bitte! Halten Sie aus bis zuletzt!«

Alle nickten sie mit ernsten Gesichtern. Und Tanomogi setzte aufmunternd hinzu:

»Sie hat recht. Wie jede Schlußfolgerung ist auch dies eine rein auf Logik basierende Schlußfolgerung, und Logik ist etwas, das sich schon mit einer Setzung in der Hypothese wieder verändern kann. Wir alle sind entschlossen, uns nach besten Kräften um Ihre Rettung zu bemühen, bitte, Herr Professor, verlieren Sie die Hoffnung nicht. Was wir uns im Augenblick erwarten: daß Sie selbst, nachdem Sie nun die Schlußfolgerung kennen, die Bedingungen herausfinden, um nach Möglichkeit zu einer anderen Lösung zu gelangen ... Deshalb wären wir Ihnen sehr dankbar, wenn Sie uns zuhören wollten ...«

32.

Ah, es war wohl kaum zu erwarten, daß von Logik jemand ermordet würde ... Wenigstens war nicht anzunehmen, daß die Logik, die mir zu sterben befahl, standhielte ... Diese Leute waren in irgendeinem schrecklichen Irrtum befangen ... Dennoch nahm ich ihre Worte ernst, schien es mir nicht gerade so, als wäre es mit einer Debatte um jene Logik schon abgetan. Immerhin waren bereits zwei Menschen kurzerhand ermordet, ein Fötus geraubt worden, und ein Meister unter den Meuchelmördern war gedungen. Mit welcher Logik auch immer, – wenn sie es wollten, würde es ihnen ein leichtes sein, mich zu ermorden. Allein daß ich ihnen zuhörte, war eine Demütigung für mich. Trotzdem brachte ich es aus irgendeinem Grunde nicht fertig, den Stuhl wegzustoßen und davonzugehen. Ich bildete mir wohl ein, wenn ich mich ruhig verhielte, könnte ich damit auch die Zeit stillstehen lassen.

»Nun, jedenfalls werde ich es Ihnen der Reihe nach erklären«, fuhr Tanomogi in einem hastigen Tonfall fort, als fürchtete er, daß ich ihn unterbräche. »Ich weiß von dieser Organisation seit September vorigen Jahres ... Das war die Zeit, in der wir die Voraussage-Maschine eben so gut wie vollendet hatten und in der Lage waren, daß wir auf der Braunschen Röhre das Zerbrechen eines Trinkglases zeigen konnten ...

Vielleicht erinnern Sie sich: auf Empfehlung des Dr.
Yamamoto von der Zentralen Versicherungskrankenanstalt war kurz zuvor Fräulein Wada in unser Institut eingetreten ... Tatsächlich, um das vorwegzu-
nehmen, hatte ich zum erstenmal durch Fräulein Wada davon gehört ...«

Forschend ließ Fräulein Wada ihre Blicke über meine Augen gehen und sagte: »Natürlich habe ich es
ihm nicht einfach so erzählt ... erst nachdem ich ihn
entsprechend streng getestet hatte ...«

»Das habe ich gemerkt.« Tanomogi nickte zu ihr
hinüber. »Das war allerdings ein harter Test. So daß
ich anfangs wirklich glaubte, bei ihr käme ich nie an.
Schließlich, über das Zukunftsbild, das die Voraussage-Maschine entwerfen könnte, erzählte sie mir am
laufenden Band die unwahrscheinlichsten, romanti-
schen Phantastereien. Ich war überzeugt: so etwas
kann nur Dichtung sein. Und ich nahm mir vor, sie
mit Vorsicht zu behandeln, aber in Wahrheit war das
ein fürchterlicher Test.«

»Ein Test, um zu sehen, wieweit er Zukunft, und
zwar eine Zukunft, die mit allem bricht, ertragen
würde. Mehr noch, ich versuchte herauszufinden, ob
er ein stärkeres Interesse an den Voraussagen hatte
oder an der Voraussage-Maschine selber. Natürlich
haben wir auch Sie, Herr Professor, einem allgemeinen Test unterworfen. Ob Sie das bemerkt haben ...?«

Als sie das sagte, war mir tatsächlich so. An Konkre-
tes erinnerte ich mich nicht; doch daran erinnerte ich
mich: daß ich mit einem gewissen Argwohn gedacht
hatte, was redet dieses Mädchen für Unsinn! Ich versuchte, irgend etwas zu erwidern; allein, wie sehr ich
auch meine Zunge zwang, sie blieb unfähig, ein Wort
zu bilden.

»Aber Sie, Herr Professor, versagten. Sie waren noch
nicht einmal bereit, überhaupt nur die Möglichkeit
in Betracht zu ziehen, daß die Zukunft dieser Gegenwart vielleicht untreu werden könnte. Mit anderen
Worten ... ja, wie soll ich sagen ... Sie werden mir
zugeben: wenn ihr keine Fragen gestellt werden,
kann die Voraussage-Maschine nicht antworten. Sie
ist außerstande, selbst die Fragen zu erdenken, nicht
wahr? Also ist, um die Maschine richtig zu bedienen,
das Problem die Fähigkeit des Fragenden. Und da

scheint uns doch, als fehlte Ihnen, Herr Professor, in dieser Hinsicht völlig die Kompetenz eines Fragestellers.«

»Nein, das Wichtigste sind die Fakten!« Meine Stimme klang trocken und heiser. »Prognosen sind keine Ammenmärchen. Es sind logische Folgerungen aus Fakten – und nur aus Fakten! Völliger Unsinn ... was Sie da reden ...«

»Ich weiß nicht ... Ich weiß nicht, ob die Fakten schon genügen, damit die Maschine reagiert ... Ich meinte, notwendig wäre es, diese Fragen letztlich eben doch in Fragen zu verwandeln, oder?«

»Hören Sie auf ... das ist Philosophie ... nichts für mich, denn ich bin einfacher Techniker ...«

»Das ist wahr. Und deshalb sind Sie bei der Auswahl Ihrer Themen immer wieder denselben Stereotypen aufgesessen ...«

»Was ist eigentlich los mit Ihnen allen?!« Ich hatte einen Arm auf die Stuhllehne gelegt, mich halb vorgebeugt und wollte laut losbrüllen, aber mein Atem verkroch sich umgekehrt mit jedem Wort immer tiefer in die Kehle. »Sie, Tanomogi, das steht fest, sind jedenfalls ein Mörder! Und Sie, Fräulein Wada, waren die Anstifterin, als mein Kind geraubt wurde! Ihre Art zu denken hat etwas von Irrsinn an sich. Und an Ihnen, Tomoyasu, erstaunt mich allerdings Ihre Doppelzüngigkeit. Sie haben mich schön angeführt. Ich weiß einfach nicht, was ich dazu sagen soll.«

»Was mich betrifft ...« Tomoyasu ließ seinen Blick über den Fußboden gleiten, als suchte er dort Hilfe. »Mir, für meine Person, ging es darum, die Situation nicht zu verschlimmern ...«

»Eben, nicht wahr?« sagte Yamamoto, mich zurückweisend mit seiner geöffneten Hand. »Schließlich befand sich Herr Tomoyasu in einer äußerst schwierigen Position. Um unter allen Umständen diese Doppelorganisation unauffällig zu unterstützen, mußte er schon eine scheinbar schwankende Haltung – ...«

»Doppelorganisation ...?«

»Einen Augenblick, bitte. Wir wollen wieder zur Sache kommen.« Tanomogi drängte sich an mir vorbei, drehte sich vor der Tür mit einem Schwung herum und stemmte die Fingerknöchel auf die Ecke des Bürotisches. »Selbstverständlich – ich vermute, es wird auch Ihnen, Herr Professor, nicht völlig entgangen sein – haben wir seit einiger Zeit insgeheim diese Voraussage-Maschine zu Arbeiten für die Gesellschaft zur Entwicklung des Meeresbodens in Betrieb genommen. Nein, diese Meßzähler stimmen natürlich nicht. Ich habe das so eingerichtet, daß man mit Hilfe eines Rücklaufmechanismus jederzeit beliebig zurückstellen kann ...«

»Wer hat Ihnen erlaubt ... solche Eigenmächtigkeiten ...?«

»Ja, nun, da ich hier der von jener anderen Seite verantwortlich eingesetzte Institutsleiter bin ... Allerdings, zunächst hatte ich mich gewehrt. Zwar hieß es, die Gesellschaft zur Entwicklung des Meeresbodens verfüge über eine weiter reichende Kompetenz als die Regierung; aber es war mir doch peinlich, ohne Ihre Erlaubnis in dieses Amt eingesetzt zu werden. Andererseits bat mich die Gesellschaft so dringend darum ... Es schien zu eilen, verstehen Sie? ... Obwohl man sich klar darüber war, daß es sich bei der Entwicklung von Unterwasser-Kolonien um einen unaufhaltsamen Trend handelte, mußte man sich, solange man keinen Überblick über die Art ihrer künftigen Resultate besaß, naturgemäß unsicher fühlen. Als man daher von der Fertigstellung der Voraussage-Maschine reden hörte, kam man sofort herüber zu uns. Freilich konnte man unmöglich offiziell darum bitten ... da es sich nun einmal um eine strikte Geheimorganisation handelt ... Und so entsandte man Fräulein Wada, ließ sie sondieren, und ich wurde als geeignet ausgewählt ... lehnte aber ab. Ich hoffte Sie selbst dazu zu überreden, und auch die Verantwortlichen hinter der Organisation hätten gern Sie damit betraut. Mir war es unangenehm, und abgesehen davon, daß wir hier zusammenarbeiteten, – man hatte ganz praktisch die Befürchtung, daß Sie, Herr Professor, möglicherweise irgendwann die in die Maschine eingefütterten Informationen bemerken könnten. Allerdings würden Sie ja, mit Ihrem unwahrscheinlichen Pflichtgefühl in solchen Dingen, die Maschine niemals ohne Genehmigung des Programm-Ausschusses in Betrieb gesetzt haben ...«

»Sehen Sie, Herr Professor, Ihr Interesse an der Maschine war eben doch größer als Ihr Interesse an der Zukunft«, warf Fräulein Wada in einem gereizten

Tonfall ein, woraufhin Tanomogi ihr scharf das Wort abschnitt: »Das geht nicht, nicht in diesem Ton...« Um dann fortzufahren: »Kurzum, in dieser Voraussicht veranlaßte die Gesellschaft über Herrn Tomoyasu, daß die Programm-Konferenz absichtlich eingefroren wurde... Lange anhalten durfte ein solch unnatürlicher Zustand freilich nicht. Wenn es nicht irgendwie zu einer Entscheidung käme –...«

»Ich verstehe. Und nun beschlossen Sie, mich zu ermorden, wie?«

»Ah, keine Rede davon! Daß wir begriffen, es bliebe nichts anderes als Ihr Tod, war sehr viel später erst. Selbst Fräulein Wada, mag Sie auch in jenem Ton mit Ihnen reden, war sehr bekümmert um Sie. Zwar beantragte man von seiten der Gesellschaft wiederholt, Sie auf legale Weise hinauszudrängen; aber wir stimmten dagegen. Wir waren zu solcher Grausamkeit einfach nicht fähig. Schließlich wußten wir sehr gut, wie außerordentlich wichtig für Sie diese Voraussage-Maschine ist. Tatsächlich war es ausgerechnet Fräulein Wada, die den Vorschlag machte, wir sollten Sie analysieren, sollten mit Hilfe der Maschine eine Prognose über Ihre Zukunft erstellen. Mit dem Test hatten wir kein besonders gutes Resultat erzielt; vielleicht ist es etwas zu gewaltsam, auf Grund eines so groben Verfahrens Schlüsse ziehen zu wollen... Es sollte präziser sein... Was wohl würden Sie unternehmen, wenn Sie konkrete Informationen besäßen über die Entwicklung der Unterwasser-Kolonien?... So beschlossen wir, uns dies durch die Maschine voraussagen zu lassen.«

»Und was ergab sich?«

»Nun...« murmelte Tanomogi mit halb geschlossenen Lippen, während er einige kleine Vierecke auf die Tischkante malte.

»Ah, – ein Erdbeben?!« rief plötzlich Aiba und sah zur Decke hinauf, und wirklich, als er das sagte, stieg an mir eine leichte, kreisförmige Erschütterung bis zu den Knien herauf. Das dauerte kaum vier Sekunden, dann hörte es auf.

»Also?« drängte ich, aber Tanomogi nickte verwirrt und sagte: »Ja, nun... das Resultat davon... wir verstanden es zwar, aber es war nichts damit... hoffnungslos...«

»Was war hoffnungslos?«

»Kurzum, Herr Professor, Sie konnten die Zukunft, wie sie kommt, nicht ertragen. Sie konnten sich so etwas wie eine Zukunft nur vorstellen als die Fortsetzung dieses Alltags heute. Obwohl Sie unter dieser Voraussetzung so große Erwartungen in die Maschine gesetzt haben, – es wird eine total andere Zukunft sein ... Eine sprunghafte Zukunft, die unsere Gegenwart verleugnen, ja wahrscheinlich zerstören wird und in der ein einfaches Weitergehen unmöglich ist. Sie, Herr Professor, sind vermutlich, was die Programmierung angeht, unser größter Spezialist; doch die Programmierung ist eben ein Verfahren nur zur Reduktion einer qualitativen Realität auf eine quantitative Realität. Wird diese quantitative Realität nicht abermals synthetisiert zu einer qualitativen Realität, ist die Zukunft nicht wirklich zu greifen. Das leuchtet doch ein, nicht wahr? Sie aber, Herr Professor, waren in diesem Punkt schrecklich optimistisch. Sie dachten sich die Zukunft einfach als eine mechanische Verlängerung der quantitativen Realität. Daher kam es, daß Sie zwar ein so starkes Interesse daran hatten, die Zukunft ideell vorauszusagen, jedoch außerstande waren, die reale Zukunft überhaupt zu ertragen ...«
»Ich verstehe nicht ... Was wollen Sie damit sagen? ... verstehe kein Wort davon ...«
»Einen Augenblick, bitte. Ich will es Ihnen ganz konkret erklären. Wir sind vorbereitet, es Ihnen später am Fernsehschirm vorzuführen. Aber Sie nahmen ja dieser Zukunft gegenüber nicht nur öffentlich eine feindselige Haltung ein, Sie fingen zuletzt an, an der Voraussagefähigkeit der Voraussage-Maschine zu zweifeln.«
»Ich sehe nicht ein, warum Sie dazu diese Vergangenheitsform benutzen ...«
»Nichts zu machen, – nachdem ja die Maschine die Voraussage erstellt hat ... Und um diese zukünftige Realität zu verhindern, brachen Sie Ihre Versprechungen, verrieten Sie zum Beispiel nach wenigen Stunden bereits das Geheimnis der Organisation.«
»Na und? Das macht doch wohl nichts, wie? Was ist denn Schlimmes dabei, wenn ich mich gegen solche Unterwasser-Kolonien stelle, die sich Unterwasser-Menschen dienstbar machen? Diese Gegnerschaft ist durchaus respektable Zukunft: auf neuen Prämissen

aufbauend, als eine Voraussage zweiten Grades. Ich
bin überzeugt, daß der Gebrauchswert der Voraussage-Maschine gerade auch darin liegt, eine solche
idiotische Zukunft im vorhinein zu verhindern.«
»Meinen Sie also, die Voraussage-Maschine sei nicht
dazu da, Zukunft zu schaffen, sondern Gegenwart zu
konservieren?«
»Aha, ich wußte es ja...« mischte sich Fräulein Wada aufgeregt ein. »Hier stoßen wir auf das Grundsätzliche in der Denkweise des Herrn Professor Katsumi.
Jedes weitere Wort scheint zwecklos...«
»Sie haben eine ziemlich einseitige Ausdrucksweise.«
Mühsam unterdrückte ich den in mir aufsteigenden
Zorn. »Eine Zukunft mit solchen Unterwasser-Kolonien ist doch, wie ich meine, nicht die einzige der Möglichkeiten. Und es gibt keine gefährlichere Idee, als
die Voraussagen monopolisieren zu wollen. Davor
habe ich Sie ja immer wieder gewarnt, nicht wahr?
Denn genau das ist Faschismus. Es würde den Staats-
männern die Machtfülle von Göttern verleihen. Warum machen Sie nicht den Versuch, die Prognose für
eine Zukunft zu stellen, in der die Geheimnisse auf-
gedeckt würden?«
»Eben das haben wir doch getan...« sagte Tanomogi
mit tonloser Stimme. »Mit dem Ergebnis, daß Sie,
Herr Professor, ermordet wurden.«
»Und von wem?«
»Von dem draußen wartenden Mörder...«

33.
...Deshalb also sollte ich ermordet werden? Eine irrsinnige Art zu argumentieren. Es wäre verständlich
gewesen, wenn sie sich gesagt hätten: da die Prognose so ausgefallen ist, wollen wir versuchen, sie zu unterlaufen; aber vorsätzlich in Übereinstimmung mit
ihr zu morden, – nein, ich begriff nicht, wozu dann
überhaupt diese Voraussage. Sie lieferte sozusagen
lediglich den Vorwand für den Mord an mir...
»Das ist nicht wahr«, meldete sich plötzlich, als wäre
es ihr eben eingefallen, jene als meine Voraussage
zweiten Grades bezeichnete Stimme aus dem Lautsprecher zu Wort, und ich hatte das Gefühl, was ich
auf dem Leib trug, wäre auf einmal durchsichtig geworden. Ich war bestürzt.
»Was ist nicht wahr?«

»Was du in diesem Augenblick gedacht hast.«
Die Blicke Tanomogis und der anderen bissen mir, als hätten sie sich in die Luft ringsum aufgelöst, in die Augen.
»Jedenfalls«, fuhr die Stimme aus der Maschine fort, »bist du in einem Irrtum befangen. Es war ja keineswegs so, daß sie sich dieser Voraussage einfach gefügt hätten. Im Gegenteil, sie überlegten mit großem Ernst, ob es keinen Weg gäbe, dich zu retten. Dann kamen sie und fragten mich...«
»Ihr zweites Ich, Herr Professor«, warf Tanomogi hastig ein. »Der Betroffene nimmt sein eigenes Schicksal nun einmal am wichtigsten. Außerdem kennt sich dieses hier mit Ihnen besser aus als Sie selber.«
»...Allerdings, so ist es... Und alles, was seitdem geschah, basierte fast ausschließlich auf meinen Plänen. Da ich aber deine Idealprojektion bin, könnte man, anders ausgedrückt, auch sagen: es war dein eigener, dir selber nicht zum Bewußtsein kommender Wille...«
»Die Morde zum Beispiel?... Die Fallen?«
»...Natürlich... Dafür verantwortlich ist niemand sonst; es war deine Sache, du hast das alles auf deine Rechnung getan...«
»Schluß mit dem Unsinn!« Irgendwie hatte ich unwillkürlich auf Tanomogis Gesicht gestarrt, so daß er die Augen niederschlug und die aneinandergelegten Finger an die Schläfe preßte.
»...Oh nein, das war schon alles ganz logisch geplant«, sagte die Stimme versöhnlich, dabei jedoch mit einer Zudringlichkeit, als hätte sie die Hand in meine Eingeweide geschoben und streichelte darüber hin. »Nicht wahr, überlege doch einmal: das Ganze erfolgte in einer bestimmten Absicht. Um herauszufinden, auf welche Weise sich Bedingungen schaffen ließen, unter denen du, nachdem du die Zukunft erfahren, dennoch nichts ausplaudern würdest über die Organisation... So verfolgte der erste Mord schon deutlich zwei Ziele. Zum einen ging es darum, dir klarzumachen, daß der Verdacht auf dich selber fällt und daß du, sobald irgend etwas passiert, dich auf die Welt draußen nicht verlassen kannst. Zum anderen solltest du durch die Ankündigung über einen Föten-Handel innerlich auf die danach folgende Situation vorbereitet werden...«

»Aber das ist doch komisch! Ich selber hatte mir ja
an jenem Tag ausgedacht, die private Zukunft eines
einzelnen vorauszusagen, und daß wir jenen Mann
dazu nahmen, der dann ermordet wurde, – wir hatten ihn rein zufällig in der Gegend dort getroffen.«
» . . . Nein, das war anders. Den Tip dafür hattest du
von der Maschine bekommen, oder? Dieser Tip war
in Voraussicht eines solchen Falles zuvor bereits eingesetzt gewesen, und hättest du ihn nicht bemerkt,
wäre statt deiner gewiß Tanomogi darauf gestoßen.
Und dann jener Mann: natürlich hat Tanomogi dich
geschickt dorthin geführt und dich dazu überredet.
Dieser argwöhnische Hauptbuchhalter war bei der
Durchsicht der Sparbücher der Sache soweit auf die
Spur gekommen, daß die junge Frau schließlich den
Mund aufmachen mußte. Sie plauderte gedankenlos
alles heraus, und er wußte jetzt Bescheid. Daraufhin
mußten nach den Regeln der Organisation beide irgendwie zum Schweigen gebracht werden. Unter
dem Vorwand, er würde mit jemandem von der Klinik bekannt gemacht, lockte man den Buchhalter zunächst in jenes Café, und Tanomogi führte dich dorthin. Was dann kam, weißt du. Tanomogi ermordete
den Mann, und ich bedrängte dich mit jenem Drohanruf. Die junge Frau beging brav Selbstmord, indem sie das Gift schluckte, das Aiba ihr zugesteckt
hatte . . .«
»Wie grausam!«
» . . . Ja, das mag grausam sein . . .«
»In welchem Pflichtverhältnis einer auch steht, –
ich wüßte keines, das einen Mord rechtfertigen
könnte.«
» . . . Nein, in dieser Weise und mit so allgemeinen
Worten ist der Mord nicht abzutun. Mord ist übel
nicht deswegen, weil der andere seines Körpers beraubt wird, sondern weil man ihm die Zukunft
nimmt. Wie oft sagen wir, das Leben sei uns teuer . . .
Genau besehen, meinen wir das, was Zukunft ist an
diesem Leben. Und hattest nicht auch du den Plan
gefaßt, dein eigenes Kind zu erwürgen? . . .«
»Das ist etwas anderes.«
» . . . Wieso? . . . Das ist durchaus dasselbe. Da du die
Zukunft des Kindes nicht bejahen mochtest, warst du
kaltblütig imstande, sein Leben zu mißachten. In einer Zeit des Umbruchs, für die es keine einheitliche

Zukunft gibt, in einer Zeit, in der, um diese eine Zukunft zu retten, jene andere Zukunft geopfert werden muß, ist auch der Mord unvermeidlich. Denn stell dir vor: wenn jene junge Frau damals nicht willig gewesen wäre zu sterben, – was hättest du wohl getan? Du hättest sie mit der Maschine behandelt, hättest von der Existenz der Unterwasser-Menschen Wind bekommen und einen riesigen Krach geschlagen. Stimmt es? . . .«

»Selbstverständlich.«

» . . . Ein ehrliches Wort . . . Genauso wäre es gekommen . . . Die öffentliche Meinung wäre daraufhin in eine augenblickliche Gefühlsaufwallung ausgebrochen, der Pöbel hätte die Unterwasser-Aufzuchtplätze überfallen, und so wäre die Zukunft restlos zerstört worden . . .«

»Woher weißt du das?«

» . . . Von der Maschine, die du konstruiert hast . . .«

»Und wenn dem so wäre, – es ergibt sich daraus, finde ich, durchaus nicht das Recht, die Gegenwart an eine Zukunft zu verhökern, die noch nicht einmal begonnen hat.«

» . . . Nicht das Recht, wohl aber der Wille . . .«

»Ja, dann erst recht nicht.«

» . . . Daß du das sagst! Wer hat denn die schlafende Zukunft geweckt, wenn nicht du selber? Mir scheint, dir ist noch nicht recht klar, was du getan hast. Wird einer von dem Hund in die Hand gebissen, den er großgezogen hat, liegt die Verantwortung dafür in der Regel beim Hundehalter selber. Eigentlich hättest du kaum etwas dagegen sagen können, wenn man damals statt der jungen Frau dich gemaßregelt hätte . . .«

»Allerdings«, warf Tanomogi ein, »einige von uns dachten auch so.«

» . . . Doch gaben wir bis zuletzt die Hoffnung nicht auf. Wir sagten uns, wir werden tun, was wir nur irgendwie tun können. In diesem Sinne und auf meine Bitten hin nahm Tanomogi freiwillig die gefährliche Aufgabe auf sich, den Hauptbuchhalter zu ermorden . . .«

»Das wollte ich nicht.«

» . . . Ah, sei froh . . . Bedanke dich bei Tanomogi, wenn sich das erledigte, ohne daß du die schreckliche Erfahrung machtest, wie einer, der nicht begreift warum, plötzlich hingerichtet wird... Außerdem, wenn auch nur vorübergehend, erblicktest du so die Zukunft und hattest dabei sogar die Chance erhalten, dies ohne Verletzung der Regeln zu tun... Richtig, und dann unser Sohn... Du wirst es bis jetzt nicht gewußt haben: es ist ein Junge. Dies freilich ist weniger auf meine Initiative, als vielmehr weitgehend auf Fräulein Wadas Ideen zurückzuführen...«

Unsere Blicke kreuzten sich, doch Fräulein Wada machte keinen Versuch, ihre Augen abzuwenden. Sie wirkte wie ein Vogel: bis zur Nasenspitze weiß wie ausgeblichen, nur die Augen hart und streng. Plötzlich erinnerte ich mich unseres nächtlichen Gesprächs, bei dem sie mir erklärt hatte, dies sei ein Verhör. Alles andere als furchtsam, schien sie mich tadeln zu wollen. Nun, einem Gespenst Fratzen schneiden, würde nichts helfen. Mein Ärger wurde niedergehalten von einem Gefühl der Verwirrung, die Gegend unter meinem Kinn verkrampfte sich steif wie ein Brett.

»...Durch ihre Hilfe erreichtest du, daß du fest verkettet wurdest mit der Zukunft... Auch war dies gleichzeitig ein Zeichen unser aller Dankbarkeit dir gegenüber als dem Vollender der Voraussage-Maschine. Und nicht wahr: schließlich ging es auf diese Weise ab, ohne daß du zum Verbrecher an der Zukunft wurdest. Das will etwas heißen... Denn ein Verbrechen an der Zukunft unterscheidet sich von einem Verbrechen an der Vergangenheit oder an der Gegenwart; es ist etwas Fundamentales, Determinierendes...«

»Dumme Witze! Was ist daran Dankbarkeit, wenn man meinen Sohn zu einem verkrüppelten Sklaven macht. Da fehlen mir einfach die Worte!«

»...Einen Augenblick, bitte! In diesem Punkt erliegst du einem auf Unkenntnis beruhenden Irrtum; doch verschieben wir die Aufklärung hierüber auf später ... Jedenfalls, nachdem all das getan war, führte man dich in das Yamamoto-Forschungsinstitut. Wahrscheinlich erschien dir das auf den ersten Blick ein unzusammenhängender, unverständlicher Vorfall; aber bei genauerer Überlegung wirst du zugeben müssen, daß du nirgends sonst, einen wie idealen Gerichtshof du dir auch vorstellst, eine das

Prozessuale so ungerechtfertigt beiseite setzende Behandlung erwarten durftest. Du warst ordentlich interessiert, sahst einen Teil der Zukunft und wurdest dabei doch in einer Position gehalten, in der du nicht allzuviel ausplaudern konntest. Das war alles, was ich für dich tun konnte, den Rest mußte ich deiner eigenen Entscheidung überlassen. Erwartungsvoll beobachtete ich dich. Würdest du entschlossen eintreten in die Zukunft, oder würdest du vor ihr kneifen? ...«

»Und dann?«

»... Nun, das ist deine Angelegenheit, da brauche ich dir wohl nichts weiter zu erklären ... Ungeachtet wir uns solche Mühe gegeben hatten, tatst du uns nicht den Gefallen, dich auch nur im geringsten zu ändern. Durch deine grenzenlose Ungeschicklichkeit manövriertest du dich sogar in eine Situation, in der du deiner Frau Andeutungen machen mußtest über die näheren Umstände. Gewiß, du warst einige Umwege gegangen, doch letztlich hatte sich nichts groß verändert gegenüber dem Ergebnis der Voraussage ersten Grades. Zweifellos hättest du, dir selbst überlassen, das Geheimnis irgendwann verraten. Habe ich nicht recht? ... Und aus diesem Grunde haben wir dich herkommen lassen zur allerletzten Maßnahme ...«

»Aber – wie Herr Yamamoto gestern sagte – soll es doch nicht unbedingt auf Tötung hinauslaufen, sondern daneben andere, weit gütlichere Methoden geben.«

»... Vollkommen richtig. Für gewöhnlich werden weniger auffällige Methoden benutzt. Immerhin liegt die Zielvorstellung der Gesellschaft im Hinblick auf den Ankauf bei achthundert Föten pro Tag. Es erfahren also, wenn wir die Ärzte und Vermittler einmal auslassen, wenigstens achthundert Mütter täglich von der Tatsache dieses ununterbrochenen Föten-Ankaufs. Das macht, auf das Jahr umgerechnet, insgesamt 200 000 Personen. Daß dabei das Geheimnis gewahrt bleibt, ist erstaunlich. Um nicht zu ungebührlicher Neugier anzureizen, greift man zu einem schmutzigen Trick: man pflanzt ihnen Furcht ein, indem man ihnen erklärt, dies sei ein schweres Verbrechen und dadurch, daß sie ihre Leibesfrucht verkauften, machten sie sich mitschuldig. Und die mit siebentausend Yen kompensierte Furcht ist in der Regel groß genug, um ihnen den Mund zu stopfen. Das ginge sicher nicht, wenn es unbezahlt bliebe ... Mag sein, du hältst es für komisch, noch siebentausend Yen bloß für einen abgetriebenen Fötus zu bezahlen, der ohnehin fortgespült werden dürfte. Berücksichtigt man jedoch den Umfang der fast vollendeten Unterwasser-Kolonien, so ist selbst eine Investition von jährlich drei Milliarden Yen recht unerheblich. Einen Menschen für siebentausend Yen zu erwerben, ist doch wirklich billig. Nun, die Summe von siebentausend Yen stellt offenbar einen Preis dar, der von Psychologen kalkuliert wurde, und gemessen am gegenwärtigen Index wohl genau der richtige Ankaufspreis für eine Seele. Interessant, nicht wahr? ... Nein, die siebentausend Yen, die man deiner Frau überreichte, hatten natürlich keine solche Bedeutung. Das war eher eine gezielte Demonstration. Auch die Preise für die Seelen sind nicht so fest. Jedenfalls, wenn so viele damit zu tun haben, müßte es irgendwo Fehlentwicklungen geben. Solange sie sich aber als Mitschuldige fühlen, werden sie, was immer für Gerüchte in Umlauf kommen, darauf beharren, es habe sich um nicht mehr als eine persönliche Krankheit wie etwa Magenbeschwerden gehandelt, und da dies wiederum zu einer Steigerung der Föten-Rate führt, kann man das sogar als durchaus erwünscht bezeichnen; würde einmal nur etwas davon nach draußen dringen, wäre es schlimm. Das Gerücht griffe über das rein Individuelle hinaus, würde augenblicklich zur sogenannten öffentlichen Meinung und wüten wie eine Influenza. Selbstverständlich müssen dann gewisse Maßregeln ergriffen werden ... Vor allem dann, wenn wie damals bei jener jungen Frau eine offiziell registrierte Vermittlerin versagt, muß zur Abschreckung die Höchststrafe verhängt werden; da jedoch bei normalen Fällen so etwas außerordentliche Umstände macht, verzichtet man lieber auf solche lästigen Komplikationen. Nein, die Höchststrafe an sich ist nicht wichtig, und das Beiseiteschaffen der Leiche ist zudem recht mühevoll. Deshalb benutzt man da in der Regel Methoden, die weit weniger Spuren hinterlassen. Man verstärkt beispielsweise die Suggestion von Furcht, oder, falls auch das nichts hilft, wird auf künstliche Weise der

Ausbruch einer Geisteskrankheit herbeigeführt...
Aber man nimmt wohl nicht an, daß du eher verrückt
werden als sterben möchtest...«
»Wie du über andere Leute reden kannst!«
»...Über andere Leute? Was für ein Unsinn!...
Dein Tod wird auch mein Tod sein. Doch werden wir
nicht sentimental... Solltest du die Kraft haben,
ohne Gefühlsverwirrungen darüber nachzudenken,
müßtest du eigentlich zu demselben Schluß kommen
...Besser erledigt als abgetakelt und nutzlos weiter-
leben. Übrigens hat die Gesellschaft entgegenkom-
menderweise zugunsten deiner Hinterbliebenen eine
gewisse Versicherung abgeschlossen...«
»Eine Versicherung? Ist das liebenswürdig, wie?...
Wenn man aber nun annimmt, daß dein Wille in
Wahrheit mein Wille ist, handelt es sich dann nicht
um eine Art Selbstmord? Und bei Selbstmord wird
die Versicherungssumme ja nicht ausbezahlt.«
»...Darüber mach dir mal keine Sorgen. Man wird
glauben, es handele sich um Tod durch Unfall. Du
berührst eine Starkstromleitung und stirbst am
Elektroschock...«

34.
Wieviel Zeit mochte vergangen sein? Draußen war es
unvermerkt dunkel geworden. Keiner, der sich
irgendwie gerührt hätte, und ich, als träumte ich, im
Traum aus einem Traum erwacht, wieder einen
schrecklichen Traum, hielt mich fest angeklammert
an eine nur mir gehörige Zeit. Schien mir sagen zu
wollen: auf diese Weise wenigstens wird das Schweigen andauern für immer, wird der nächste Augenblick nie kommen...
Ob ich dabei irgend etwas dachte? Mir war so; doch
tatsächlich lauter dummes Zeug. Hatte Tanomogis
Hose die Vermieterin gebügelt, oder etwa Fräulein
Wada?... Und das Einzahlungsformular für die
Fernsehversicherung, wie ich es in die Tasche ge-
stopft, hatte ich es wohl prompt wieder vergessen...
So im Labyrinth zusammenhangloser Gedanken um-
herirrend, saß ich reglos da, während aber meine Gefühle bei erstbester Gelegenheit davonzulaufen ge-
dachten und ich wie die Katze, die einen Spalt be-
lauert, mit angespannten Muskeln auf diese Chance
wartete. Nein, die Katze war nicht eine bloße Me-

tapher. Was mir in diesem Augenblick in den Sinn kam als Zeichen für die Dauer des Hergebrachten, Reflex dieses an Irrsinn grenzenden Bruchs, war genau der Anblick, den die vom Lichtgeflacker durch das Glyzinienspalier her überspülte Kante der Veranda bot ... Solange dieses Stück Veranda existierte, mußte ich gerettet werden, und gewiß, ich würde gerettet werden.

Mit einem Knirschen seines Stuhls stand plötzlich Aiba auf.

»Na, da wollen wir mal allmählich anfangen ... Es dürfte Zeit sein, nicht wahr?«

»Mich zu ermorden?«

Unwillkürlich war auch ich aufgesprungen; mein Stuhl kippte nach hinten um, ich schrie.

»Aber nein doch«, murmelte Tanomogi erschrocken, und Fräulein Wada setzte rasch hinzu: »Es sind noch über zwei Stunden bis zur festgesetzten Zeit. Solange sollten wir Sie, wie versprochen, per Fernsehen durch die Aufzuchtfarm für Unterwasser-Menschen führen, und – falls Sie dies wünschen – möchten wir Ihnen unbedingt auch die prognostizierte Zukunft der Unterwasser-Kolonien zeigen ...«

»Was heißt hier ›falls‹? Natürlich wünsche ich das«, erklang es wichtigtuerisch aus dem Lautsprecher. »Schließlich war dies von Anfang an so geplant, und eigens deswegen wurde ja die Zeit für die Maßregelung auf neun Uhr verschoben. Denn trotz allen Argumentierens ist der Betroffene durchaus noch nicht überzeugt. Auf alle Fälle hat er noch immer die Absicht, Widerstand zu leisten ...«

»Tja, kann ich also einschalten?«

Aiba streckte über Tomoyasus Schulter hinweg die Hand zur Maschine hin aus.

»Wenn ich zuvor ein Glas Wasser haben dürfte ...« sagte Tomoyasu und warf, während er Aiba auswich, Fräulein Wada einen schüchternen Blick zu.

»Wie wäre es mit einer Dose Fruchtsaft?«

»Entschuldigen Sie, aber ich habe wirklich einen schrecklichen Durst ...«

»Bitte bitte. Ich muß ohnehin Kimura und den anderen unten Bescheid sagen, daß es bei uns später wird und sie schon immer nach Hause gehen können ...«

Im Augenblick, als Fräulein Wada, den Oberkörper kerzengerade aufgerichtet, mit gleitenden Schritten losging, rief ich ihr nach: »Demnach weiß also auch Kimura von dieser Organisation?«

»Nein, die da unten wissen nichts davon ...«

Fast gleichzeitig mit dieser Antwort, die Tanomogi statt ihrer gab, hatte ich mich zur Tür hin gebückt und begann mich mit angespannten Zehen vom Fußboden abzudrücken. Doch ehe ich mit der ausgestreckten Hand den Türknopf erreichte, wurde von draußen die Tür weit aufgerissen, und als wollte er mich, der ich mich gerade mit Mühe noch auf den Beinen halten konnte, auffangen, stand dort der bewußte Junge Mann bereit, der Meister unter den Meuchelmördern, wie er selber sich nannte. Lächelte verlegen und fuchtelte mit seinen beiden langen Armen in der Luft herum, als wüßte er nichts damit anzufangen ...

»Also versuchen Sie es ja doch ... zu dumm, Herr Professor ...«

Rücksichtslos stürzte ich auf ihn zu. Mir blieb nichts anderes mehr, als Kimura von der Situation zu unterrichten und ihn um Hilfe zu bitten. Diese Leute hier waren zweifellos verrückt. Ich zielte mit der linken Schulter auf das Brustbein meines Gegners, um unter Ausnutzung seiner Reaktion rechts an ihm vorbeizukommen. Wenigstens war das meine Absicht. Indessen, irgendwo mochte meine Berechnung irre gewesen sein: ich spürte einen heftigen Druck auf meine linke Seite, meinte, ich würde um diese Stelle als den Mittelpunkt herumgewirbelt, und im nächsten Augenblick flog ich in einer schwer begreiflichen Pose an die gegenüberliegende Wand. Meine untere Körperhälte schien noch weiter weg herunterzufallen. Zwischen Schenkeln, Fingern, aus Ohrmuscheln hervor starrten mich eine Unmenge Blicke an. Allmählich stellten sich die normalen Verhältnisse im Raum wieder her; gleichzeitig damit breitete sich in der Gegend unter meinem Herzen ein stechender Schmerz aus.

Tanomogi und Tomoyasu – jeder stützte mich auf einer Seite – führten mich zu meinem Stuhl zurück.

»Sie schwitzen ja«, sagte Fräulein Wada mit leiser Stimme und drückte mir ein klein zusammengefaltetes Taschentuch in die Hand. Dann Yamamoto: der den Kopf nach rechts und links schüttelte, als wollte er sagen, daß ihm die Geschichte peinlich wäre. Der junge Mann aber, als ich ihn ansah, stand da in derselben Haltung wie zuvor und hatte wie ängstlich die dünnen Lippen geöffnet.

»... Sie haben mir gesagt, Herr Professor, so soll ich es machen, wenn das passiert ... Erst dachte ich ja, Sie reißen einen Witz, aber nun haben Sie mich ganz schön Nerven gekostet ...«

»Es ist gut, du kannst gehen. Warte draußen.«

Das hatte die Maschine gesagt, doch der junge Mann schien sie von meiner Stimme nicht unterscheiden zu können, und ohne eine eigentlich mißtrauische Miene nickte er auf eine Weise, als hätten sich ihm die Genickwirbel gelöst, um hierauf unter weichem Knirschen seiner Leinwandschuhe davonzugehen.

»Nehmt auf mich keine Rücksicht und fangt nur an«, sagte Fräulein Wada noch und verließ ebenfalls den Raum.

»Jedes Wort, jeder Schritt läuft ab wie vorbestimmt«, erklärte zurechtweisend und mit dem Akzent auf dem Satzschluß die Maschine.

Tanomogi löschte die Lichter im Zimmer, Aiba schaltete die Fernsehanlage ein. Wie von der Dunkelheit zur Eile angetrieben, schrie ich plötzlich auf. Doch meine Kehle war ausgetrocknet, und ich brachte nicht soviel Stimme hervor, wie ich erhofft hatte.

»Warum muß das denn noch sein?! Wenn ihr mich schon umbringen wollt, – wäre es nicht besser, ihr würdet es gleich erledigen?!«

Schüchtern wandte sich Tanomogi um im fahlen Licht der Braunschen Röhre und sagte:

»Ja, uns macht es nichts aus ... wenn Sie, Herr Professor, meinen sollten, Sie möchten das nicht sehen ...«

Ich schwieg. Und dabei ertrug ich geduldig die Schmerzen in meiner Seite ...

Zwischenspiel

Fernsch-Live-Übertragung aus der Aufzuchtfarm für Unterwasser-Menschen, kommentiert von Herrn Yamamoto.

(Auf dem Schirm erscheint eine Stahltür, in Weiß beschriftet mit »Nr. 3«.
Ein junger Mann im weißen Kittel tritt auf, wendet sich mit verlegenem Gesichtsausdruck dem Publikum zu.)

– Zunächst also der Entwicklungsraum. Bitte, Herr Professor, hier werden Sie Ihrem Kind begegnen...
(zum jungen Mann) Können wir?
– Ja... Dies hier ist der Raum Nummer drei...
– Nein, keine allgemeinen Erklärungen... Zeigen Sie uns vor allem erst einmal den Sohn des Professors...

(Der junge Mann nickt und öffnet die Tür. Drinnen die Anlage ist nahezu die gleiche wie in dem Entwicklungsraum für Schweine. Der junge Mann steigt eine eiserne Treppe hinauf und verschwindet nach hinten.)

– Wenn man diesen Korridor entlang nach rechts geht, liegen dort die Gebäude, in die ich Sie gestern nacht führte... Sie erinnern sich? Das Becken, in dem man den Hund trainierte... Da es mehr als dreißig Minuten braucht, diesen unterirdischen Gang abzuschreiten, sind wir dabei, Pläne zu entwikkeln für den eventuellen Einsatz einer kleinen Straßenbahn...

(Der junge Mann kommt mit einem Glasgefäß in der Hand zurück.)

– Ist er gut angegangen?
– Ausgezeichnet.

(Das Glasgefäß in Großaufnahme. Der Fötus: zusammengekrümmt, von Gestalt wie eine Elritze. Das transparente Herz, das wie ein Altweibersommerfaden zu zittern scheint. Die Blutgefäße, die auf der dunklen, gelatineartigen Masse auseinanderlaufen wie ein Spurenfeuerwerk.)

– Das ist Ihr Sohn... Nun, welchen Eindruck haben

Sie? . . . Schaut doch ziemlich gesund aus . . . Wenn es Ihnen recht ist, möchte ich jetzt weitergehen . . . (der Schirm wird dunkel) . . . Ah, einen Augenblick, bitte. Man ist noch bei der Vorbereitung . . . Diese Aufzuchtfarm für Unterwasser-Menschen ist in drei Hauptabteilungen gegliedert: in die Entwicklungsabteilung, die Pflegeabteilung und die Ausbildungsabteilung; da aber die Entwicklungsabteilung die gleiche ist wie im Falle der anderen Lebewesen, kann ich mich da kurzfassen. Was nun den Unterschied zwischen der Pflegeabteilung und der Ausbildungsabteilung betrifft, so besteht dieser darin, daß in der ersteren die Kleinen vom Zeitpunkt unmittelbar nach ihrer Geburt bis zu ihrem fünften Jahr verbleiben, während in der letzteren die Sechsjährigen und älteren behandelt werden. Genau gesagt, die Gruppe der über Sechsjährigen, fast alles Kinder noch aus der Zeit unserer ersten Experimente, ist bisher nur sehr klein: ein Achtjähriges, acht, die siebeneinhalb Jahre alt sind, vierundzwanzig Siebenjährige, und bei den Sechsjährigen immerhin schon 181. Kommen wir dann zu den Fünfjährigen, wächst die Zahl plötzlich auf vierzigtausend an, um bei den Vierjährigen und darunter noch weiter zuzunehmen, wo es dann in jedem Jahrgang zwischen neunzigtausend und hunderttausend sind. Das heißt, daß etwa vom nächsten Jahr an auch die Ausbildungsabteilungen allmählich ihren normalen Umfang erreichen. Zur Zeit werden die Bauarbeiten hierfür an zahlreichen Stellen auf dem Meeresboden beschleunigt vorangetrieben. Da ein Ausbildungslager zwischen drei- und zehntausend Kinder aufnehmen kann, schätzen wir, daß wir – große und kleine eingeschlossen – mit einundzwanzig solcher Lager – . . .

– Entschuldigung . . . das hat leider etwas gedauert . . .

(Während sich mit diesen Worten eine Stimme aus der Farm meldet, wird der Bildschirm wieder hell. Unterwasseraufnahme in einem riesigen Becken. So weit das Auge sieht: in kleine Kompartimente eingeteilte, lange Bänke, mehrfach über- und nebeneinander. In jedem der einzelnen Kompartimente ein Unterwasser-Säugling, der sich in jeder beliebigen Haltung treiben lassen kann.)

– Dies ist der Säuglingsraum innerhalb der Pflegeabteilung. Vom Entbindungsraum werden die Kleinen unmittelbar hierhergebracht, pro Tag immerhin mindestens fünfhundert, an vielen Tagen mehr als tausend. Das Idealste wäre, man könnte sie bis zur Entwöhnung, also bis zum fünften Monat, hier versorgen; aber dann müßten wir Betten bereitstellen für wenigstens 120 000. Und das ist völlig ausgeschlossen. Deshalb behalten wir nur bis zum zweiten Monat alle hier, danach zu Test-Zwecken von jeder Monatsgruppe noch einmal jeweils dreihundert, insgesamt also neunhundert. Die übrigen werden nach dem zweiten Monat in die einzelnen Pflegeabteilungen verschickt, die den Meeresboden-Entwicklungssiedlungen angegliedert sind. Da wir aufs Ganze gesehen mit Ausbildungskräften noch außerordentlich schlecht versorgt sind, scheint das bedenklich; doch ist die Sterberate erstaunlich niedrig. In diesem Bekken hier leben dreizehntausend, das gleiche gilt für fünf weitere solcher Becken; darüber hinaus haben wir Modellbecken für die Drei- bis Fünfmonatigen und für die aus diesen Modellbecken Stammenden dann die eigentliche Pflegeabteilung und schließlich die Ausbildungsabteilung. Ich werde Ihnen das alles der Reihe nach vorführen; zunächst aber werfen Sie bitte einen Blick auf die Milchversorgungsvorrichtungen ...

(Die Kamera fährt an eines der Kompartimente heran. Es ist dies ein Kasten aus Plastik. In ihm ein weißer, runzliger Säugling; in einer seltsamen Stellung – den großen Kopf nach unten, das Hinterteil nach oben – schläft er, während seine Kiemen arbeiten. In der Oberseite des Kastens nebeneinander eine Menge von Auslappungen, deren jede mit einem dünnen Röhrchen verbunden ist, während die Röhrchen ihrerseits angeschlossen sind an eine große, darüber verlaufende Leitung. Unter dem Kasten verläuft eine ähnliche Leitung, zu der allerdings von den einzelnen Kästen nur jeweils ein Verbindungsstück hinabreicht.)

– Die obere Leitung dient der Milchversorgung, die untere nimmt den Unrat auf ...

(Ein Techniker, ausgerüstet mit einem Sauerstoffgerät, kommt herangeschwommen, nickt dem Zuschauer zu und klopft mit dem Finger leicht oben auf den Kasten. Der Säugling erwacht, und während seine Kiemen heftiger zu arbeiten beginnen, dreht er sich langsam herum auf den Rücken, hebt den Kopf und saugt sich an einer der Auslappungen im Deckel fest. Dabei gleicht er in seiner ganzen Art durchaus einem normalen Baby; recht seltsam allerdings, wie mit jedem Schluck die Milch aus den Kiemenspalten austritt. Bald darauf ist das Innere des Kastens völlig weiß. Es ist offensichtlich, daß durch die untere Leitung das alte Meerwasser gegen frisches und klares Meerwasser ausgetauscht wird.)

– Nun, das schwierigste Problem, schwieriger als die Ernährung, war die Regulierung der Körpertemperatur. Mit der Entwicklung der Kiemen erfolgte eine Serie von Veränderungen im äußeren Drüsensystem, und hatten wir durchaus auch vorausgesehen, daß auf grund des sogenannten Korrelationsgesetzes eine Transmutation der Haut und eine Anreicherung des subkutanen Fettgewebes eintreten würden; bis zu welchem Grade das jedoch gehen würde, hatten wir uns konkret nicht vorstellen können. Ferner war da das Problem sowohl der physiologischen wie auch der physikalischen Abwehrkraft der Haut; das hat uns arge Kopfschmerzen bereitet. Nein, wenn wir sie, sobald sie erst einmal herangewachsen sind, mit einer Art Plastikfolie bekleiden würden, dürfte es dann – Wasser ist ja ein schlechter Wärmeleiter – nicht so schwierig sein, die Körpertemperatur zu halten ... Und tatsächlich, damit waren wir recht erfolgreich ... Problematisch blieb die Frage, auf welchen Grad hier, also während der Stillzeit, die Wassertemperatur gebracht werden sollte ... Wie Sie wissen, sind Warmblüter dadurch, daß ihre Körpertemperatur unabhängig ist von der Außentemperatur, in der Lage, Wärme zu speichern, und können somit weit größere Energiemengen verbrauchen; die Unterwasser-Menschen hingegen, die eine radikale Anlageveränderung durchgemacht haben, sind jedoch, weil bei ihnen die Anpassungsfähigkeit an die Umwelt außerordentlich aktiviert wurde, notfalls fähig, ihre Körpertemperatur zu senken. Der Unterschied zwischen der Körpertemperatur eines Fischs und der

Wassertemperatur beträgt beispielsweise im allgemeinen zwei bis drei Grad. Sollte dieser Fall etwa hier eintreten, würde uns unsere wertvolle Unterwasser-Menschheit schlapp werden und völlig untauglich... Also würde man vielleicht meinen, wir sollten sie bei einer Wassertemperatur von fünfunddreißig Grad aufziehen; aber so einfach ist das nicht. Da hätten wir wieder besorgt zu sein um die Kräftigung der Haut und der subkutanen Fettschicht. Wirklich ein scheußliches Dilemma, in dem wir uns befanden. Indessen, auch dieses Problem konnte letztlich doch gelöst werden. Sehen Sie bitte: in der oberen Leitung – von außen ist davon nichts zu bemerken – befindet sich innen eine Trennwand; sie wird dadurch so abgeteilt, daß in dem einen Leitungsstrang die Milch fließt und in dem anderen Meerwasser von sechs Grad Celsius. Normalerweise ist nun der Milchstrang nach unten auf die Saugwarzen gedreht; doch dreimal am Tag, nämlich morgens, mittags und abends, wird durch eine Operation vom Bedienungsraum aus die Leitung herumgedreht und sechsmal mit jeweils zehn Sekunden Unterbrechung für acht Sekunden statt der Milch kaltes Wasser durch diese dreißig Warzen eingespritzt. Sozusagen eine Kaltwasser-Druckmassage. Diese führte zu Ergebnissen, die unsere Vorstellungen weit übertrafen. Leider können Sie das jetzt nicht beobachten: wenn dies geschieht, – wie sie dann wild werden, die Kleinen... (er lacht und winkt mit der Hand) Nun, soviel davon. Ich darf wohl weitergehen. In der Reihenfolge kommt als nächstes ein Modellbecken, daran schließen sich die einzelnen Jahrgangs-Becken an; da wir jedoch nicht allzu viel Zeit haben, werde ich diese Zwischenstufen auslassen und Ihnen den abschließenden organischen Zustand der Fünfjährigen vorführen...

(Das Bild schwindet kurz, dann die nächste Szene. Ein Becken nach Art der Klassenzimmer in einer Volksschule. Etwa dreißig Kinder, je zur Hälfte Jungen und Mädchen, kleine Gummiflossen an den Füßen, schwimmen nach Laune frei herum oder ruhen sich aus. Abgesehen von den seltsam weit aufgerissenen, lidlosen Augen, den wie Seegras wild flatternden Haaren, den Kiemenspalten am

Halsansatz und der im Vergleich zum Körper schwachen, eingesunkenen Brust zeigen diese Unterwasser-Kinder unverwechselbar japanische Züge.

Alles ringsum erfüllend ein Geräusch, als ob rostige Metallstücke aufeinander rieben. Von der Decke herabhängend ein Dschungel von Röhrensystemen. Große und kleine Holzstücke, die auf der Wasseroberfläche treiben. Schlupflöcher und sehr verschieden geformte, bucklige Wandvorsprünge. Offensichtlich alles als Spielgelegenheiten für die Kinder gedacht.)

– Dieser Lärm rührt daher, daß die Kinder mit den Zähnen knirschen. Das Zähneknirschen ist die Sprache der Unterwasser-Menschen. Die Stimmbänder haben sich zurückgebildet; und selbst wenn sie welche besäßen, wären die unter Wasser nicht zu benutzen. Sie knirschen eine Art Morse-Signale, da aber die Grammatik die gleiche ist wie im Japanischen, ist eine Übersetzung möglich. Vorteilhaft an dieser Sprache: daß man nicht nur mit dem Mund, sondern auch unter Benutzung irgendwelcher Geräte reden kann. Durch ein Aneinanderstoßen der Finger lassen sich intime Gespräche zwischen zwei Personen führen; auch beim Essen und mit vollem Mund ist man imstande, eine Ansprache zu halten, indem man mit dem Fuß über den Boden scharrt. Zudem haben wir aus leichtverständlichen, in senkrechten und waagerechten Zeilen angeordneten Symbolen eine Schrift geschaffen. Zur Zeit gibt es ungefähr achtzig Leute, ehemalige Fernmeldetechniker, die die Unterwasser-Sprache fließend beherrschen; und nachdem wir begonnen haben, elektronische Übersetzungsmaschinen einzuschalten, sind wir in der Lage, ihnen eine sorgfältige Ausbildung zuteil werden zu lassen... Sehen Sie: plötzlich merken sie alle auf. Der Senderaum hat ein Signal gegeben.

(Die Kinder blicken starr in die Richtung, aus der das Signal zu kommen scheint, und gleich darauf – jedes will das erste sein – stürzen sie los zum Ausgang auf der linken Seite. Die Kamera folgt ihnen. Zwei Frauen, die mit Sauerstoffgeräten ausgerüstet sind. Die eine von ihnen reibt jetzt zwei Stöckchen aneinander, vermutlich irgendwelche

Instruktionen erteilend. Die Kinder stellen sich vor ihr in einer Reihe auf. Die andere nimmt aus einem Korb Gegenstände in der Größe wie etwa die schwarzen Bibliotheksbände und verteilt sie. Plötzlich beißt ein Kind, das schon bekommen hat, seine Portion an.)

– Es ist Tischzeit.

(Die Frau mit den Stöckchen schlägt das kauende Kind. Das Kind flüchtet mit einem Zähneknirschen.)

– Sie schimpft mit ihm, weil es sich schlecht benommen hat. Hier herrscht strenge Zucht. Solange sie nicht ins Zimmer zurückgekehrt sind, dürfen sie nicht essen.«
– Das Kleine eben, – hat es etwa gelacht?
– Ja, wissen Sie ... ihre Art, Gefühle auszudrücken, ist nämlich um einiges anders. Zumindest, in dem Sinne, wie wir das auffassen, hat es wohl nicht gelacht. Da sich mit der Lunge auch das Zwerchfell zurückgebildet hat, ist ein wirkliches Lachen nicht denkbar. Merkwürdig ferner: daß sie absolut nicht weinen können. Zusammen mit den anderen äußeren Drüsen sind auch die Tränendrüsen verschwunden, so daß sie selbst dann nicht weinen würden, wenn ihnen nach Weinen zumute wäre ...
– Und daß sie eine andere Art des Weinens hätten, – ohne dabei Tränen zu vergießen?
– Schon James hat gesagt: Der Mensch weint nicht, weil er traurig ist, vielmehr ist er traurig, weil er weint ... Vielleicht, ich weiß nicht, kennen sie nicht einmal mehr das Gefühl, das wir Kummer nennen, – nachdem sie keine Tränendrüsen mehr haben, um zu weinen ...

(Ein kleines Mädchen, im Begriff, vor der Kamera vorbeizuschwimmen, dreht sich erschrocken um. Kleines, spitzes Gesicht, weit aufgerissene, glänzende Augen. Auf einmal entblößt es seine Zähne, gibt einen scharfen Laut von sich und schwimmt mit einer Körperwendung davon ...)

– Schrecklich!
– Wieso meinen Sie?
– Wie elend es sich fühlte ...

– (lachend) Ah, das dürfen Sie nicht ... sich durch Analogien zum Mitleid verführen zu lassen ... Besser, wir gehen weiter zum nächsten ... dem Modelltraining der über Sechsjährigen ...
– (aus dem Fernseher) Sie gestatten uns eine kurze Pause ...
– Richtig. Es ist ziemlich weit bis dorthin, und sie müssen die Kamera im Unterseeboot transportieren ... Solange bitte ich um Licht ...

Wichtiger Bericht Tomoyasus über die Hypothese vom Ende der Vierten Zwischeneiszeit. Gegeben bei Gelegenheit der nun eintretenden Pause.

– Erlauben Sie mir, bin ich auch nur Beamter, ein kurzes Wort ... Es handelt sich um eine Angelegenheit, von der Sie, Herr Professor Katsumi, bereits unterrichtet sind ... Nun, heute morgen kam ein Anruf von einer Zeitungsredaktion. Er betraf den Vorschlag von sowjetischer Seite, doch gemeinsam die Aktivierung einer Vulkangruppe auf dem Pazifik-Boden zu untersuchen ... Um ehrlich zu sein, wir haben uns längst an Tanomogi gewandt und ihn mit der Untersuchung beauftragt ... Mag sein, daß sich also die Sowjets ebenfalls eine allgemeine Vorstellung hierüber gebildet haben; aber das ist nun einmal ihre besondere politische Taktik ...
– Sie sollten sich wirklich so kurz wie möglich fassen. Bemerkt Tanomogi tadelnd.
– Ich weiß ... Schließlich bin ich da ein ziemlicher Laie und kann gar nicht anders, als mich kurz zu fassen ... Mit einem Wort: es scheint, daß in der Tat überall im Pazifik unterseeische Vulkane aktiv geworden sind ... und daß dies zugleich im Zusammenhang steht auch mit den jüngsten Klimaveränderungen, besonders mit den ungewöhnlich hohen Sommertemperaturen, wie sie jetzt auf der nördlichen Halbkugel herrschen ... Man hat hierüber seit einer ganzen Zeit bereits dies und jenes zu hören bekommen: die Sonnenflecken seien daran schuld, die Zunahme der Abgase auf Grund des gewachsenen Energieverbrauchs der Menschheit; doch ist das damit allein wohl nicht abzutun.
Immerhin wissen wir, daß die Gletscher und die antarktische Eiskappe, diese Überreste der Vierten Eis-

zeit, abschmelzen und daß dadurch automatisch der Meeresspiegel ansteigt; aber nun wurde uns klar, daß dieses Ansteigen mit unserer Berechnung gar nicht übereinstimmt. Man sagte sich: wenn das in den nächsten tausend Jahren völlig abschmilzt, dürfte der Meeresspiegel gerade bis etwa auf eine Höhe ansteigen wie während der vorigen Eiszeit, also um rund hundert Meter, und in allen Ländern setzte eine Tendenz ein, die großen Städte und Industrien allmählich auf die Hochebenen zu verlegen ... Nein, unsere Regierung – angesichts selbst der Tatsache, daß wir über keine Hochebenen verfügen – ließ die Dinge einfach laufen; es ist beschämend: sie tat, als sähe sie das Problem nicht ...

Indessen, seit dem kürzlichen Geophysikalischen Jahr ist deutlich geworden: die Wassermenge, die den Meeresspiegel steigen läßt, ist erheblich größer als jener Teil, der vom Eis als Schmelzwasser abfließt. Nahezu dreimal so groß, wenn man gewissen Berechnungen Glauben schenken will. Manche Wissenschaftler sprechen sogar von der dreieinhalbfachen Menge.... Beim genaueren Überlegen kann sich das unmöglich mit der überall unter den Landmassen zu beobachtenden Abnahme der Wasserreserven im Boden erklären. Mithin muß angenommen werden, daß sich irgendwo neues Meerwasser bildet. Daß dies, mit anderen Worten, zu tun hat mit dem Beginn der ungeheuren Aktivität unterseeischer Vulkane. Was man allgemein als Vulkangas bezeichnet, besteht überwiegend aus Wasserdampf; und da es heißt, das Wasser in unseren gegenwärtigen Meeren sei ursprünglich aus diesen Vulkangasen entstanden, könnte es doch durchaus an dem sein. Ich verstehe zwar nichts davon; aber es gibt Leute, die das behaupten ...

Sei dem, wie ihm wolle: nach dieser Zunahme des Meerwassers zu urteilen, könne es sich kaum nur um hier und da einmal eine kleine Vulkaneruption handeln. Etwas Unerhörtes, sagt man, müsse sich anbahnen. Nach der neuesten Hypothese zum Beispiel – wirklich plappere ich nur den Wissenschaftlern nach – soll es sich bei dem sogenannten festen Land um solche Teile der Erdoberfläche gehandelt haben, die besonders reich waren an radioaktiven Substanzen, unter der davon abgestrahlten Hitze schmolzen, sich aufblähten und schließlich in die Höhe stiegen. Deshalb sei eben das Innere ausgefüllt von heißem, flüssigem Magma. Dieses schwelle im Verlaufe der Zeit immer stärker an, bilde gelegentlich Vulkane, breche auch selber hervor, werde aber allein davon noch nicht gezähmt. Im Gegenteil, von der Lava werde die Kruste immer dicker, ihr Gewicht wachse an, und schließlich sei kein Halten mehr: wie aus einer Marmeladensemmel, auf die man tritt, presse sich gleichzeitig ringsum am Rand der Inhalt hervor. Und natürlich sei es die Grenzzone zwischen den Landmassen und dem Meeresboden, wo sich diese Ausbrüche ereigneten.

So etwas soll regelmäßig einmal innerhalb von fünfzig bis neunzig Millionen Jahren stattgefunden haben ... Nun, tatsächlich befindet sich die Grenzzone zwischen Pazifik und Festland in einer verdächtigen Bewegung. Es ist dies der auch als Pazifischer Feuer-Ring bekannte Erdbeben-Gürtel ... Ehrlich gesagt, ich verstehe nicht viel davon ... Nur, wenn es an dem sein sollte, wären die ansteigenden Temperaturen und die Erhöhung des Seewasserspiegels nicht einfach irgendwelche zwischeneiszeitlichen Phänomene, sondern würden jenen gewaltigen Umbruch ankündigen, wie er sich einmal innerhalb von fünfzig Millionen Jahren ereignet ... Soweit kurzgefaßt die Hypothese vom Ende der Vierten Zwischeneiszeit ...

Nun, als sich, woher auch immer, diese Hypothese verbreitete, hoben die verschiedenen Länder in der Meinung, es habe ja doch keinen Sinn, das Geophysikalische Jahr prompt auf. Denn dieser Ansicht zufolge sollen in einer nicht allzu fernen Zeit einige hundertmal mehr unterseeische Vulkane gleichzeitig tätig sein, wodurch der Meeresspiegel mit einer Geschwindigkeit von über dreißig Metern im Jahr zu steigen beginnen und nach vierzig Jahren um tausend Meter höher liegen würde. Angenommen, die Öffentlichkeit erführe davon, – es müßte zu einer Katastrophe kommen. Die allgemeine Sicherheit und Ordnung wären dahin. Abgesehen von einem so unermeßlich weiten Land wie der Sowjetunion, würde Europa völlig zerstört, auch Amerika verschwände bis auf die Rocky Mountains, und von Japan, Herr Professor, blieben noch nicht einmal mehr als fünf, sechs kleine und verstreute, bergige Inselchen übrig

... Solange hier nicht irgendwelche Gegenmaßnahmen Platz greifen, wird es natürlich die Pflicht der Regierungen sein, die Bevölkerung nichts davon wissen zu lassen.
Nun haben sich zwar die Regierungen darauf die Hand gegeben, daß sich keine in die Angelegenheiten eines fremden Landes einmische, um so selbst von jeder fremden Einmischung frei zu bleiben; aber da die Regierungsrichtlinien einem ständigen Wandel unterliegen, ist darauf nicht allzuviel Vertrauen zu setzen... Aus diesem Grunde hat sich bei uns, konzentriert um Persönlichkeiten aus dem Wirtschaftsleben, eine Art Komitee für Gegenmaßnahmen gebildet. Und das verbreiterte sich in der Folge zu dieser Gesellschaft zur Entwicklung des Meeresbodens, die die Anlage unterseeischer Kolonien betreibt ...

»So ein unfaires Verhalten!«
Und dabei brannte mir die Zungenspitze, als hätte mir einer eine scharfe Säure in den Magen gegossen. Ich wußte nicht recht: war ich wirklich wütend, oder meinte ich, ich sollte wütend sein, oder aber gab ich nur vor, ich wäre in Wut geraten? Auf jeden Fall hatte ich das Gefühl, ich müßte jetzt einfach versuchen, rücksichtslos aufzuschreien.
»Wenn Sie das alles gewußt haben...«
Doch meine Kiefermuskeln waren so ausgetrocknet, daß sie mir mitten im Wort einfach den Dienst versagten.
»... warum denn dann... wieso haben Sie mir das nicht gleich gesagt? Hätte ich das geahnt von Anfang an... bestimmt hätte ja auch ich –...«
»Glauben Sie?« fragte Tanomogi mit einem Augenaufschlag und bissig zurück.
»Aber natürlich...« Und während ich selber den Eindruck hatte, das klinge wie ein Schrei: »Mir eine solch entscheidende Geschichte zu verheimlichen...«
»Nun, das nehme ich Ihnen nicht ab, Herr Professor. Hätten wir die Sache früher zur Sprache gebracht, – ich bin sicher, Sie würden sich noch mehr als jetzt an den gegenwärtigen Zustand geklammert und sich irre aufgeregt haben.«
»Wieso...?«

»Hat Sie das Absinken des Festlandes nicht in Unruhe versetzt?«
»Hat es allerdings!«
»Ja, aber meinen Sie denn, die Existenz von Unterwasser-Menschen hätte Sie von dieser Unruhe be-
freien können?«
Ich wollte antworten, ich vermochte es nicht. Wie ein
armseliges kleines Tierchen, das sich den Schnupfen
geholt hat, brachte ich nicht mehr als ein Röcheln
hervor ... Mein Oberkörper glühte, aber von den
Schenkeln abwärts war mir seltsam kalt. Es war, als
kröche der Tod an mir herauf.
»Ehrlich gesagt«, fuhr Tanomogi in einem bedächti-
gen Tonfall fort, »ich halte das mit den unterseeischen
Vulkanen für ein eher sekundäres Problem.«
»Wie das?« meinte Tomoyasu unter heftigem Protest.
»Wir erleben gegenwärtig nicht einfach irgendeine
Zwischeneiszeit, vielmehr ist dies das Ende der Vierten Zwischeneiszeit ... der Anfang vermutlich eines
bisher nie dagewesenen geologischen Umbruchs ...«
»Lassen wir das doch einmal auf sich beruhen. Immerhin hat die Entwicklung von Unterwasser-Kolonien an sich eine enorme Bedeutung, und zwar ganz
unabhängig davon, ob eine solche Naturkatastrophe
stattfindet oder nicht. Nicht weil sie unumgänglich
notwendig wäre, sondern weil sie selbst in ihrer ganzen Art eine in einem positiven Sinne herrliche Welt
darstellt. Das Problem, daß der Meeresspiegel ansteigt, betrachte ich einfach als die günstige Gelegenheit, unsere maßgebenden Leute endgültig davon zu
überzeugen.«
»Das ist Ketzerei, Herr Tanomogi ... Häresie ...«
»Na, und wenn schon Ketzerei ... Unser Standpunkt
und der Ihre, Herr Tomoyasu, sind nun einmal nicht
die gleichen ... Sehen Sie, Herr Professor, mögen wir
auch im Praktischen zusammenarbeiten, – in unseren Auffassungen müssen wir deswegen doch noch
nicht völlig übereinstimmen. Sicher ist es so, daß im
Augenblick unsere Wirtschaftsbosse alles darauf an-
legen, ihren Profit dabei zu machen. Oder glauben Sie
etwa, Herr Tomoyasu, die würden um der Zukunft
willen ihr Vermögen opfern?«
»Sie übertreiben!« rief Tomoyasu mit mürrischer
Miene, wobei er betont das Kinn vorstreckte, »mag es
sich nun um ein sekundäres oder gar tertiäres Ereig-

nis handeln, – daß Straßen und Felder bereits blub-
bernd untertauchen, ist Tatsache. Ja, reden Sie, was
immer Sie wollen, – soviel jedenfalls steht fest!«

Fortsetzung der von Herrn Yamamoto kommentier-
ten Fernseh-Live-Übertragung, diesmal aus einem
Trainingslager für Unterwasser-Menschen.

(Im driftenden Tiefseewasser... Ein auf einem
Fuß ruhendes, tulpenförmiges Bauwerk erscheint
in der Flut, weiß schimmernd gegen den Hintergrund des schwarzen Meerhimmels.)

– Dies ist das Gebäude unseres Modell-Trainingsla-
gers. Eine interessante Architektur, nicht wahr?...
Das Ganze wurde aus Plastik gefertigt; die Wände
sind hohl und innen mit einem Gas gefüllt. So hält
es sich durch den Auftrieb. Genau umgekehrt wie bei
den auf der Schwerkraft basierenden Bauten an
Land. Und da außerdem die Bewohner Unterwasser-
Menschen sind, die sich frei durch den Raum bewegen, war es überflüssig, an Fußboden und Decken
festzuhalten. Überhaupt brauchte man sich nicht auf
die Horizontale zu beschränken. Die Ein- und Aus-
gänge öffnen sich infolgedessen nach oben zu. Es ist
alles aufs einfachste konstruiert... Kommt hinzu,
eine jedenfalls enorme Erleichterung, daß es völlig
unnötig war, sich irgendwelche Gedanken zu machen
etwa über ein Leckschlagen oder über die Probleme
des Wasserdruckes, weil sich ja in den Räumen keine
Luft zu befinden braucht... Und so tief im Meer ist
es friedlich und still...

(Die Kamera fährt näher an das Gebäude heran.)

– Ah, eine ziemlich große Anlage...
– Gegenwärtig sind es nur zweihundertvierzig Zöglinge; da aber die Zahl der Kinder wächst, ist es an-
gelegt für eine Aufnahme bis zu tausend. Schule und
Internat in einem... Ein Bau, der sich sehen lassen
kann... Künftig sollen hier einundzwanzig von dieser Sorte beieinander stehen. Pro Jahrgang dreihundert: also von den Fünfjährigen bis zu den Zehnjäh-
rigen insgesamt einundzwanzigtausend Zöglinge...
Ah, die Gebäude aufzustellen, ist einfach. Sie werden
bald in Großserien fabriziert. Man transportiert je-

weils vier Stück, zusammengefaltet, auf einem Lastwagen; an Ort und Stelle werden sie montiert und
mit Gas gefüllt. Das ist alles. Wenn es gewisse
Schwierigkeiten gibt, so höchstens damit, sie im Fundament auf dem Meeresboden zu verankern ...

(Die Kamera fährt an dem Gebäude entlang aufwärts. In mehreren Reihen übereinander wie fluo-
reszierend sanft schimmernde Lichtbänder. Die
Lichter scheinen in die Wände eingelassen. Ein
Schwarm kleiner Fische zieht blinkend vor der Kamera querüber vorbei.)

– Beobachten Sie das bitte genau! Die Lichtbänder –
wenn auch kaum merklich – werden bald heller, bald
dunkler. Dieser Hell-Dunkel-Rhythmus verschiebt
sich jeweils ein klein wenig nach unten zu, nicht
wahr? ... Das wirkt als eine Art Lichtköder für die
Fische. Da Fische, je nach Spezies, fixiert sind auf das,
was man ihre Lieblings-Helle nennt, schließen sie sich
dem Rhythmus an und steigen abwärts. Dort wartet
auf sie, weit geöffnet, eine Fischfangvorrichtung, eine
Art riesiges Fliegennetz ... Ich glaube, man wird
sich in Zukunft verstärkt dieser Fischfangmethode
bedienen. Sie ist außerordentlich wirkungsvoll. Deshalb dürften die Fischer, die in dieser Gegend fangen – ...
– Wo eigentlich befinden wir uns hier?
– Etwa mitten auf der Linie, die Kisarazu mit Ura-
yasu verbindet ...
– Daß Sie das aber bisher so unauffällig betreiben
konnten ...
– Stellenweise beträgt in dieser Gegend die Meerestiefe fünfzig, auch sechzig Meter. Zudem haben wir
den Schlamm beseitigt: noch einmal fünfundzwanzig
Meter, – genau die Höhe des Gebäudes ... Eine Tiefe
also, in die man ohne Taucheranzug nicht mehr vor-
dringen kann. Und die Zöglinge werden genau über-
wacht ...
– Ja, aber wie machen das die Ausbilder?
– Sie fahren dann den Gebäudefuß so weit aus, bis
das Dach etwa zwanzig Meter unter dem Wasserspie-
gel liegt.

(Die Kamera nähert sich dem Dach. Eine gekrümm-
te Fläche mit Aufwölbungen, im Zentrum ein gro-

ßes rundes Loch. Einen Fuß auf den Rand dieses Lochs gestemmt, steht in einer Pose, als ob er schwebte, ein Knabe. In der Nähe seiner Schulter ein handtellergroßer Fisch.)

– Er kommt uns begrüßen ... Übrigens: Unterwasser-Mensch Nr. 1 ... Der älteste, dieses Jahr ist er acht geworden; dabei sieht er schon aus wie zwölf, dreizehn oder noch mehr. Es soll ja auch sonst bei Elternlosen gelegentlich vorkommen, aber hier ist das weit grundsätzlicher: wirklich wächst unter Wasser alles erstaunlich schnell heran. So las ich einmal in einer Publikation der Sowjetischen Akademie der Wissenschaften, daß selbst die Pflanzen hier eine biologische Wachstumsrate von nahezu hundert Prozent erreichen im Vergleich zu den fünf Prozent bei der Landflora. Und während der Elefant vierzig Jahre bis zur Geschlechtsreife braucht, bringen jene Riesenwale kaum zwei, drei Jahre nach ihrer Geburt selbst wieder Junge zur Welt ...

(Der Knabe hat die Lippen leicht geöffnet, und während er mit den Zähnen knirscht, senkt er den Kopf. Sanft schiebt er den Fisch beiseite, der sich an seinem Mund zu reiben versucht. Man hat den Eindruck, als lächelte er ein klein wenig, aber dem ist vermutlich nicht so. Sein Körper ist eng umschlossen von grauen Hosen und einer ebenfalls grauen Jacke; an seinen Füßen sind Flossen befestigt. Sein lichtes Haar schwebt wie Rauch. Abgesehen von der Härte seiner anomal weit geöffneten ovalen Augen, ist seine Körperhaltung, vermutlich gestützt durch den regelmäßigen Wasserdruck von allen Seiten, so weich wie die eines Mädchens. Lediglich die Kiemen und die eingesunkene Brust machen irgendwie einen leicht unangenehmen Eindruck.)

– Ein Fisch, mit dem er sehr vertraut ist. Sie müssen wissen, er ist ein Tierliebhaber, dieser Kleine ... Sein Name, in Stimmband-Laute übersetzt, ist Iriri ... ein ganz einfaches Symbol ... Und nun betrachten Sie bitte das Dach des Gebäudes ...

(Nahaufnahme der Dachfläche. Unter einer Haut, offenbar aus Plastik, wuchert etwas wie schwärzlicher Schaum.)

– Scenedesmus, eine Art Chlorella-Algen ... Aber wir haben diese ursprüngliche Süßwasserpflanze an das Meerwasser angepaßt ... Sie enthält mehr als zwölf verschiedene lebenswichtige Aminosäuren, also eine ideale Nahrungsquelle. Die Kekse, die wir daraus herstellen, essen die Kinder mit großer Begeisterung ...

(Der Knabe beugt ein wenig die Knie und beginnt in dieser Haltung langsam durch das Loch abwärts zu sinken. Mit den Zähnen knirschend, ruft er seinen Fisch. Der Fisch folgt ihm. Die Kamera fährt hinter beiden her. Der Knabe macht eine Wendung, schießt jetzt, den Kopf nach unten, schneller hinab. Seine Füße mit den daran befestigten Flossen, die sich in einem feinen Rhythmus bewegen. Weiter hinten erwarten uns zahlreiche andere Kinder, die sich teils an einem die Wand des Loches entlang laufenden Geländer festhalten, teils in gerader Linie vor uns vorbeizuschwimmen versuchen. Ein Rauschen wie vom Geschrill der Zikaden ...)

– Ein zahmer Fisch. Wenn sie sich so allmählich eingewöhnen, werden die Fische womöglich noch zu Haustieren werden ... (ruft plötzlich in die Sprechanlage) Würden Sie bitte einen Augenblick dort anhalten!
– (eine dumpfe Stimme aus dem Lautsprecher) Wollen Sie die Arbeitsräume sehen?
– Ja, nur ganz kurz.

(Die Kamera stoppt. Eine Wand ... Regelmäßig angeordnete, länglich ovale Eingänge; ein Bild wie von einer Bienenwabe.)

– Da gegenwärtig noch niemand da ist, der sie benutzt, stehen sie so gut wie leer; aber hauptsächlich in dieser Zone befinden sich die praktischen Übungsräume.

(Näher auf einen der Eingänge zu. Der Knabe hat den Fisch gepackt, läßt ihn nach seinem Haar schnappen; und so gleitet er uns voraus in den Raum hinein.)

– Wir bezeichnen sie zwar als Klassenräume; da jedoch vom physikalischen Experiment bis zum Antrieb und zur Bedienung von Maschinen, ja selbst bis zur Technik der Lebensmittelfabrikation alles ausgerichtet ist auf das sofort praktisch Anwendbare, werden sie, sobald sie einmal voll im Betrieb sind, zu regelrechten Fabriken werden. Sobald nach weiteren fünf Jahren die volle Schülerzahl erreicht ist, dürften sie in der Lage sein, sich mit den täglichen Verbrauchsgütern selbst zu versorgen.

– Und wenn sie hier ihr Examen gemacht haben, – was dann?

– Nun, allmählich ist die Meeresboden-Industrie im Aufbau, ferner brauchen wir Leute, die zur Arbeit in die Unterwasser-Zechen und auf die Unterwasser-Ölfelder gehen. Auch auf den unterseeischen Weidefarmen weiß man vor Arbeitskräftemangel nicht ein noch aus, und so werden sie dort sehr willkommen sein. Diejenigen mit besonders guten Leistungen sollen nach unserer Planung in eine Spezial-Ausbildungsabteilung überstellt werden, um eine Fachausbildung als Arzt, Lehrer oder Techniker zu erhalten, uns Menschen zur Hand zu gehen und nach und nach an unsere Stelle zu treten.

– (Tomoyasu mit einem warnenden Unterton) Doch gibt es da erhebliche Meinungsverschiedenheiten ... eben über diese Spezialausbildung ...

– Das ist kein Problem. Irgendwo gibt es für das, was wir Land-Menschen tun können, eine Grenze, und schließlich sind wir zahlenmäßig einfach nicht genug ...

(Es erscheint das Innere des Arbeitsraums. Besondere Arbeitstische gibt es nicht; dafür ragen aus dem Boden, aus den Wänden, aus der Decke allerlei Tafeln, Ausbuchtungen, Haken und dergleichen hervor, Werkzeuge, aufgehängt an Plastikballons ... Der Knabe blickt, offenbar stolz auf irgend etwas, bald zur Kamera, bald auf die Werkzeuge.)

– Sehen Sie, dies sind Iriris Erfindungen ... (ruft in die Sprechanlage) Na, benutze doch mal eines!

(Zähnegeknirsch ... Der Knabe nickt, ergreift ein Werkzeug zusammen mit dem Ballon und schließt es an ein Rohr an, das aus einer Ecke des Raums aufsteigt.)

– Preßluft ... Unter Wasser die wichtigste Antriebs-

kraft... Daneben dampfförmiges Schießpulver...
Flüssiggas...

(Der Knabe dreht einen Hahn auf. Das Werkzeug
gerät unter dem Ausstoß von Luftblasen in schwin-
gende Bewegung. Die Blasen schießen rasch zur
Decke hinauf, bilden dort eine große Blase, die
langsam von einem Abgaskanal fortgesogen wird.
Der Fisch schwimmt den Blasen nach, versucht danach zu schnappen. Sowie der Knabe die schwin-
gende Spitze des Werkzeugs an eine in der Nähe
befindliche Plastiktafel hält, ist diese im Nu durch-
getrennt.)

– Es handelt sich um eine automatische Kreissäge...
Und was das Wichtigste ist, – alles hat er sich selbst
ausgedacht... und natürlich aus dem Rohmaterial
handgefertigt... Hier in diesem Plastikbearbeitungs-
raum halten sich für gewöhnlich die meisten auf.
Schließlich vertritt im Unterwasser-Alltag die Plastik die Stelle, die an Land das Eisen einnimmt; so-
daß man sagen kann: der geschickte Umgang mit
Plastik ist das Fundament für die Technik dieses Lebens... Trotzdem, einigermaßen seltsam schon, nicht
wahr?... ein Kind von kaum acht Jahren... Es
scheint doch nicht allein der Körper zu sein, der unter Wasser so schnell heranwächst.
– Wie halten Sie es aber mit der Energie? Bei der
Plastikherstellung dürften ziemlich hohe Temperaturen nötig sein, und die Beleuchtung dieser Räu-
me –...
– Selbstverständlich Elektrizität... Obwohl die Ent-
wicklungen auf dem Gebiet der Isolationstechnik die
Anwendung erheblich erleichtert haben, ist der
Strom das schwierigste Problem für das Leben unter
Wasser. Dabei geht es ohne ihn einfach nicht...
– Wieso nicht?
– Was wollten wir denn machen? Nun, soweit es Hei-
zung und Antrieb betrifft, da lassen sich Auswege
finden... aber sonst? Nehmen Sie zum Beispiel das
Funk- und Kommunikationssystem... Weil elektrische Wellen unter Wasser nicht zu brauchen sind,
benutzen wir zwar – völlig natürlich – Ultraschall-
wellen; doch im Sender und im Empfänger ist Strom
nun einmal unentbehrlich. Oder: nach und nach
möchten wir uns mit Preßluft und dergleichen nach

Möglichkeit selbst versorgen ... Im Augenblick sind wir durch Kabel mit dem Land verbunden; in Zukunft allerdings werden wir auf kleinere Atomkraftgeneratoren umsteigen, leistungsfähige Schwerölgeneratoren entwickeln, den Auftrieb ausnutzende Gasgeneratoren betreiben, – unbedingt jedenfalls Methoden ersinnen, die uns vom Land unabhängig machen ... Damit könnten wir uns auch auf dem Meeresboden weit entfernt vom Festland ein stationäres Forschungsinstitut aufbauen, wäre es kein Traum mehr, riesige Mammutstädte anzulegen ... Ah, da bringt er wohl noch eine Erfindung, wie?

(Der Knabe bringt jetzt einen geraden Stock herbeigeschleppt, an dem an einer Stelle etwa im unteren Drittel Pedale befestigt sind. Er hält ihn senkrecht, steigt auf, tritt in die Pedale, und da unten an dem Stock im rechten Winkel dazu eine kleine Schiffsschraube angebracht ist, steigt er aufwärts; sowie er seinen Körper zur Seite fallen läßt, fährt er in der Horinzontalen weiter.)

– Ein Unterwasser-Fahrrad ... Er ist stolz, daß er sich damit zeigen darf ...
– Er scheint recht zutraulich ...
– Ja, Iriri mehr als die anderen ... Da dieses Kind unser erstes Experiment war, sind uns wohl bei seinem Entwicklungsprozeß gewisse Fehler unterlaufen. Die äußeren Drüsen haben sich bei ihm nicht völlig zurückgebildet. Sicher ist Ihnen aufgefallen, daß zum Beispiel seine Augen oval geformt sind. Es ist kaum zu bemerken, aber am linken Augen finden sich noch Spuren der Tränendrüse. Möglicherweise ist das die Ursache dafür, daß bei ihm die Oxydation beziehungsweise der Wasserstoffentzug nur unvollständig erfolgt ...
– Der Wasserstoffentzug?
– Ich denke, Sie werden mir folgen können, wenn ich sage, daß die menschlichen Empfindungen zum großen Teil auf Wahrnehmungen der Haut beziehungsweise der Schleimhäute beruhen. Zählen wir zum Beispiel kurz einige Redewendungen auf, wie ›es überläuft mich‹, ›es ist rauh‹, ›es ist klebrig‹, ›es juckt mich‹, – so wird deutlich, wie all die Wahrnehmungen der Körperoberfläche zugleich unsere Stimmungen, unser emotionales Reagieren auf die Umwelt beschrei-

ben. Nun, diese Oberflächenwahrnehmungen sind, um es mit einem Wort zu sagen, so etwas wie der Instinkt, das Meer gegenüber der Luft zu konservieren ... Ich scheine vom Thema abzuschweifen; aber hören Sie mich bitte an. Ich meine, die Sache wäre wichtig... Wie Sie wissen, besteht der Mensch, dieses höchstentwickelte unter den Landlebewesen, zum überwiegenden Teil – von der Blutflüssigkeit und den Knochen bis zum Protoplasma – aus Elementen, die sich im Meer ausformten. Nicht nur waren Kristalle im Meer das allererste Leben; auch späterhin basierte das Leben stets auf dem Meer. Und selbst als sie an Land stiegen, nahmen die Lebewesen das Meer mit sich: eingehüllt in ihre Haut. Das geht so weit, daß im Krankheitsfalle Kochsalzinjektionen verabreicht werden müssen ... Indessen, diese Haut an sich schon ist nichts anderes als eine ozeanische Metamorphose. Und ist ihre Widerstandskraft auch stärker als die irgendeines anderen Organs, muß sie doch von Zeit zu Zeit die Hilfe des Meeres in Anspruch nehmen. Dabei sind sozusagen die äußeren Drüsen die zugunsten der hart bedrängten Haut eingesetzten Hilfstruppen des Meeres. Die Tränen das Meer der Augen ... So gesehen, ist letztlich all das, was wir unsere Empfindungen nennen, sind also Reizung und Kontrolle unseres äußeren Drüsensystems – um es in Worte zu fassen – nicht mehr als der Selbstbehauptungskampf des Meeres gegenüber dem Land ...

– Und wo der nicht ist, sind keine Empfindungen?

– Ich sage nicht, daß sie nicht existierten; nur sind sie vermutlich etwas ihrem Wesen nach völlig anderes, so daß wir uns überhaupt eine Vorstellung davon nicht bilden können. Da sie nun jetzt im Wasser leben, besteht für sie keine Notwendigkeit mehr, wie bisher gegen die Atmosphäre zu kämpfen. So wie es heißt, daß der Fisch nichts ahnt von der Furcht vor dem Feuer.

(Der Knabe, während er geschickt sein Fahrrad tritt, spielt Fangen mit dem Fisch.)

– Freilich, wenn ich mir die anderen Kinder betrachte außer Iriri, beschleicht mich manchmal schon die Furcht, sie hätten kein Innenleben. Natürlich haben sie eines, nur wohl eben ein anderes ...

– Dann wäre also dieser Knabe allein einem Menschen ähnlich?

– Ja ... sein Blick, sein Verhalten, – das ist irgendwie verständlich ... (in einen sentimentalen Tonfall geratend) Aber vielleicht ist es eben so, daß bei ihm hier unter Wasser das Innenleben wie auf dem Land nur nicht völlig oxydiert ...

(Der Knabe, dem Fisch nachjagend, schlüpft seitlich an der Kamera vorbei und aus dem Raum hinaus.)

– Und Sie meinen nicht, daß gerade deshalb nur er soviel Intelligenz entwickelt?

– Ah, wenn es nur um die Intelligenz geht, – da sind ihm die anderen Kinder durchaus ebenbürtig. Eines, das drei Monate jünger ist als er, hat gezeigt, wie man unter Benutzung einer Luftblasen-Wippe eine Uhr konstruiert. Was heißt Uhr? Ein Ding von der Art, daß sich der Zeiger einmal alle fünfzehn Minuten bewegt ...

(Die Kamera folgt dem Knaben, fährt langsam auf seine Gefährten zu ...)

– (nimmt sich zusammen, findet zurück zu seinem vorigen sachlich nüchternen Tonfall) Diese Mittelzone ist den Wohnräumen vorbehalten, darunter befinden sich die normalen Klassenzimmer für die einzelnen Jahrgänge ... Unterrichtsfächer sind wie bei uns zunächst Lesen, Schreiben, Rechnen; womit wir danach fortfahren sollen, ist noch ein Problem ... Zwar ist entschieden, das Programm so zu gestalten, daß die Schwerpunkte weitgehend auf der Flüssigkörperphysik und der Makromolekularchemie liegen, die ja in Verbindung zu bringen sind mit ihren Lebensbedingungen ... Letzten Endes ist das jedoch eine Angelegenheit, in der unsere Vorstellungen wenig helfen ... Sie werden wohl, wenn sie erst einmal Lehrer haben, die aus ihren eigenen Reihen hervorgegangen sind, selbst den eigentlichen Kurs bestimmen. Auf jeden Fall sind die Unterschiede im Sensuellen, je nachdem ob in der Atmosphäre oder im Wasser, grundsätzlicher Art ...

(Amphitheatralisch ansteigende Sitzreihen ... spielende Kinder ... Während man den Eindruck

hat, daß die einen offene Neugier bezeigen, sind
andere völlig uninteressiert.)

– Was sich wohl von selbst versteht: Fächer wie Geschichte, Geographie, Gesellschaftskunde gibt es natürlich nicht. Zu beurteilen, auf welche Weise wir sie
am besten unterrichten über ihr Verhältnis zu uns,
ist einigermaßen schwierig.
– (Tomoyasu, sich schneuzend) Nötig wäre es . . .
Sonst liefe es hinaus auf ewigen Haß . . .
— Nein . . . (leicht den Kopf schüttelnd) Das zu sagen,
hieße den Land-Menschen überschätzen . . .

(Mögen sie neugierig, mögen sie ununteressiert
sein, eines haben die Kinder gemeinsam: eine un-
gewöhnliche Kühle. Unter ihren Blicken ist einem,
als würde man zu einem bloßen Objekt. Man kann
Herrn Yamamotos Ansicht, wonach sie wie ohne ein
Innenleben wirken, nur zustimmen.
. . . Ein kleiner Schlingel, der vor die Kamera hüpft
und mit beiden Händen die Linse zuzuhalten versucht . . . Ein Mädchen, das, angeklammert an die
Wand, unentwegt einen winzigen Wurm beobach-
tet . . . Jungen, die sich um Iriris Fahrrad versammeln und es studieren . . . Ein kleines Mädchen
schnappt sich mit dem Mund ein verirrtes Fisch-
lein, doch ein Junge neben ihr hält ihr mit den Fingern die Nase zu, schüttelt sie heftig, bis sie es wieder ausspuckt . . . Ein Mädchen, das sich auf dem
Rücken treiben läßt, während ein Junge ihr die
Achselhöhlen leckt . . . Eine gemischte Gruppe, vermutlich mit Ordnungsdienst betraut, schabt mit
Preßgassaugern die Wände ab . . . Ein Knabe, der
seine Wange an einen schweifwedelnden Unter-
wasser-Hund legt . . .)

– Nun, das war zwar sehr kurzgefaßt, aber ich denke,
es genügt . . . Aiba, schalten Sie doch bitte ab . . .

(Ein tiefer Seufzer: man weiß nicht, wer ihn aus-
stößt . . . Das Bild auf dem Schirm zieht sich flak-
kernd zusammen, wird kleiner und kleiner, verlöscht . . .)

Eine Blaupause

35.

Unsere Augen hingen an dem Fernsehschirm, auf dem das Bild flackernd geschrumpft und schließlich verschwunden war, und für eine Weile rührte sich keiner. Niemand, der das Licht im Raum angeschaltet hätte, niemand auch, der es damit eilig gehabt. Ob noch irgendeine Fortsetzung käme?... Bei diesem Gedanken atmete ich innerlich auf. Solange wenigstens würde ich am Leben bleiben...

Doch als das Schweigen andauerte, begann ebenso rasch meine Furcht wieder zu wachsen. Es war seltsam: überwältigt von der mir eben vorgeführten Wirklichkeit, hatte ich sie, obgleich ich sie gefühlsmäßig ablehnte, irgendwo in meinem Inneren doch interessant gefunden. Unbewußt, indem ich das Verhältnis von Jungen zu Mädchen schätzte und – sie mochten der Zahl nach ungefähr gleich sein – beliebige Vermutungen darüber anstellte, wie sich künftig die Ehe gestaltet würde, war ich ganz in den Gemütszustand dessen geraten, der ans experimentelle Arbeiten gewöhnt ist. Jedoch, ins Dunkel zurückgekehrt, kam ich auch wieder zu mir... War denn nicht all die Zeit über ich derjenige gewesen, mit dem experimentiert wurde? Und nun erwartete mich der Tod... Eine Schale Tee des Mitleids dem zum Tode Verurteilten... Wie sollte sich etwas geändert haben am Wesen des Todes...?

Die Nägel meiner zusammengekrümmten Finger gruben sich in die Handteller ein. Trotzdem klammerte ich mich, wie unter einem Stärkeaufstrich erstarrt, an diesen Augenblick. Oder war es mir durch die Darlegungen meiner Voraussage zweiten Grades, die behauptete, ich selber zu sein, eingeredet worden, daß ich ungeachtet meiner Gefühle nach dem Tod verlangte? Ich hatte mich, als wollte ich mein Schicksal ermitteln mit dem Wurf einer vorn und hinten gleichen Medaille, in einem verrückten Zirkelschluß verfangen, als wäre, an der Fähigkeit der Voraussage-Maschine zu zweifeln, gleichbedeutend mit der Zustimmung zu ihrem Urteil, und indem ich mir dies eingestünde, hätte ich es zu akzeptieren... Nein, das mußte nicht sein. Um den Tod zu

verweigern, würde es keine Begründung brauchen, als einfach zu erklären: ich will nicht sterben ...
Ich meinte, es nicht länger ertragen zu können. Doch nur zu meinen, macht noch keine Tat. Nun war es keineswegs so, daß ich mir über meinen Zustand nicht im klaren gewesen wäre. Diese Ruhe war nicht von der Art, daß ich ihr durch ein Aufpeitschen von Gefühlen entkommen konnte; eher mußte ich mich irgendwie körperlich lockern. Von Anspannung zusammengepreßt, war meine ganze Muskulatur starr wie altes Leder, und wahrscheinlich würde es quietschen, sobald ich nur mein Genick bewegte.
Endlich blickte Aiba auf und machte eine Geste, als wollte er etwas fragen. Die Gelegenheit benutzend, krümmte und wand ich mich hastig, wie um dem Bann zu entkommen. Doch als hätte man meine Stimmbänder mit Paraffinpapier überklebt: was für eine mitleidheischende Stimme! ... Ich hatte völlig jede Selbstachtung verloren.
» ... Gewiß mag es, im Vergleich zum Meer, schwieriger sein, auf dem festen Land zu leben ... Aber war es denn nicht gerade dank dieser schwierigen Lebensbedingungen, daß Tiere sich bis zum Menschen voranentwickelt haben? ... Ich kann dem Ganzen einfach nicht zustimmen ...«
»Natürlich nicht ...« murmelte Fräulein Wada.
»Das ist ein Vorurteil.« Yamamoto bemühte sich, kenntnisreich zu erscheinen. »Daß der Kampf mit der Natur zur Fortentwicklung der Lebewesen beigetragen hat, ist nicht zu bestreiten. Ebenso ist es Tatsache, daß die vier Eiszeiten und die drei Zwischeneiszeiten die Entwicklung des Menschen vom Australopithecus bis zum jetztzeitlichen Menschen beeinflußt haben. Ich weiß nicht, wer, – aber jemand hat es einmal sehr geschickt so formuliert: Dieses Wesen Mensch ist der Lehrling, der unter dem Zaubertuch Gletscher geboren wurde ... Indessen, schließlich hat sich die Spezies Mensch die Natur untertan gemacht. So gut wie alles Natürliche hat er von der Wildform in Künstliches, von Menschenhand Geprägtes umgeformt. Kurzum, er erwarb die Fähigkeit, die Entwicklung von einem zufälligen in einen bewußten Prozeß zu verwandeln. Müssen wir da nicht auch zu der Überzeugung kommen, der Zweck, zu dem die Lebewesen aus dem Wasser an das Land krochen, habe sich erle-

digt? Die alten Linsen mußten geschliffen werden; die heutigen Plastik-Linsen sind poliert von Anfang an. Wir leben nicht mehr in einer Zeit, in der es hieß: Die Mühsal erst macht den Edelstein... Wieso sollte also nicht als nächstes der Mensch sich selbst von seiner ›Wildform‹ emanzipieren, um sich rational umzustrukturieren? Und hiermit schlösse sich der Kreislauf von Kampf und Entwicklung... Nicht lange, und die Zeit kommt, in der der Mensch, nicht mehr Sklave, sondern Herr, wieder zurückkehrt ins Meer, aus dem er stammt...«

Er schloß aus irgendeinem Grunde mit einem tiefen Seufzer der Erleichterung. Worauf ich beherzt erwiderte:

»Trotzdem, Sklave bleibt Sklave. Sie sind schließlich Bewohner von Kolonien und haben weder eine eigene Regierung noch selbst Politiker.«

»Im Augenblick, nicht wahr...« mischte sich Tanomogi offensichtlich ungeduldig ein. »Aber sind nicht zu allen Zeiten die neuen Männer aus den Reihen der Sklaven gekommen?«

»Nun, wenn wir den Unterwasser-Menschen dies zugestünden, hieße das ja wohl doch, uns selbst verleugnen. Der Mensch auf dem Land wäre dann, noch während er lebt, ein Relikt der Vergangenheit.«

»Wir müssen es ertragen. Diesen Bruch zu ertragen, heißt: sich auf den Standpunkt der Zukunft zu stellen.«

»Angenommen jedoch, ich wäre ein Verräter an den Unterwasser-Menschen, so seid ihr alle hier Verräter an den Menschen auf dem Land!«

»Aber, Herr Professor, versuchen Sie einmal folgendes zu überlegen...« sagte Tomoyasu und schüttelte dabei den Kopf, als wollte er damit zeigen, wie leicht das doch zu begreifen wäre. »Die Straßen sind voller Arbeitsloser, die wirtschaftliche Lage gestaltet sich immer verzweifelter...«

»Allerdings, nicht wahr? Wenn man das eine bedenkt, ist auch das andere zu bedenken... Deshalb haben Sie absolut kein Recht, solche entsetzlichen Pläne noch lange geheimzuhalten!«

»Oh, das haben wir doch. Es ist das Recht, das durch die Voraussage-Maschine den Unterwasser-Menschen zuerkannt wurde. Zudem, kommt erst die Zeit, wird die Öffentlichkeit es natürlich erfahren.«

»Und wann wäre das ...?«

»Wenn der überwiegende Teil der Mütter jeweils wenigstens ein Unterwasser-Kind hat ... Wenn also die
Vorurteile gegenüber den Unterwasser-Menschen
verschwunden sind und damit die Furcht vor einer
Verdrehung der Wahrheit über sie. Um diese Zeit
wird die Angst vor der großen Flut Realität sein, und
die Menschen werden zu wählen haben, ob sie Krieg
führen wollen um den Besitz von Land, oder ob sie
bereit sind, die Unterwasser-Menschen als die Trä-
ger der Zukunft anzuerkennen. Das Volk –«, und er
schob geräuschvoll seinen Stuhl zurück, »das Volk
wird sich natürlich für die Unterwasser-Menschen
entscheiden.«

Sowie er zu Ende gesprochen hatte, wandte er sich
um und gab Aiba irgendein Zeichen. Auf mich wirkte
dies wie eine entsetzlich gnadenlose Geste, und ich
schrak zusammen, als wäre ich im Dunkeln plötzlich
an einer Ecke auf jemanden getroffen. Ohne einen
Augenblick zu zaudern, erhob sich Aiba und schob
eine vorbereitete Programmkarte in das Eingabe-
werk. Und während er in das Kontrollgerät blickte,
begann er an der Konsole die Knöpfe einzustellen.

Plötzlich empfand ich auf der linken Schulter einen
Schmerz, als ob man mir eine Nadel hineinbohrte.
Doch war das keine Nadel, sondern Tanomogis rechte
Hand, die sich leicht auf mich legte. Unbemerkt war
er, den Körper gebeugt, schräg hinter mich getreten.
Und leise murmelte er:

»Das ist die Prognose der Zukunft, Herr Professor ...
eine Blaupause der wirklichen Zukunft ... Ich bin sicher, Sie werden begierig sein, sie zu sehen ...«

36.

Hierauf gab die Maschine folgende Schilderung ...

Wo alles Leben abgestorben, in fünftausend Meter
Meerestiefe die von einem dicken, wie verwuchertes
Tierfell zottigen und löcherübersäten Schlamm bedeckte Ebene begann plötzlich aufzureißen. Hatte
sich, detonierend, im nächsten Augenblick in eine
dunkle Wolke verwandelt und so die Sterne des
durch kristallisch schwarze Mauern in Schwärmen
treibenden Planktons ausgelöscht.

Schrundige Felstafeln kamen zum Vorschein. Dann
unter Auswurf gewaltiger Luftblasen trieb eine tief-

braun glänzende, gallertartige Masse herauf, und
über Kilometer hin verzweigte sie sich wie die Wurzeln einer uralten Kiefer. Mit der weiteren Zunahme
der Eruptivmasse verschwand auch dieses dunkel gleißende Magma. Schließlich, den maritimen Schnee
durchstoßend, strudelte noch eine riesige Dampfsäule auf und stieg, während sie auseinanderfiel, in die
Höhe. Aber lange bevor sie die Oberfläche des Meeres erreichte, hatte sie sich irgendwann unter die aufgeblähten Moleküle des Wassers gemischt.
Genau zu dieser Zeit war kaum zwei Seemeilen voraus der Fahrgastfrachter »Nanchō-maru« von der
Südamerika-Linie mit Kurs Yokohama unterwegs,
doch empfanden die Passagiere wie die Besatzungsmitglieder nicht mehr als nur eine momentane, leichte Verwirrung bei dem unerwarteten Beben und
Ächzen im Schiffsrumpf. Und selbst der Zweite Offizier, der auf der Brücke stand, hielt es nicht für ausreichend, die Tatsache, daß ihm ein erregt aufschnellender Delphinenschwarm und eine zwar geringe, aber plötzlich einsetzende Verfärbung des
Meeres aufgefallen war, als besondere Vorkommnisse ins Logbuch einzutragen. Am Himmel die Julisonne schimmerte wie flüssiges Quecksilber.
Indessen, da bereits lief, um bald darauf zu einer riesigen Flutwoge anzuwachsen, die unsichtbare Erschütterung des Wassers mit einer geradezu unglaublichen Wellenlänge und Geschwindigkeit von
siebenhundertzwanzig Stundenkilometern über das
Meer hinweg auf das Land zu . . .
Wie eine sanfte Brise strich die Flutwoge über einige
»Tulpen«-Wälder hin, die sich an Unterwasser-Wei-
defarmen und -Ölfeldern reihten. Unter den Unterwasser-Menschen – sie waren emsig damit beschäftigt, Fisch-Eier zu sammeln – hatte kein einziger etwas davon bemerkt.
Am folgenden Morgen überspülte die Flutwoge die
Küste von Shizuoka bis zur Bōsō-Halbinsel. Die »Nanchō-maru«, über Funk benachrichtigt, daß Yokohama
nicht mehr wäre, wurde auf hoher See gestoppt.
Die Formulierung, daß Yokohama nicht mehr wäre,
verwirrte den Kapitän völlig; doch noch verdächtiger
war ihm das Verhalten der Passagiere. Was zum Teu-
fel eigentlich hatte diese Gelassenheit zu bedeuten?
Genauer gesagt, hatten die Merkwürdigkeiten nicht

erst damit begonnen. Diese Reisegruppe, die das ganze Schiff gechartert, hatte eine riesige Maschine verladen, und im Bestimmungshafen angekommen, war sie durchaus nicht von Bord gegangen, sondern hatte befohlen, genauso zurückzufahren, ja, sie hatte sogar während der Reise an ihrer Maschine gearbeitet, wozu sie nach Belieben und als wäre es ihr Laboratorium den Verladeraum aufgesucht. Wer nur mochten diese Leute um einen Mann namens Tanomogi sein?

– Demnach wären Sie das gewesen?
– So ist es.
– Und obwohl Sie wußten, daß der Hafen von Yokohama völlig zerstört war, haben Sie nichts dazu gesagt?
– Wozu denn? Nachdem es Vorwarnung gegeben, hatten sich ja so gut wie alle unversehrt retten können.
– Befand ich mich ebenfalls auf dem Schiff?
– Nein, Herr Professor... Um diese Zeit waren Sie schon längst –...

Das Hochwasser ging nicht zurück. Zwei Habgierige, Mann und Frau, trieben sich suchend am Strand herum. Sie hoben etwas auf, von dem sie dachten, es wäre ein Armreif, doch war es ein künstliches Gebiß und nicht die wertvolle Beute. Dann entdeckte die Frau den Ertrunkenen. Sie entsetzte sich und wollte umkehren; der Mann aber hätte ihn gern mit der Spitze seines Stockes herumgedreht. Allein, der Ertrunkene bleckte aus dem Wasser heraus die Zähne, zeigte ihnen die Zunge, machte eine Kehrtwendung und schwamm davon. In Wahrheit war es ein Unterwasser-Mensch gewesen, der sich auf Erkundung befand. Die ahnungslose Frau bekam einen hysterischen Anfall und verlor das Bewußtsein.

Nicht nur, daß das Hochwasser nicht zurückging, – unaufhörliche Erdbeben und Geschichten von seltsamen Ertrunkenen versetzten die Leute in Unruhe. Doch die größte Sorge bereitete ihnen das Gerücht, die Regierung wäre irgendwohin verschwunden. Natürlich nur ein Gerücht, aber so ganz ohne Hand und Fuß war das doch nicht... Man hatte die Regierung bereits auf den Meeresboden verlegt.

Das Regierungsgebäude befand sich auf einem Hügel mit gutem Rundblick, umgeben von einer Felswüste und einem Tang-Wald im Meeresboden-Bezirk 1. Am Fuß des sanften Abhangs, getrennt durch eine zwanzig Meter breite Schlucht, standen je drei orangefarbene, tulpenförmige Fabriken, die sich auf die Herstellung von Magnesium und Plastik konzentrierten. Mit dem Blick auf diese seltsame Landschaft waren in dem mit Luft gefüllten, zylinderförmigen und auf einem Dreifußgerüst verankerten Schwimm-Bau die Beamten emsig dabei, alle Vorbereitungen zu treffen.

Schließlich wurde von einer über den Meeresspiegel aufragenden Antenne die erste Funksendung abgestrahlt:

+ Das Ende der Vierten Zwischeneiszeit kündigt sich an, wir treten ein in ein neues geologisches Zeitalter, doch müssen wir uns hüten vor allzu übereilten Schritten.

+ Um die künftigen internationalen Beziehungen in günstige Bahnen zu lenken, hat die Regierung unter strengster Geheimhaltung Unterwasser-Menschen entwickelt und ist in die Errichtung von Meeresboden-Kolonien eingetreten. Gegenwärtig existieren bereits acht Meeresboden-Städte mit über dreihunderttausend Unterwasser-Menschen.

+ Sie sind glücklich, gehorsam und haben angesichts der derzeitigen Katastrophen jede Unterstützung gelobt. In Kürze werden sämtliche Bürger Hilfssendungen erhalten, überwiegend solche, die vom Meeresboden zur Verfügung gestellt wurden.

+ Schließlich hat der japanische Staat, im Rahmen der gesondert genannten Grenzen, Anspruch erhoben auf ozeanischen Territorialbesitz.

+ Wir dürfen hinzufügen, daß Überlegungen im Gange sind, den Müttern mit Unterwasser-Kindern Sonderrationen zukommen zu lassen. Bitte, beachten Sie die laufenden Bekanntmachungen.

(Dieser letzte Zusatz fand den meisten Beifall; denn es gehörte bereits die überwiegende Mehrzahl der Mütter zum Kreis derjenigen, die einen Anspruch auf dieses Privileg hatten.)

Hinter dem Regierungsgebäude befanden sich drei weitere Gebäude, in derselben Form, aber um einiges kleiner als dieses. Es handelte sich um allgemeine Wohnbauten; sie waren außerordentlich praktisch eingerichtet, hatten sogar Spezialhubschrauber auf den Dächern. In einem für Unterwasser-Menschen verbotenen, von einem Stacheldrahtzaun umgebenen großen Park gab es Täler, verborgene Klippen, Wäldchen, in denen verschiedenfarbige Meerespflanzen wuchsen... An klaren Tagen lagerte man sich, hatte man keinen Sinn für die Insektenjagd, mit dem Sauerstoffgerät auf dem Rücken und blickte zur Sonne hinauf, die zwischen den wie Fragmente von Milchglas wirkenden Wellen atmete, indem sie sich bald streckte, bald zusammenzog; oder man ging, die Harpune in der Hand, mit der ganzen Familie hinaus zum Picknick... Allerdings war das freilich, bei den erschreckend hohen Mieten, nichts für jemanden, der nicht von der Regierung eine zusätzliche Unterstützung erhielt. Keiner wohnte also hier, weil er es sich gewünscht hätte.

Zudem konnte man auch auf dem Land noch irgendwie leben. Man hatte Kraftwerke, Industrien, Geschäftsstraßen. Der kleine Mann jedenfalls, obwohl bedrängt von der näher rückenden Küste und von der Inflation, schlug sich dort durch. Wenn es allzu schwierig wurde, ging er auswärts arbeiten; und wurde er gar Vorarbeiter auf einer unterseeischen Weidefarm, konnte er es schon aushalten.

Unter den Müttern an Land organisierte sich eine sonderbare Bewegung, deren Ziel es war, den Kontakt mit den eigenen Kindern herzustellen. Von seiten einflußreicher Unterwasser-Menschen jedoch erfolgte hierauf, da man diesen Wunsch überhaupt nicht zu begreifen vermochte, noch nicht einmal eine Reaktion, und die Regierung tat, als bemerkte sie nichts davon. Statt dessen entstanden private Unternehmen, die Gruppenreisen auf den Meeresboden vermittelten und die tüchtig florierten.

Eines Tages kam es zu einem Zwischenfall: Über die Einfriedung eines für Unterwasser-Menschen verbotenen Geländes hinweg schoß ein mit seinem Sauerstoffgerät ausgerüstetes Kind die Harpune auf ein Unterwasser-Kind ab und tötete es. Die Regierung befand, daß es ein hierauf anwendbares Gesetz nicht gäbe; die aufgebrachten Unterwasser-Menschen aber beantworteten dies mit einem, wenn auch nur teilweise befolgten Streik. Der bestürzten Regierung blieb nichts anderes übrig, als auch den Unterwasser-Menschen gleiches Recht zuzubilligen, und seither verwandelten sich die beiderseitigen Beziehungen erheblich. Einige Jahre später wurden drei Vertreter der Unterwasser-Menschen für die Geschäftsbereiche Justiz, Handel und Industrie in die Regierung aufgenommen.

Mit den Jahren beschleunigte sich das Ansteigen des Meeresspiegels. Wieder und wieder siedelten die Menschen in höher gelegene Gebiete über, und irgendwann hatte sich die Gewohnheit, an einem festen Platz zu wohnen, ganz verloren. Jetzt gab es keine Eisenbahnen, keine Kraftwerke mehr. Träge geworden, lebten die Leute von den Almosen der Unterwasser-Menschen. Irgendwo an einem Strand war jemand, der stellte einige Unterwasserfernrohre auf und machte sich ein Geschäft daraus, das Leben im Meer vorzuführen; es war ein Bombenerfolg. Die alten Leute, denen es langweilig war, vertrieben sich damit die Zeit, daß sie, nachdem sie Schlange gestanden und ihren lächerlichen Nickel bezahlt, das Treiben ihrer Kinder und Enkel beobachteten.
Indessen, nach einigen Jahren waren auch diese Fernrohre schließlich im Meer versunken und verrostet.

– Und was machten die anderen? Ich meine, die in den Sperrbezirken unten...?
– Nun, sie lebten weiter dort.
– Fühlten sich sicher?
– Völlig sicher. Nur trugen die Wächter, die mit der Harpune Posten standen, keine Sauerstoffgeräte mehr. Denn dafür hatte man längst Unterwasser-Menschen eingesetzt. Und es war von den Unterwasser-Menschen beschlossen worden, diese Luft-Atmer als eine Spezies Mensch der Vergangenheit sorgfältig zu schützen.
– Genügt Ihnen das, Herr Tomoyasu?
– Nun ja ... um diese Zeit werde wahrscheinlich auch ich schon ein toter Mann sein ...

Schließlich bildeten die Unterwasser-Menschen eine eigene Regierung. Sie wurde international anerkannt. Und nicht nur das; ihrem Beispiel folgend, beschritten auch viele andere Länder den Weg zum Unterwasser-Menschen.
Eines jedoch beunruhigte sie. Und zwar war das eine merkwürdige Krankheit, die bei einem unter einigen Zigtausenden auftrat. Vermutlich auf Grund einer schlechten Erbanlage. Möglich, daß es sich um die Vererbung der äußeren Drüsen handelte, die Iriri in der ersten Generation noch gehabt hatte. Die zuständigen Stellen sprachen von der Landkrankheit und ordneten an, daß sofort nach Erkennen eine Operation vorgenommen werden sollte.

37.
»Na, bitte, sehen Sie!« rief ich mit einem boshaften Triumph in der Stimme.
»Was meinen Sie?«
»Nun sind die da an der Reihe, daß das Land ihnen Kummer verursacht!«
Es kam keine Antwort darauf. Auf den Gesichtern ringsum die pietätvollen Mienen, als hätte man sich um ein Sterbebett versammelt, waren, auch ohne hinzusehen, handgreiflich vorstellbar. Selbst Katsuko Wada, die so gereizt gewesen, würde jetzt mit einem Ausdruck wie jenseits von Haß und Liebe die Lippen zusammenpressen ... Und tatsächlich, jetzt noch halsstarrig zu werden, – wozu sollte das helfen ...?
»Da muß man ja die Besinnung verlieren ... so weit weg ...« murmelte jemand hinter mir. Wahrscheinlich Yamamoto. Wirklich, wie weit weg ... Die Zukunft: fern wie das älteste Altertum ... Plötzlich bebte mir die Brust, schlug der Atem, den ich ausgestoßen hatte, zurück in mich und rief tief in meiner Kehle einen Ton hervor wie eine zerbrochene Flöte.
Das Material schien vollständig vorzuliegen. Was nun? Sollte ich mir den Anschein geben, als akzeptierte ich die Zukunft, um hier herauszukommen und bei passender Gelegenheit alles der Öffentlichkeit zu übergeben? ... Wenn ich der Ansicht wäre, daß die sogenannte Rechtlichkeit irgendwelchen sittlichen Wert besäße, müßte ich natürlich so verfahren. Oder aber sollte ich mich mutig als Feind der Zukunft zu erkennen geben und freiwillig den Tod

hinnehmen?... Wenn ich meinte, daß die sogenannte Ehre irgendwelchen sittlichen Wert besäße, müßte ich wahrscheinlich danach handeln. Müßte das erstere tun, wenn ich nicht an die Zukunft glaubte, und das letztere, wenn ich an die Zukunft glaubte...
Zu sagen, ich wäre verwirrt gewesen, verstieße wohl gegen die Genauigkeit. Vermutlich war es in Wahrheit so, daß ich mir einredete, ich hätte verwirrt zu sein. Zweifellos würde ich, unentschlossen bis zuletzt, ermordet werden wie ein Landstreicher. Das Schlimmste war, daß ich nicht mehr an mich selber glauben konnte. Daß ich mir wertlos vorkam wie ein Landstreicher. Wahrscheinlich hatte die Maschine eben doch alles genau vorausgesehen...
Ich hatte ein Selbstgespräch führen wollen; nun formte es sich dennoch zu Worten: »Ist es wirklich richtig, eine Maschine für so absolut zu halten?«
»Also ist Ihre Anschauung unverändert dieselbe, wie?« In Tanomogis Stimme mischten sich Erschrekken und Mitgefühl.
»Sagen Sie, – aber da muß doch ein Fehler vorliegen, oder etwa nicht? Und je weiter die Zukunft entfernt ist, desto gewaltiger wird der Fehler... Ah, wenn es nur ein Fehler wäre, könnte es ja noch angehen... Wer garantiert dafür, daß es nicht eine bloße Phantasie der Maschine ist? Schließlich nicht ausgeschlossen, daß sie, was sie nicht begriff, einfach veränderte, verkürzte und sich so ein Ergebnis abrang, das sie immerhin für möglich hielt... Zum Beispiel hat diese Maschine durchaus die Fähigkeit, wenn sich ein Mensch mit drei Augen ergeben sollte, dies automatisch in ›zwei Augen‹ zu korrigieren...«
»Wie vorausgesagt: irgendwann wird der Herr Professor an der Voraussagefähigkeit der Maschine zu zweifeln beginnen...« Er tat, als müßte er sich räuspern, so daß das übrige nicht zu verstehen war.
»Von zweifeln hat niemand etwas gesagt. Nicht zu zweifeln und für absolut zu nehmen, – sind das nicht zwei völlig verschiedene Probleme?... Ich sage ja nur, daß auch eine andere Zukunft –...«
»Eine andere Zukunft?«
»Wirklich, Sie alle hier führen sich geradezu wie die Wohltäter der Unterwasser-Menschen auf; aber ob diese Fischmenschen der Zukunft Ihnen das so von Herzen danken werden, wie Sie es erwarten?...

Wenn sie Sie mal nicht mit tödlichem Haß verfolgen...«
»Wir sind, was wir sind... Einem Schwein können Sie sagen, es sähe aus wie ein Schwein, – es wird deswegen nicht wütend werden...«
Plötzlich hatte ich das Gefühl, mein Körper wäre schwer wie Blei, wäre wie betäubt; ich murmelte nur noch dumpf. Es war dasselbe Gefühl, wie wenn man im Anblick der Sterne die Unendlichkeit des Alls begreift und einem unerwartet Tränen aufsteigen. Verzweiflung so wenig wie Empfindung: gleichsam etwas wie ein respondierender Prozeß aus der Einsicht in die Begrenztheit des Denkens und dem Gefühl der Ohnmacht des Körpers...
»Aber...« Vorsichtig stellte ich meine Worte ins Ungefähre hinein. »Aber mein Kind... was ist wohl aus meinem Kind geworden?«
»Es ist heil und gesund«, antwortete wie von weit her Fräulein Wada in einem herzlichen Tonfall. »Das ist – wenn wir überhaupt etwas vermochten – unser Geschenk an Sie...«

38.
Und die Maschine fuhr fort in ihrer Schilderung:
Es war ein junger Mann. Lehrling auf einem unterseeischen Ölfeld. Seit er einmal als Helfer bei der Reparatur des auf einem Plastikboot auf der Meeresoberfläche treibenden Funkturms der Ölgesellschaft aus irgendeinem Antrieb hinaus an die Luft gesprungen war, ohne seinen Luftanzug anzulegen (einen solchen Anzug, der mit einer Vorrichtung zur ständigen Frischwasserversorgung der Kiemen ausgerüstet ist, pflegen die Unterwasser-Menschen bei Arbeiten in der Atmosphäre zu tragen), – seit jener Zeit vermochte er die wunderliche Empfindung, die er dabei gehabt, nicht zu vergessen. Indessen war dies etwas, das die Gesundheitsbehörden strikt untersagt hatten. Wer dabei ertappt wurde, hatte eine Bestrafung zu gewärtigen. Der junge Mann mußte also, ohne mit jemandem darüber reden zu können, sein Geheimnis für sich behalten.
Jedoch, wie verführt von der Unauslöschlichkeit des beunruhigenden Gefühls, der Wind habe irgend etwas von seiner Haut fortgestohlen, verließ er immer häufiger die Stadt und schwamm weit hinaus. Und

jedesmal war sein Ziel eine Hochebene, von der man sagte, sie wäre einst festes Land gewesen. Beim Gezeitenwechsel entstanden dort besonders rasch fließende Wasserzonen und Wirbel, stieg vom Meeresboden der Schlamm herauf, bildete Bänder, formte sich zu beweglichen Felsen, ging über in Nebelmauern. Während der junge Mann dem zusah, stellte er sich Wolken über dem Land vor. Freilich, auch jetzt waren Wolken am Himmel; im Naturkundeunterricht hatte man sie ihnen original im Film gezeigt. Doch diese Wolken jetzt waren monoton. Früher einmal, zu einer Zeit, als noch riesige Kontinente die Erdkugel bedeckten, sollte die vielfältig gestaltete Landkruste auch den Wolken eine unendliche Mannigfaltigkeit der Formen verliehen haben. Wenn da der ganze Himmel von so traumhaften Gebilden überflogen gewesen, – mit welchen Gefühlen wohl mochten die Land-Menschen ihnen einst nachgeschaut haben? Natürlich waren dem jungen Mann Land-Menschen an sich nicht unbekannt. Wenn man ins Museum in das Aerium ging, konnte man sie jederzeit ungehindert betrachten: auf den ersten Blick wie leblos erscheinende Tiere, die zwischen allerlei Hausrat, der angeblich noch echt der alte war, in halb gebückter Haltung über den Fußboden schurrten, belastet von der Kette der sogenannten Schwerkraft. Die unproportionierten Oberkörper entsetzlich aufgebläht, damit die als Lungen bezeichneten Luftflaschen Platz darin hätten. Völlig unfreie Lebewesen, die nur um ihre normale Haltung zu bewahren, seltsame Geräte benutzen mußten wie Stühle und dergleichen ... So fremd das alles, daß man es sich nicht im Traume vorstellen konnte. Auch im Kunstunterricht hatte man sie gelehrt, daß die einstige Land-Kunst im Vergleich zu der ihren außerordentlich gehemmt und grob gewesen wäre.
Musik zum Beispiel – korrekt als Schwingungskunst bezeichnet – war doch nun etwas, bei dem die gesamte Haut des Körpers umfangen wurde von Wasserschwingungen verschiedener Wellenlänge. Bei den Land-Menschen hingegen sollte sie sich allein aus Schwingungen der Atmosphäre zusammengesetzt haben. Und diese Luftschwingungen waren nur vernehmbar mit einem winzigen Spezialorgan, dem sogenannten Trommelfell. Mithin mußte jene Musik

sehr variationsarm und monoton gewesen sein...
Wenn man sich die Land-Menschen im Museum be-
sah, konnte man durchaus dies Gefühl haben. Aber
allein damit war doch noch nicht vorstellbar, wie jene Musik wirklich gewesen. Hatte es sich vielleicht
um eine Sonderwelt gehandelt, die aus Analogien
überhaupt nicht zu erschließen war? Leichte, immer
verwandelbare Luft... Eine Welt, völlig irreal, voller
phantastischer Träume...
In den Geschichtsbüchern stand geschrieben, die Vorfahren der Unterwasser-Menschen hätten auf ver-
wüsteter, von Bitternissen erfüllter Erde, verwundet
schon, noch heldenhaft bis zum letzten gekämpft.
Auch nun im nachhinein betrachtet: sie hatten Pioniergeist besessen. Ungeachtet ihrer konservativen
Grundhaltung hatten sie sogar über genügend Kühn-
heit verfügt, um das Skalpell an ihr eigenes Fleisch
und Blut anzusetzen, sich selbst in Unterwasser-Menschen umzuformen. Für ihren Mut, mit dem sie,
gleichviel aus welchen Motiven, diese vortreffliche
Idee durchgeführt, mußte man ihnen Dank und Ver-
ehrung beizeigen.
Doch konnte man solchen Mut, solche Furchtlosigkeit
an jenen Land-Menschen im Museum empfinden?
Die Lehrer pflegten ihre Inferiorität als eine Degene-
ration auf Grund des Verlustes subjektiver Bindungen an die Gesellschaft zu erklären. Trotzdem, selbst
wenn man das für wahrscheinlich halten mochte, –
man durfte doch wohl nicht einfach behaupten, auch
in ihnen hätte nicht irgend etwas einem selber Unbe-
greifliches existiert. Geschweige denn, sie hätten
nichts sonst als Pioniergeist besessen...
Ganz so folgerichtig durchdachte der junge Mann
das natürlich nicht; doch seit er umspült worden von
jenem Wind, war er angezogen, bezaubert von der
Welt der Vergangenheit, die sich jenseits der Mauer
der Atmosphäre ereignet hatte. Die Wissenschaften
über das Land-Zeitalter waren auf morphologischem
Gebiet ein ziemliches Stück vorangekommen. Sogar
in den Lehrbüchern der Grundschulen befaßten sich
lange Seiten mit dem Land-Zeitalter. Aber was das
Innere jenes Lebens betraf, so blieb eine von der
Wahrnehmung allein nicht schließbare Lücke, und
Analogien halfen da nichts. Man fürchtete zum Beispiel besonders die gefährlichen Auswirkungen der

Land-Krankheit, bei der es sich zwar kurz gesagt um nichts anderes handelte als um eine Art erblichen Nervenleidens, das jedoch, vermutlich weil angesichts der kurzen Geschichte des Unterwasser-Zeitalters im gesellschaftlichen Verhalten manches noch im experimentellen Stadium steckengeblieben war, eine erhebliche ideologische Ansteckungskraft besaß; und so wurde die Forschung auf diesem Gebiet nicht eben gefördert. Tatsächlich dürfte die Versuchung, dieses Tabu zu verletzen, die Gefühle des jungen Mannes nur zusätzlich gesteigert haben.

Irgendwann war es ihm zur täglichen Beschäftigung geworden, gleich nach Arbeitsschluß heimlich bis weit hinaus zu fahren. Hinüber über unterseeische Weidefarmen, die sich auf dem Meeresboden ausbreiteten in einem vor den trüb schimmernden Wellen grünen Licht, als blickte man durch Scherben von Glas, vorbei an der von zahllosen Bojen gehaltenen Atmosphärologischen Station, durch den Schaum der wie Vulkane unablässig Luftblasen ausspeienden Fabriken steuerte er auf der Suche nach Spuren des Lebens jener Land-Menschen seinen Unterwasser-Scooter, solange es die Torschlußzeit seines Wohnheims nur erlauben wollte.

Doch in der so begrenzten Zeit schaffte er es längst nicht bis hin zu jenen Höhen, die mit ihren Gipfeln noch hinausragten über die Meeresoberfläche. In diesem ganzen Umkreis gab es bereits kein festes Land mehr.

Eines Tages vertrat er seinem Musiklehrer den Weg und fragte ihn entschlossen, ob denn jene Land-Musik wirklich eine Tonkunst gewesen, die man nur mit dem Ohr habe hören können, oder ob sie nicht vielleicht doch so etwas wie ein Wind und also mit der Haut zu spüren gewesen wäre.

– Der Wind, weißt du, ist lediglich die Bewegung der Luft, aber keine Schwingung.

– Gibt es denn nicht den Ausdruck: Musik liegt in der Luft...?

– Das Wasser transportiert die Musik, aber das Wasser ist nicht die Musik... Der Luft über ihre Verwendbarkeit als industriellen Rohstoff hinaus Bedeutung beizumessen, zeigt den üblen Einfluß eines Mystizismus...

Aber der junge Mann hatte aus dem Wind tatsächlich mehr vernommen als seine industrielle Verwendbarkeit. Auch ein Lehrer konnte sich irren. Und der junge Mann beschloß, sich noch einmal selbst davon zu überzeugen, ob der Wind Musik wäre oder nicht.

Kurz darauf gab es drei Feiertage hintereinander. Er nutzte diese Ferien, um mit Freunden ein Vergnügungsboot zu besteigen, das zu einer Ruinenrundfahrt auslief. Dieses Superschnellboot brachte sie in kaum einem halben Tag in ein riesiges Ruinenfeld der Land-Menschen, das früher einmal »Tōkyō« geheißen hatte. Es gab dort gut eingerichtete Camping-Plätze, Verkaufsbuden mit wunderlichen Andenkenartikeln, ferner den weltberühmten Zoo für Land-Tiere, – wirklich ein interessantes Ausflugsziel. Besonders die labyrinthischen Passagen und Winkel der nicht geheuren Ruinen aus mehreren übereinandergestapelten kleinen Kästen zu erkunden, indem man die jungen Fische vor sich herjagte, machte ein Vergnügen, das erfüllt war von Spannung, ja sogar von einer leichten Erregtheit. Und wenn man von oben auf die Stadt hinunterblickte, waren da die sogenannten Straßen, seltsame Dinge, die sich ausbreiteten wie die Maschen eines Netzes. Man konnte sie wohl auch als nicht überdachte Tunnel zum Spazierengehen bezeichnen. Da der Land-Mensch, unfähig, sich von der Erdoberfläche zu lösen, nur die Horizontale hatte benutzen können, waren solche Einrichtungen zweifellos nötig gewesen. Was für eine sinnlose Raumverschwendung! ... Auf den ersten Blick mochte es ganz spaßig aussehen, aber beim genaueren Überlegen war das doch eine außerordentlich beklemmende Szenerie. Spuren des Kampfes, den die Vorfahren gegen diese Mauer Erdoberfläche geführt hatten ... Bestrebungen und Maßnahmen, um den Körper wenigstens etwas von der Schwerkraft zu erleichtern ... Damals wäre ja selbst ein mit Luft gefülltes Plastikkästchen von oben nach unten gefallen ... Balgerei um die Bodenparzellen ... und dazwischen Menschen, die, indem sie sich mit den beiden dünnen Beinen vom Boden abstießen, ihren Körper voranbewegten ... Trockenheit ... Wind ... Wasser als sogenannter Regen in Tropfen abwärts fallend ... der leere Raum ...

Aber der junge Mann hatte nicht Zeit genug, sich für solche Seltsamkeiten zu begeistern. Bewunderung und Neugier seinen naiven Freunden überlassend, schwamm er, wie es sein Plan gewesen, heimlich und allein weiter landeinwärts. Wenn er einen ganzen Tag in nordwestlicher Richtung schwömme, müßte er dort jene Reste festen Landes erreichen, von denen er in der Geographiestunde gehört hatte. Allmählich begann sich die Sonne zu neigen: Zeit, in der an jedem Tag die Wellen am schönsten gleißten; aber der Ausblick ringsum tauchte, je weiter es voranging, immer tiefer in ein monotones Dunkel. In dieser Gegend, die erst neuerdings zum Meer hinzugekommen war, schien in allem noch der Schatten des Todes zu lauern.

Als er sich einmal umwandte, erschienen ihm die illuminierten Teleskopbojen über der Ruine »Tōkyō« wie ein schwimmender Leuchtfisch. Plötzlich erschrocken, überlegte er, ob er nicht umkehren sollte, doch bezwang er das Gefühl, und seine Beine trieben ihn weiter in die entgegengesetzte Richtung.

Der junge Mann schwamm und schwamm. Immer heftiger das Auf und Ab, die unsichtbaren Klippen, die tiefen Schluchten ... wie Dornen aufragende Skelette von Landtieren ... und dann weiße Flecken, zusammengeklumpt auf der Spitze einer Anhöhe ... Knochen vermutlich von Tieren, die sich auf der Flucht vor dem herandringenden Meer hier zusammengekrochen hatten und verendet waren ...

Der junge Mann schwamm die ganze Nacht hindurch. Dreimal unterwegs rastete er und stärkte sich mit süßem Gelee, den er mitgenommen, und mit Fischen, die er sich fing. Da er jedoch sonst ohne seinen Scooter nie mehr als fünfzehn Minuten geschwommen war, spürte er jetzt seine Arme und Beine kaum noch, – so erschöpft war er. Trotzdem schwamm er weiter, und um die Zeit, als endlich der Morgen zu dämmern begann, stieg das Land herauf und durchschnitt den Meeresspiegel, hatte er den festen Boden, der sein Ziel gewesen, erreicht. Freilich, eine kleine Insel von kaum einem halben Kilometer Umfang, die mit Mühe ihre Spitze über das Meer erhob ...

Der junge Mann nahm seine letzten Kräfte zusammen und kroch hinauf. Er hatte sich vorgestellt, er würde aufrecht auf der Erdoberfläche stehen, um sich der Musik des Windes zu vergewissern; tatsächlich aber, nachdem er hinaufgekrochen, fühlte er sich wie ein Bleilot: als hätte sein Körper eine Schwere wie die ganze Last der Welt mit einem Zuge in sich hineingesogen, klebte so fest auf der Erde und vermochte sich nicht zu rühren. Das einzige, was er zuwege brachte, war, daß er einen Finger hob. Und dann das Atmen: es fiel ihm schwer wie in jenen Augenblicken, wenn beim Ringkampf ein regelwidriger Schlag seine Kiemen getroffen hatte. Irgendwie schien auch in der Luft Sauerstoff zu sein; eine Tatsache, der er jedoch keinen großen Wert beimaß...

Immerhin, es wehte der heißersehnte Wind. Vor allem wusch der Wind ihm die Augen, und wie in Antwort darauf begannen sie von irgend etwas feucht zu werden, das von innen heraufdrang. Er war zufrieden. Vielleicht, dachte er, sind das die Tränen, ist das die Land-Krankheit... Und ihm war nicht mehr nach bewegen zumute.

Bald darauf stand sein Atem still.

Danach, einige Dutzend Tage und Nächte waren gekommen und gegangen, fraß das Meer auch diese kleine Insel. Der tote junge Mann wurde aufgehoben von den Wellen und irgendwohin davongespült...

... Übrigens, kann ich denn meine Finger noch heben? überlegte ich. Ah, vermutlich nicht. Auch meine Finger sind längst bleischwer wie die jenes jungen Unterwasser-Menschen, der an Land gekrochen war...

Weit in der Ferne erklang schwach der Signalpfiff eines Zuges. Ein Lastwagen fuhr vorbei und machte die Erde dröhnen. Jemand räusperte sich leise. Dann – vielleicht war Wind aufgekommen – rüttelte es einmal, zweimal an den Fensterrahmen, schepperten die Scheiben.

Schließlich näherten sich draußen vor der Tür mit saugendem Geräusch die Gummisohlenschritte jenes Meisters unter den Meuchelmördern. Und doch, noch immer konnte ich es nicht glauben... Durfte denn der Mensch allein deswegen schon, weil er existierte, zur Übernahme von Verpflichtungen gezwungen werden?... Immer sind es bei Auseinandersetzungen zwischen Eltern und Kindern eben diese Kinder, die wahrscheinlich so denken und deshalb das Urteil sprechen... Vermutlich ist es das Gesetz der

Wirklichkeit, daß ungeachtet seiner Absicht der Schöpfer gerichtet wird von seinem Geschöpf ... Jenseits der Tür die Schritte hielten inne.

(Ende)

Phantastische Wirklichkeit
Science Fiction der Welt
Herausgegeben von Franz Rottensteiner

›The Shape of Things to Come‹

Kōbō Abe
Die vierte Zwischeneiszeit
Aus dem Japanischen
von Siegfried Schaarschmidt
240 Seiten

Brian W. Aldiss
Der unmögliche Stern
Die besten Science-Fiction-Geschichten. Aus dem
Englischen von Rudolf Hermstein. 280 Seiten

Edward de Capoulet-Junac
Pallas oder die Heimsuchung
Roman. Aus dem Französischen von Willy Thaler.
176 Seiten

Philip K. Dick
LSD-Astronauten
Roman. Aus dem Amerikanischen von
Anneliese Strauß. 216 Seiten

Mozart für Marsianer
Roman. Aus dem Amerikanischen von
Renate Laux. 272 Seiten

Herbert W. Franke
Einsteins Erben
SF-Geschichten. 180 Seiten

Stanisław Lem
Der futurologische Kongreß
Roman. Aus dem Polnischen von
I. Zimmermann-Göllheim
160 Seiten

Bibliothek des Hauses Usher
Herausgegeben von Kalju Kirde

Kabinettstücke phantastischen Erzählens von lite-
rarischem Rang und beängstigender Ausstrahlung.
Bücherei und Bildung

Ambrose Bierce
Das Spukhaus
Gespenstergeschichten. Aus dem Amerikanischen
von Anneliese Strauß u. a. 176 Seiten

Algernon Blackwood
Besuch von Drüben
Gruselgeschichten. Aus dem Englischen
von Friedrich Polakovics. 264 Seiten

Das leere Haus
Phantastische Geschichten. Aus dem Englischen
von Friedrich Polakovics. 220 Seiten

August Derleth
Auf Cthulhus Spur
Phantastischer Roman. Aus dem Amerikanischen
von Rudolf Hermstein. 240 Seiten

Lord Dunsany
Das Fenster zur anderen Welt
Phantastische Erzählungen. Aus dem Englischen
von Friedrich Polakovics. 248 Seiten

Joseph Sheridan Le Fanu
Der besessene Baronet
und andere Geistergeschichten
Aus dem Englischen von Friedrich Polakovics
Mit einem Nachwort von Jörg Krichbaum
272 Seiten

Ein Bild des Malers Schalken
und andere Geistergeschichten.
Deutsch von Friedrich Polakovics. 208 Seiten

Stefan Grabiński
Das Abstellgleis
Unheimliche Geschichten. Aus dem Polnischen
von Klaus Staemmler. 212 Seiten

Dunst
Phantastische Erzählungen. Aus dem
Polnischen von Klaus Staemmler. Mit einem
Nachwort von Marek Wydmuch.
256 Seiten

William Hope Hodgson
Das Haus an der Grenze
Phantastische Erzählungen. Aus dem Englischen
von Traude Dienel. 264 Seiten

Stimme in der Nacht
Unheimliche Seegeschichten. Aus dem Englischen
von Wulf Teichmann. 228 Seiten

Montague Rhodes James
Der Schatz des Abtes Thomas
Zehn Geistergeschichten. Aus dem Englischen
von Friedrich Polakovics. 200 Seiten

Howard Phillips Lovecraft
Berge des Wahnsinns
Zwei Horrorgeschichten. Aus dem Amerikanischen
von Rudolf Hermstein. 228 Seiten

Das Ding auf der Schwelle
Unheimliche Geschichten. Aus dem Amerikanischen
von Rudolf Hermstein. 216 Seiten

Der Fall Charles Dexter Ward
Zwei Horrorgeschichten. Aus dem Amerikanischen
von Rudolf Hermstein. 256 Seiten

Stadt ohne Namen
Horrorgeschichten. Deutsch von
Charlotte Gräfin von Klinckowstroem. 256 Seiten

Arthur Machen
Die leuchtende Pyramide und andere Geschichten
des Schreckens
Aus dem Englischen von Herbert Preißler. 212 Seiten

Die ›Bibliothek des Hauses Usher‹ hat sich zweifellos
zur erstaunlichsten Sammlung absonderlicher Geschichten entfaltet.   *Die Bücherkommentare*

Außerhalb der ›Bibliothek‹ erschien:

H. P. Lovecraft
Cthulhu
Geistergeschichten. Aus dem Amerikanischen
von H. C. Artmann. 238 Seiten. Mit einem Vorwort
von Giorgio Manganelli

Insel Verlag Frankfurt am Main
Erste Auflage 1975
Druck: Poeschel & Schulz-Schomburgk, Eschwege
Printed in Germany